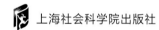

后现代主义建筑二十讲

聂 影 编

上海社会科学院出版社

图书在版编目（ＣＩＰ）数据

后现代主义建筑二十讲 / 聂影编 . -- 上海 : 上海
社会科学院出版社 , 2019
（文艺新知）
ISBN 978-7-5520-2707-5

Ⅰ.①后⋯ Ⅱ.①聂⋯ Ⅲ.①后现代主义 – 建筑流派
– 研究 Ⅳ.① TU-86

中国版本图书馆 CIP 数据核字 (2019) 第 037452 号

后现代主义建筑二十讲

编　　者：	聂　影	
责任编辑：	霍　覃	
封面设计：	周清华	
出版发行：	上海社会科学院出版社	
	上海顺昌路 622 号　邮编 200025	
	电话总机 021-63315900　销售热线 021-53063735	
	http://www.sassp.org.cn　E-mail:sassp@sass.org.cn	
照　　排：	上海韦堇印务科技有限公司	
印　　刷：	上海丽佳制版印刷有限公司	
开　　本：	787×1092 毫米　1/16 开	
印　　张：	28.5	
字　　数：	452 千字	
版　　次：	2019 年 7 月第 1 版　2019 年 7 月第 1 次印刷	

ISBN 978-7-5520-2707-5/TU · 012　定价：158.00 元

目录

美国建筑史的见证人

菲利普·约翰逊

Philip Johnson，1906–2005

菲利普·约翰逊的一生可算是美国当代建筑史的缩影，仅就大多数中国人心目中的"美国式现代化"的形象认知而言，约翰逊甚至是一位比路易斯·亨利·沙利文（Louis Henry Sullivan，见附录16）和弗兰克·劳埃德·赖特（Frank Lloyd Wright，见附录18）更"美国化"的建筑师。埃森曼（见本书第8章）称其为美国建筑界的"教父"，的确实至名归。1932年，他创建了纽约现代艺术博物馆的建筑和设计分部；1978年，他获得美国建筑师学会的金奖；1979年，约翰逊又成为普利兹克建筑奖的第一届得主。

对美国当代建筑的发展，他有两大功绩：其一，他最早把欧洲的"现代主义"介绍到美国，但这个过程并不愉快，因为他关于欧洲现代主义的解说被铺天盖地的"误读"所淹没，而后在欧美流行的所谓"功能主义"和变异了的"现代主义"并非其本意；其二，他还是最早投身于"后现代建筑"的设计和理论建设中来的建筑师之一，而且因其在美国建筑界的影响，特别是其曾为现代主义大师路德维希·密斯·凡·德·罗（Mies van der Rohe，见附录26）工作过，他的这一"转变"就显得尤为引人注目。

就私人生活而言，他也有两件事令人不胜唏嘘：其一，1967-1991年间，约翰逊一直与约翰·伯吉（John Burgee）合作，这是约翰逊创作的高峰期。1986年，他们的事务所迁入了他们自己设计的新建筑"口红大厦"（见后），伯吉想在事务所中发挥更大作用，通过谈判他成为公司的首席执行官，只把较少的股份留给了约翰逊，最终约翰逊离开了公司。失去约翰逊后，伯吉带领的公司后来被仲裁判定为破产。而约翰逊后来又在口红大厦中开设了一个较小的事务所。其二，约翰逊是同性恋，被称为"美国最著名的同性恋建筑师"，他和自己的长期伴侣大卫·惠特尼（David Whitney，见附录78）共同生活了45年。二人先后于2005年辞世，其间只有5个月的时间他们曾阴阳相隔。约翰逊在私人情感上的"长情"和在艺术创作中的"多变"，令人着迷。

图1-1　玻璃住宅是约翰逊职业生涯早期现代主义风格的代表作

早年生涯

菲利普·约翰逊1906年7月8日出生于美国俄亥俄州的克利夫兰。他的家族与纽约颇有渊源，据说其某位先祖来自新阿姆斯特丹的杨森家族，这个家族中最著名的一个人物是雅克·科特留（Huguenot Jacques Cortelyou），他为当时的新阿姆斯特丹做了第一个城镇规划，这就是后来的纽约。

年轻的约翰逊从纽约的哈克里中学毕业后，进入哈佛大学学习。他最初在哈佛学习历史和哲学，尤喜研究前苏格拉底哲学家。因为经常到欧洲游历，约翰逊的学习常常中断；但同时，他也看到了法国的夏尔特尔大教堂、意大利的万神庙及其他一些欧洲古迹，自此他的学习兴趣逐渐转向建筑学。

1927年，他从哈佛大学本科毕业后同建筑史家亨利-拉塞尔·希区柯克（Henry-Russell Hitchcock，见附录41）游历欧洲，结识了许多现代派建筑师。1928年，约翰逊遇到了密斯·凡·德·罗（Ludwig Mies van der Rohe）。那时的密斯正担任包豪斯校长，尚未如后来那样扬名世界，而且此时密斯正在设计要参加1929年巴塞罗那世界博览会的德国馆。这次碰面至关重要，既清晰地指明了约翰逊的未来之路，也为他与密斯今后既合作又竞争的关系打下了基础。

约翰逊归国后于1930年任纽约现代艺术博物馆（MOMA）建筑部主任。此时的他已成为新建筑的"教徒"。之后，他和朋友巴里（Alfred H. Barr, Jr.）和希区柯克一起到欧洲旅游，收集现代建筑的第一手资料。1932年，他们三人把所有资料整理起来，以现代艺术博物馆的名义举办了一个展览，名为"现代建筑：国际展览"。当时谁也没想到，这个展览对现代建筑的发展，对美国建筑风格影响之深远，贯穿了整个20世纪。展览同时还推出了他们的一本书，名为《国际风格：自1922年以来的现代建筑》。书中介绍了许多重要的现代主义大师，如勒·柯布西耶（Le Corbusier，见附录29）、沃尔特·格罗皮乌斯（Walter Adolph Georg Gropius，见附录24）和密斯·凡·德·罗。不过这个展览也引发许多争议，比如美国建筑师赖特就撤回了他的全部展品，因为他觉得自己的特点没有被展现出来。

需要说明的是，此时的约翰逊并不认为欧洲的"现代主义"具有"国际风格"特征，恰恰相反，他选择一些直线条、大盒子式的建筑，本意是想告诉美国民众：这种风格不应该成为美国建筑追逐的样子。但民众根本不理解这些拐弯抹角的、精英分子式的暗示，他们非常直观地把"现代主义""国际风格"和方盒子式样联系在一起，而且这种以讹传讹还因美国在"二战"后的影响力而传遍全世界。

此后的约翰逊继续作为现代建筑的倡导者而活动，他顺理成章地把纽约现代艺术博物馆作为发布新观念的讲坛。利用自己的社会影响力，他还于1935年安排了勒·柯布西耶的首度访美，之后他帮密斯和马歇·布劳耶（Marcel Lajos Breuer，见附录38）移民到了美国。

大萧条期间，约翰逊显然对自己的未来发展迷失方向。1936年，在大萧条最为严重的时期，他离开了现代艺术博物馆，想在新闻界和政治界碰碰运

图1-4/1-5　约翰逊在纽约切斯特港设计建造的尼斯提佛瑞教堂，可被视为其因年轻时代错误政治观而乞求原谅的证明

气。此时，他支持极端民族主义者，如路易斯安那州的州长 休伊·朗和查尔斯·考夫林神父。然后，他到德国去为考夫林神父的极端民粹主义呼吁，有时还为反犹太的报纸《社会正义》服务。在报纸上，约翰逊表达了对希特勒的赞美，通过德国政府的安排，约翰逊目睹了德国纽伦堡大集会，目睹了德国1939年入侵波兰。美国记者威廉·夏勒现场报道了德军入侵波兰，他说约翰逊热衷为德国军队鼓吹，还称之为"美国的法西斯主义者"。不过，没有任何证据证明约翰逊是纳粹分子或纳粹党徒。

　　与这些经历所呈现出的约翰逊形象相反：他其实帮助了许多德国的流亡者，如沃尔特·格罗皮乌斯、密斯和马歇·布劳耶等人，帮助他们移民到美国来并在此开展自己的新事业……正是约翰逊促成了格罗皮乌斯和柯布西耶的首次访美，还为密斯落实了第一个美国的委托项目……①

　　1941年，约翰逊离开了政治界和新闻界，进入哈佛大学设计研究生院学习，跟随马歇·布劳耶和格罗皮乌斯学习——但其真正的导师是密斯·凡·

---

① 战争结束后很多年，约翰逊描述自己在德国的活动"非常愚蠢"。当后来也移民美国的希特勒建筑师阿尔伯特·施佩尔（Albert Speer，见附录44）因为仰慕约翰逊而给他送来一本自己写的书时，约翰逊还深感羞愧。他说："对这种不可思议的愚蠢，我找不到任何借口。我不知道如何才能补偿这种内疚的感受。"1956年，他捐赠了一个建筑设计，现在这座建筑是美国最古老的犹太教会，位于纽约切斯特港的尼斯提佛瑞教堂（Congregation Kneses Tifereth Israel，见图1-4/1-5）。所有评论家都认为，这座犹太教堂可被视为约翰逊乞求原谅的证明。也是在1956年，约翰逊还被以色列政府委托设计位于以色列的索瑞克核研究中心。

图1-6/1-7 玻璃住宅
的外立面和内部客厅

德·罗。1943年，约翰逊获得建筑学位。不过在1941年时，约翰逊已经设计并建造了他的第一座建筑。这个建筑至今仍在，位于马萨诸塞州坎布里奇市的槐树街9号。

　　1946年，约翰逊结束了在军队中的服役，重任纽约现代艺术博物馆建筑部主任（1946-1954），当起了策展人和作家。同时，他开始建立自己的建筑设计事务所，与对他有巨大影响的密斯·凡·德·罗一起工作。此时的约翰逊将密斯看作是最高明的建筑师，其专著《密斯·凡·德·罗》也于1947年出版。

代表作品

玻璃住宅（The Glass House）

　　1949年，约翰逊设计了自己的住宅——玻璃住宅（图1-1/1-6/1-7/1-8/1-9/1-10）。这是他职业生涯早期最为著名的建筑，也确立了他作为建筑师的

图1-8/1-9 密斯·凡·德·罗的著名作品范斯沃斯住宅

图1-10/1-11/1-12 约翰逊先后在玻璃住宅周边建造一批小型建筑，用作客房、书房和画室等

声望。这座小房子自建成之日起，便成为美国现代主义建筑的典范。玻璃住宅位于康涅狄格州的新迦南市，现已成为一座博物馆。

所有人都看得出这座建筑与密斯的代表作之一范斯沃斯住宅（Farnsworth House，图1-8/1-9）之间的传承关系。而且在1947年时，约翰逊也的确为密斯举办了一个展览，为配合展览还做了一个范斯沃斯住宅的模型。

这座玻璃住宅就像是用最简结构、几何形体、比例匀称、透明效果和反射天光等元素组织起来的美学论文。建筑位于小山坡的顶部，能俯瞰一个小池塘。建筑的侧面为玻璃和钢，地板为砖铺，高出室外地面10英寸（约25.4厘米）。室内为被胡桃木矮柜分隔的开放空间；一个砖砌的圆柱体围合起了浴室，这是建筑内从地面通到顶面的唯一一个几何体。

这是约翰逊的一个重要作品，也是非常有影响力的现代主义建筑。这座住宅有如一本关于最简结构、几何形体、比例、透明和反射作用的教科书。住宅所在的庄园中的其他建筑物都是约翰逊职业生涯不同时期的作品。1997年，约翰逊自住的玻璃住宅建筑群被宣布为美国国家历史名胜。

在长达58年的时间里，约翰逊大多在这里过周末，

图1-13/1-14 约翰逊在场地中最后一批加建建筑："洛杉矶怪胎"（Da Monsta）和游客接待中心

图1-15 完成于2006年的纽约都市玻璃屋

且加建不少小型建筑（图1-10/1-11/1-12）。自1960年开始，他便与惠特尼共居于此。约翰逊在这个地块最后增加的是"洛杉矶怪胎"（Da-monsta，这是他自己起的名字，图1-13）、凉亭和游客接待中心（图1-14），作品形成高度抽象的后现代雕塑风格。

值得一提的是，约翰逊的最后一个委托项目是"都市玻璃屋"（Urban Glass House，完成于约翰逊辞世后的2006年，图1-15），这是其向自己早期建筑致敬的一件作品。作为建筑师，这样的"谢幕"可算是极为圆满了！

西格拉姆大厦（The Seagram Building）

在按照密斯和布劳耶的设计手法又完成了几个住宅设计之后，约翰逊加入了密斯在纽约的设计事务所，并于1956年，以合作建筑师的身份参与了西格拉姆大厦的设计工作。约翰逊在项目委员会中的作用很关键，他与西格拉姆的首席执行官之女菲丽丝·兰伯特共同工作。最后确定的方案是：建筑总共38层、157米高，由青铜和玻璃建造。建筑的整体结构和大厅由密斯设计，其他所有内部空间均由约翰逊设计，包括四季厅和酒馆餐厅。

建筑于1958年完工，是功能主义美学和现代主义最为著名的实例之一。这种建筑及其创造的国际风格对美国建筑产生了巨大的影响。这种结构关系与建筑美学合而为一的设计手法，几乎成为"国际风格"的形象符号。这种手法被认为表达了"对社会正义真诚交流"的观念，而不再使用繁复的装饰元素。建筑结构元素清晰可见，源自密斯的思想。西格拉姆大厦的结构方式在当时并不鲜见，都是由一个钢框架建成的。真正的不同之处在于其外维护材料的选择和处理方式。当时美国的建筑规范要求：

图1-16/1-17　西格拉姆大厦及广场

图1-18/1-19　匹兹堡平板玻璃公司大楼及广场

所有钢结构均须被防火材料所覆盖（混凝土是常见的备选材料），因为未被适当保护的钢柱或梁可能在火灾的高温下软化或失效。然而这一切恰是密斯不惜一切代价力图避免的，就是说密斯想要建造一种更彻底的、结构材料（至少看起来）毫无保护的新型建筑。他的解决办法有二：（1）将玻璃幕墙选作维护材料（像是为了规避规范而耍的小手段），（2）用非结构性的青铜色调工字梁结构来强化结构要素。这些设计从建筑物外部即可见到，像窗棂一样的竖向线条金属装饰带和大玻璃窗将建筑包裹了起来。后来，这种以钢和混凝土材料为承重结构，外饰金属和玻璃构件的作法，成为现代主义建筑的常规设计。按照设计，这座建筑在建造过程中使用了1 500吨青铜。

　　为保证室内外风格的一致性，在西格拉姆大厦的室内外设计中都反复使用了玻璃、青铜，为保证装饰品质还选用了大理石、洞石等高端材料，因此完工之后计算西格拉姆大厦的建造成本，堪称为当时世界上最昂贵的摩天大楼。（图1-16/1-17）

　　西格拉姆大厦建成之后，影响力极大，到了20世纪60年代，这种做法因被认为是"现代建筑"的经典式样而变得太过司空见惯了。这引发了约翰逊职业生涯的又一次重大转变。他终于拒绝了早期现代主义风格建筑那种银光闪闪的表现形式，开始设计一种更加壮观炫目却掩藏于玻璃后的晶体结构，比如匹兹堡的平板玻璃公司（PPG Place，图1-18/1-19）和加利福尼亚加登格罗夫市的水晶大教堂（见后）。

水晶大教堂（Crystal Cathedral）

水晶大教堂位于加利福尼亚州加登格罗夫市，建成于1980年，可容纳2 736个座位。这是一座新哥特风格的玻璃教堂。建成后的大教堂成为南加利福尼亚的地标式建筑。2012年，教堂被天主教橙县教区指定为橙县的天主教堂。（图1-20/1-21）

水晶大教堂设计手法与后来的美国电话电报公司大楼仍有不同，虽然看来都是在"模仿"传统式样，但水晶大教堂的技术手段显然与"现代主义"有更多关联。

图1-20/1-21　水晶大教堂室内外景观，十年后建成钟塔

美国电话电报公司大楼
［AT&T Building，后为索尼大厦（Sony Building）］

曼哈顿的麦迪逊大街550号大楼（最初被称为美国电报电话公司大楼，后因成为索尼公司的美国总部而被称为索尼大厦或索尼广场）是一座典型的后现代主义建筑，共37层、197米高。2016年，大楼又被奥拉扬和柴斯菲尔德公司以1.4美元购得。

1982年，在为纽约的美国电话电报公司的总部所做的设计中，约翰逊的风格有了明显的转变。这座建筑也被看作是"后现代建筑的里程碑"。1984年，这座大楼甫一落成，其新乔治风格的山墙便立刻招致了各种非议。但同时，它也被认为与1982年落成的格雷夫斯设计的波特兰大厦和胡玛娜大楼（见本书第10章），以及约翰逊之前建造的水晶大教堂等，拥有共同的设计原则，从而开创了"后现代建筑"时代。

在加利福尼亚建一座玻璃教堂是一回事，但在现代建筑展示区似的曼

图1-2 纽约的电报电话大楼（后为索尼大厦）是后现代建筑的代表作

哈顿中心区建这样一座公司总部则是另一回事。虽然这并不是第一座后现代建筑（至少文丘里和盖里都已建造过一些更小尺度的建筑，格雷夫斯已在两年前完成了波特兰大厦），但因为这座建筑体量巨大且位于曼哈顿区，其影响力之大远非之前的几个建筑所能比拟，因此成为最为著名的后现代建筑代表作。这座摩天大楼的顶部类似希腊神庙的山墙，但中间又开了一个不完整的圆形（图1-2），类似于18世纪的托马斯·齐彭代尔（Thomas Chippendale，见附录5）式家具。当时，这类设计被看成是对建筑界的大规模挑衅：在曼哈顿最高的摩天大楼上安放一个极具历史式样的"顶柜"，这意味着对现代主义美学的全面否定。通过这些附加的装饰性语言，这座建筑挑战了现代主义建筑所强调的功能和效率理念。电报电话大楼的建设完成，标志着后现代建筑风格在美国建筑界已"合法化"，后现代主义建筑不再是一种探索或尝试，而完全可以作为一种成熟的建筑风格而被写入"建筑史"（图1-22/1-23/1-24）。后来在回

图1-22/1-23/1-24 纽约电报电话大楼的远景、街景和入口仰视效果

顾这一时期建筑发展时，评论家们将美国电话电报大楼看成是"后现代主义的旗帜"；对于已走进死胡同的现代主义来说，这是必然的发展趋势。

口红大厦（Lipstick Building）

口红大厦（图1-3）是一座34层、138米高的摩天大楼，位于纽约曼哈顿的第三大道885号，对面是花旗集团中心。建筑完成于1986年，由约翰逊和伯吉合作设计。建筑的名称显然来自其酷似一管口红的外形。

建筑外形可见明显的三个台阶式的后退形式，是对曼哈顿分区管制规范的回应——规范要求建筑物在其空间范围内从街道上往后收，以保证街道上有充足的采光。这种方式使此座建筑与周边的高层建筑颇为不同，在基础面积相同的情况下，这座建筑的使用空间明显变小。

建筑底部由柱子支撑，入口处有一个巨大的后现代风格的大厅。大厅与柱子同高，共2层、约9米。因为电梯和应急楼梯都位于建筑物的后部，所以该区域显得有些空旷。建筑物外墙由红色花岗岩和金属结构连续而成。色带窗口被灰色框架包围，两层之间是一条细细的红色带，呼应着"口红"大厦的命名。阳光照射下，建筑光滑的曲面还能向不同方向反射光线。

1986年，约翰逊和伯吉把他们的设计事务所迁入这座建筑。遗憾的是，1991年，两人结束了合作关系，约翰逊又单独成立了事务所并迁至此建筑中一个稍小的空间中。

圣巴西尔教堂（Chapel of St. Basil）

圣巴西尔教堂位于得克萨斯州休斯敦市的圣托马斯大学休斯敦分校中，由约翰逊于1997年设计。

教堂位于大学学术广场的北端。学术广场本身就是一系列代表各种学科和各种学术活动的建筑物。建筑物彼此相对、彼此开放，试图表达所有学术努力的相互依赖性。学术广场中没有非学术性的功能内容。小教堂和

图1-3　纽约口红大厦

图1-25/1-26 得克萨斯州休斯敦市圣托马斯大学休斯敦分校中的圣巴西尔教堂及前面的学术广场

多尔蒂图书馆位于学术广场的两端，分别代表着信仰和理性之间的对话。（图1-25/1-26）

　　小教堂的结构由三个基本的几何形式组成：立方体、球体和平面。建筑物的大部分空间被立方体所涵盖，包括主座位区；圆顶（半球体）在立方体上面高高升起；花岗岩平面将立方体一分为二，引天光进入。立方体和平面与穹顶相互作用，让人感觉穹顶不是一个封闭的建筑圆顶，而是一个通往天堂的通道。

　　教堂与其他所有校园建筑形成对比：教堂由白色的粉刷和黑色的花岗岩组成，而其他建筑的外立面由玫瑰色砖装饰。教堂的高度使其控制了整个校园。建筑顶部的金色圆顶宣告了该大学的基督教特色，从市中心、住宅区和医疗中心等大型建筑物中可以看到数英里外的黄金圆顶。

　　小教堂的照明设计很迷人：主要空间中白天不需人工照明。有足够的阳光充分照亮礼拜空间，光滑的纹理和反射表面的结合使建筑物中所有的光线都得到最大化。晚上，外面的灯光加上教堂里的蜡烛，足以照亮礼拜区。

盟友底特律中心（Ally Detroit Center/One Detroit Center）

　　盟友底特律中心（原名底特律第一中心）是位于市中心的摩天大楼和甲

级办公大楼，有43层、189米高，是密歇根最高的办公楼。由此可以俯瞰底特律金融街。

这座建筑由约翰逊和伯吉合作设计，建于1991-1993年。其顶部造型显然是受到了佛兰德斯文化影响的新哥特式造型，形成城市历史主义的天际线。毫无疑问，这也是一幢典型的后现代建筑。不过有时它也被称为"双哥特式建筑"，因为其双尖顶是面向南北和东西两个方向的。盟友底特律中心的造型已成为底特律的象征，因此其复制品常被制作成多种旅游纪念品。（图1-27/1-28）

2015年3月，盟友金融宣布将总部迁入此建筑，也把员工从底特律郊区迁往此处，公司一共占据了13层楼。该建筑也由原来的"底特律第一中心"被改名为现在的"盟友底特律中心"。

海因斯建筑学院（Hines College of Architecture）

海因斯建筑学院成立于1956年，是休士顿大学的12所学院之一。1997年3月，杰拉尔德·D.海因斯向建筑学院捐赠了700万美元，学校便以其姓氏来命名建筑学院。

这座建筑的造型和装饰细部，显然受到了意大利文艺复兴的影响，其平和优雅的气质与约翰逊在摩天大楼设计中的

图1-27/1-28 盟友底特律中心的"双哥特"式样特征明显

图1-29/1-30 海因斯建筑学院的外立面显然带有意大利文艺复兴风格特征，但也有评论家说这个设计受到了克劳德-尼古拉·勒杜（Claude-Nicolas Ledoux，见附录7）的影响

张扬和商业气息全然不同。通过这座建筑，人们便可知后现代建筑也能具有非常强大多样的文化表现力！

美国银行中心（Bank of America Center）

美国银行中心于1983年10月落成，有56层，是美国排名第55位的高层大厦，也是得克萨斯的第7高楼，同时它也是休斯敦市中心的第一座后现代建筑。

这座建筑也是由约翰逊和约翰·伯吉合作设计，其造型令人联想起荷兰运河旁的哥特式建筑。它有三个分段后退的高塔，每一个塔尖顶端都有一个陡斜的山墙屋顶。（图1-31/1-32/1-33）

这座建筑的处理手法仍可见明显的约翰逊形式语言特征：（1）在摩天大楼设计中，几乎所有暗示风格差异的造型变化均集中在建筑顶部，而中下

图1-31/1-32/1-33
美国银行中心也是典型
的后现代建筑

部的处理方式则基本沿用现代主义建筑的常规做法。约翰逊很好地把握了现代城市性格、建筑天际线、街区日常生活和使用者心理体验之间的关系。越是接近人体尺度的部分越应强调功能和适配而非建筑个性，这才能充分体现现代城市生活的方便性和流动性，远景或俯瞰的视角才是展示建筑可识别性的最佳场所。（2）约翰逊的许多高层建筑选用了哥特式样的顶部造型，这可能并非源自建筑师的喜好或趣味，而完全因为其造型与高层建筑的比例关系更匹配，毕竟约翰逊也建造了许多非"哥特式样"的后现代或现代主义的建筑，如海因斯建筑学院（图1-29）和玻璃住宅（图1-1）等。（3）美国银行中心的"退台式"处理手法，在之前的口红大厦（图1-3）即有体现，但因两幢建筑的地块条件、基础造型不同，特别是截然不同的顶部处理手法，使两者虽然都具有极强的可识别性却呈现出完全不同的风格特征。不得不说，在进行高层商业建筑设计时，约翰逊的确手法纯熟，经验老到。

小结

菲利普·约翰逊一生的职业创作影响了美国现代主义国际风格及后现代建筑的起步和兴盛，他还利用自己的社会影响力，先后支持和助推过多位建

图1-34　纽约帕雷媒体中心

图1-35a　纽约特朗普大厦　　　　　图1-35b　纽约特朗普大厦　　　　　　图1-36　马德里的"欧洲之门"

筑大师的事业成长。

　　总体说来，约翰逊的建筑作品一直在战后美国艺术中两种主要趋势之间寻求平衡：更加严肃的现代主义运动和更加民粹化的波普艺术。他最好的作品大多包含这两个方向的要素。约翰逊的私人艺术收藏也反映出这种二分法，比如他介绍过马克·罗斯科（Mark Rothko，见附录40）和安迪·沃霍尔（Andy Warhol，见附录60）到纽约现代艺术博物馆。

　　约翰逊一生作品甚多、风格多样、引领潮流。他从玻璃住宅时期的密斯风格转向新古典主义时，推出了波士顿公共图书馆；当现代主义风雨欲来的时候，他设计了名声显赫的加利福尼亚州加登格罗夫的水晶大教堂；当后现代主义成为时尚时，他和建筑师伯吉一起贡献了纽约的美国电话电报公司大楼，这座拼贴了古典风格、现代高层建筑风格、巴洛克时代的富丽堂皇风格和现代商业化波普风格的建筑，堪称后现代主义建筑中规模最大、最负盛名的代表作。另外，他设计的匹兹堡平板玻璃公司大楼、耶鲁微生物教学楼、休斯敦银行大厦等，也是建筑史上无法忽略的经典之作。

　　作为美国建筑师，他的作品风格完全可以依据项目属性和客户需求而呈现出极为不同的样貌。这种多面性也常被理论家们所诟病，而他对此却不以为然，并且声称：我就是个妓女，业主让我摆什么pose我就摆什么pose。在克利夫兰剧院中，他建造了一个罗马风格的建筑；在休斯敦大学的建筑学院，他说他的模型效仿了18世纪的法国新古典主义建筑师克劳德-尼古拉·勒杜的设计风格（图1-29）；他在20世纪80年代建造的摩天大楼巧妙地用花岗岩和大理石建造，并带有一些历史建筑的特征；在纽约，他设计了电视和广播博物馆（现为帕雷媒体中心，图1-34），还为唐纳德·特朗普设计了几幢住宅楼，包括曼哈顿南部的特朗普大厦（图1-35）；位于西班牙马德里的卡斯蒂利亚广场旁的"欧洲之门"（图1-36）

约翰逊特有的"妓女"和pose的解释之词，显然是一种典型的"后现代"语言。我们应该明白，无论约翰逊的这种创作态度是无可奈何还是顺势而为，其取得的巨大成功都恰恰说明了资本运作在现代美国城市景观形成过程中的巨大影响力。缺乏这一维度，我们便无法真正理解后现代建筑在美国最盛的根本原因。

后现代理论家

罗伯特·文丘里

Robert Charles Venturi，1925 –

文丘里的作品和他的理论一样，表面看来"温吞如水"，仔细品味始知"真水无香"。不得不说，文丘里的作品与我们一般人头脑中的"后现代主义"特有的夸张怪诞印象大为不同。文丘里的作品也与约翰逊的后现代主义高层大厦之"现代美国形象"完全相反，它极好地展现出了美国文化中质朴隽永的那一面。文丘里的所有作品几乎都带有"后现代"特征，甚至可以说，"后现代"在文丘里这里并非"风格"问题，而是社会理想和价值取向。相较于美国的许多其他建筑师来说，他不是"生意人"，而是"思想者"，是公认的"后现代主义理论家"。

家庭背景

罗伯特·文丘里1925年6月25日出生于费城。他的母亲对其人生和职业生涯影响深远。母亲名叫瓦娜（Vanna），是位女性主义者、社会主义者、和平主义者和素食主义者，她思想活跃，阅读了大量的历史、时政书籍和人物传记。瓦娜出生于1893年，父母都是意大利移民。读到高中时，她不得不退学，因为家中太过困窘已经买不起她上学时要穿的外套了。但瓦娜从未放

图2-1 文丘里的夫人和合伙人丹尼斯·布朗

图2-2 文丘里的成名作和后现代建筑的代表作母亲住宅

图2-3 老年公寓

弃过自己的追求，她一直在家坚持自学。直到24岁才结婚，在当时算是很晚了。她嫁给了一个水果和生产商，这就是老罗伯特·文丘里。小文丘里是瓦娜唯一的孩子。

瓦娜自己是贵格会①成员，也把孩子送进了贵格会学校。小文丘里说："我从未去过公立学校，对着国旗宣誓效忠，从未被强制效忠，我母亲认为那是对她的诅咒。"每到夏季，他们全家就到特拉华州的雅顿或宾州的玫瑰谷旅行，这两个社区都被建筑师威廉·莱特福特·普莱斯（William Lightfoot Price，见附录17）用艺术与手工艺运动的精神组织起来，实行亨利·乔治（Henry George）的激进经济管理手段。小文丘里在贵格会学校学习后又进入了圣公会学院，随后在普林斯顿大学获得了学士和硕士学位。

他在普林斯顿的导师是让·拉巴杜教授（Professor Jean Labatut）。这位教授的设计工作室一直沿用巴黎美术学院的教学框架，这成为文丘里进入建筑设计和理论系统的关键要素，它使文丘里的建筑研究和建筑设计导向了分析性话语，特别与风格语言相对立。1951年，他主要在密歇根州的布隆菲尔德山为埃罗·沙里宁（Eero Saarinen，见附录47）工作，之后他到了费城为路易斯·康（Louis Kahn，见附录36）工作。他获得了罗马奖学金，文丘里1954-1956年到欧洲游历，研究欧洲的建筑和历史。1954-1965年，文丘里在宾夕法尼亚大学获得了教职，在那里他成为康的助教、讲师和副教授。1960年，也是在那里，他遇到了自己的合伙人和终身伴侣、建筑师和规划师丹尼斯·斯科特·布朗（Denise Scott Brown，图2-1）。1967年7月23日，文丘里和丹尼斯·布朗在加利福尼亚的圣塔莫尼卡结婚。1969年，布朗也加入了事

① 贵格会（Quakers，通用名），又名教友派、公谊会（ the Religious Society of Friends，正式名），兴起于17世纪中期的英国及其美洲殖民地，创立者为乔治·福克斯。"贵格"为英语Quaker一词之音译，意为颤抖者。贵格会没有成文的信经、教义，最初也没有专职牧师、无圣礼与节日，而是直接依靠圣灵的启示，指导信徒的宗教活动与社会生活，始终具有神秘主义色彩。全世界共有成年信徒20余万人，主要集中于美国。尽管外界常常把该运动作为一个基督教教派，然而并非所有的贵格会教徒视自己为基督徒，只是因为历史上该运动中有大量基督教成分，因而一些人宁愿把自己作为一个普通的宗教成员。宽容是贵格会的生活方式之一，所以贵格会愿意与所有其他的信仰和教会学习。

务所成为合伙人，负责规划工作。1980年，公司更名为"文丘里、劳赫和斯科特·布朗"设计事务所。1989年劳赫辞职后，公司更为今名"文丘里、斯科特·布朗和合伙人"。公司一直设在费城，1985年，公司获得了美国建筑师学会颁给美国设计事务所的奖项。文丘里后来被耶鲁建筑学院聘为教授，并于2003年和布朗一起成为哈佛研究生院的客座讲师。2018年9月18日，文丘里因阿尔茨海默病并发症而辞世，享年93岁。

成名之作

母亲住宅（Vanna Venturi House）

项目简介

母亲住宅是文丘里的第一个重要作品，也是后现代运动的第一座杰出建筑。住宅位于宾夕法尼亚州费城栗树山附近。这是文丘里为妈妈设计建造的住宅，修建时间在1962-1964年。（图2-2/2-4/2-5）房子于1973年被出售，但因为仍是私宅，至今未对外开放。

由于是为自己家人设计的房子，文丘里大胆地作了观念上的探讨，成为《建筑的复杂性与矛盾性》著作的生动写照。在介绍这个作品时，文丘里写道："这是一座承认建筑复杂性和矛盾性的建筑，它既复杂又简单，既开敞又封闭，既大又小，某些构件在这一层次上是好的在另一层次上是不好的。"

空间描述

1961年，文丘里的母亲瓦娜看到自己的儿子学习建筑设计却拿不到委托项目，于是请他为自己设计一幢新居。

为母亲设计住宅有许多好处：母子间的情感纽带和对彼此生活习惯极为熟悉；做儿子的自然不会大肆挥霍，而是尽量"少花钱、多办事"，保证建筑的"性价比"和"功能与形式的统一"。最终完成的"母亲住宅"虽然建筑规模不大、结构也很简单，但是功能齐全、使用方便、充满温情，很好地满足了家庭生活的实际需要。除了餐厅、起居合一的厅和厨房以外，有一间双人卧室（母）、一间单人卧室（子），二楼另有一间工作室（子），外带

图2-4/2-5 从南侧和东南侧角度望过去的母亲住宅

各处配备的极小卫生间。

作为一位近70岁的老妇人，瓦娜要求她每日生活所需的功能必须在首层完成，以免上下楼的麻烦。所以建筑的首层包括了几乎所有的重要房间，包括主卧室、一个完整的浴室卫生间、护理人员房间、厨房、起居/就餐空间区，等等。因为瓦娜自己不开车，因而不设车库。她的儿子，建筑师小文丘里住在第二层，包括一间可兼做工作室的卧室，有个半月形的窗户，一个自用阳台、在楼梯平台上有个卫生间。建筑有一个大门廊和有充足存储区域的地下室。建筑中还让妈妈已经收集了50多年

图2-6/2-7　母亲住宅的首层起居室和二层儿子卧室

的古董和仿古建筑有了足够的容身之处。（图2-6/2-7）

平面的结构体系是简单的对称，功能布局在中轴线两侧却并不对称。中央是开敞的起居室，左边是卧室和卫浴，右边是餐厅、厨房和后院，反映出古典对称布局与现代生活的矛盾。楼梯与壁炉、烟囱互相争夺中心则是细部处理的矛盾，解决矛盾的办法是互相让步，烟囱微微偏向一侧，楼梯则是遇到烟囱后变狭，形成折中的方案，虽然楼梯不顺畅但楼梯加宽部分的下方可以作为休息的空间，加宽的楼梯也可以放点东西，二楼的小暗楼虽然也很别扭但可以擦洗高窗。既大又小指的是入口，门洞开口很大，凹廊进深很小。既开敞又封闭指的是二层后侧，开敞的半圆落地窗与高大的女儿墙。

居住情况

罗伯特·文丘里在这个房子中一直住到1967年，在他与斯科特·布朗结婚后才搬出。而瓦娜则在这个建筑中从1964年一直住到1973年，其间还经常接待来访的建筑师和建筑专业的大学生。1973年，她搬到了私人疗养院，并于1975年去世。1973年，这座建筑被出售给托马斯·休斯（Thomas P. Hughes），他是一位历史学家、作家和大学教授，他的妻子阿加莎是一名编辑和艺术家。休斯一家一直尽量保持建筑的原样，直到2016年这座房子又被卖给了当地的一位私人买家。

成果影响

母亲住宅中的很多建筑元素的处理方式都直接反抗了现代主义建筑的常规做法，比如：（1）用非常倾斜的屋顶取代了现代建筑中的平屋顶；（2）有意强调建筑的中部和烟囱部分；（3）建筑地面稳稳地扎在大地上，而不再像经典现代主义住宅那些用柱子和玻璃幕墙围合成一个悬空于地面的空间；（4）外立面上被打破的山花造型、一个纯粹的装饰贴花拱门，都带有明显的手法主义特征，明确拒绝了现代主义建筑理念。于是，这座住宅就直接脱离了现代主义建筑轨迹，造成现代主义建筑美学的困扰和混乱。简言之，文丘里通过自己的建筑风格向现代主义阐明了自己的意图。

母亲住宅的文化身份往往难以界定，在通常情况下，它被认定为将"又丑陋又平淡"的美国饼干盒式设计传统与复杂的、奇形怪状的内部装修完美地结合起来，从而具有了后现代主义的"拼贴性趣味"。

母亲住宅建成后在国际建筑界引起极大关注，山墙中央裂开的构图处理被称作"破山花"，这种处理一度成为"后现代建筑"的符号。母亲住宅是文丘里的早期作品，也可算是其实验性住宅设计，已成为经典作品，与《建筑的复杂性与矛盾性》一书一并载入现代建筑史册。

批评家谈论母亲住宅，向来偏重的是它的这张皮，对里面各个空间落墨极少。因为恰是在这一点上，最集中地体现了建筑界对象征、符号、语义学等等深奥学问的体认。此后20年间，"丑陋平庸"的游戏建筑甚嚣尘上，文丘里隐然有开路先锋之功。1989年，因为这个住宅，美国建筑师学会授予文丘里"美国建筑师学会25年奖"。

这座五间房的住宅，算上烟囱总高9米，但有着一个纪念性的正立面，通过有意操纵建筑元素来塑造效果、暗示建筑的尺度。一个非结构性的拱形和好像在墙上开了个洞似的窗户，与其他造型元素一起形成了文丘里在他那本大名鼎鼎的《建筑的复杂性与矛盾性》一书中所说的"对正统现代主义的公开挑战"。建筑史学家小文森特·约瑟夫·史卡利（Vincent Joseph Scully Jr.，见附录53）的评价切中要害："20世纪下半叶最大的小建筑。"

其他代表作品

老年公寓（The Guild House）

这座建筑也是位于费城，是为低收入老年人建设的公寓，由本地贵格会组织委托设计，并于1963年建成。综合使用了一般商业建筑和具讽刺意味的历史元素，老人公寓的建筑形式表现出对现代主义理念的明显拒绝，许多设计手法均为后来的后现代建筑运动所广泛引用。

老年公寓是20世纪影响深远的建筑（图2-8），也是罗伯特·文丘里的第一个主要建筑。因为其建设时间与母亲住宅同期，所以也被看成是最早一批表达后现代建筑观念的建筑之一，成为支持文丘里成为20世纪先锋建筑师的重要作品。建筑由文丘里、劳赫与"科普与利平科特设计事务所"合作设计完成。2004年，这座建筑被列入"费城历史文化名录"。

这座老年公寓是一座六层高的建筑，有对称的正立面，其处理手法具有纪念性经典建筑的范式（图2-3），最为明显的元素是：底部入口处居中是一个由抛光的黑色花岗岩饰面的粗大柱子和顶部那个巨大拱形窗，窗户的上部已经露出建筑顶层的公共空间。建筑首层用白色釉面砖突出以强调入口，但中间五层的顶部收口部分却似乎漫不经心地使用了极细的收边。根据文丘里的说法，要把这样两个要素并置处理：建设一个新的、较大比例的三层楼

图2-8 从街道上望向老年公寓

房，同时通过外窗的分封排列而建设一个较小比例的六层建筑。

建筑外部形式综合了历史形式和常见的（甚至有点儿平庸的）20世纪商业主义，在平庸的外表下隐藏着极具深意的社会和文化意图。文丘里写道："经济不仅需要'先进'的建筑元素，还需要'舒适'的元素。我们没有抗拒这一点。"建筑师用红砖材料、常规建筑中被视为不够"文雅"的双悬窗，和一些带有讽刺意味且能体现老年人生活的装饰细部，共同来强调这个项目的公共住宅特征，并表达建筑与周边城市肌理的亲密关系。

这座建筑包括91个居住单元。立面的处理方式使得大多数单元可以朝向南向、东向或西向，这会让每个居住者都能见到光线，还能看到楼下的街景。而且每个公寓单元还通过在不同墙面上开窗的方式努力让居住者接触到更多的日光照明。建筑中曲折的内部走廊是为了创建更多的非正式空间，便于居住者之间建立更多的亲密感。

今天，这座建筑在人们的眼中也许不像文丘里的著作那么为人所熟知，但却从一个更宽泛的实践范围内帮助人们重新认识美国建筑：从20世纪60年代平庸的现代主义发展到更具探究性和历史性的、对美国城市生活有更多回应的建筑设计道路上来。文丘里的建筑大多为典型的并置系统，其中包括元素、目标、场地或项目的固有冲突等。这一切都与典型的现代主义形成对比：现代主义设计会把所有要素都安排在一个完整的、严谨的结构系统和审美观念中，尽可能强调主要功能、追求简化，强调艺术性。

富兰克林纪念馆（Franklin Court）

富兰克林纪念馆是文丘里1972年设计的，或许是他最具创新精神的一项设计，它使我们可以从更高层次理解后现代建筑的含义，堪称"后现代建筑的里程碑"。

富兰克林纪念馆靠近美国费城的埃尔弗雷斯小巷，小巷是费城，甚至美国最古老的一条街道，至今保护得很好。走进费城的老城区，人们首先会看到慢慢行进的老式马车，这是一种为旅游观光服务的马车。由于游人和居民都较少，宁静的林阴道和古色古香的民居区又把人们带回18世纪的美国。

富兰克林纪念馆建在富兰克林故居的遗址上，可免费参观。纪念馆的主入口沿着城市老街而且仍保留着老样子，通过门洞才能进入纪念馆的内院，主体建筑建在地下，通过一条缓缓的无障碍坡道可进入地下展馆，展馆包括几个展室和一个小电影厅，以多种形式展示了富兰克林一生的丰功伟绩。

富兰克林旧居建成于1763年，这座房子位于街区中间的一个大院子里，需要通过市场街的小巷才能到达。虽然此后他在海外生活的时间很长，但他任期中的较长时间都居住在费城的这所住宅中，其间富兰克林曾参加了第二次大陆会议 和美国制宪会议。自1785年起，他便久居于此。1787年，富兰克林建造了一个印刷所，因为他的外孙本杰明·富兰克林·贝奇（Benjamin Franklin Bache）要在那里印刷出版《费城之光》一书。1790年，富兰克林在此辞世。

后来这个院子成为一项房地产项目而被重新开发，于是印刷所在1812年被拆除。自1950年起，直到20世纪60年代，国家独立公园管理局开始收购这些土地，将其作为考古发掘现场和研究富兰克林时期建筑的场地来运营。

1974年，在距离美国建国两百年庆典之前，文丘里和劳赫设计事务所作为费城颇有影响力的设计公司完成了富兰克林庭院景观设计和纪念馆的建筑设计。设计中最引人注目的是由方钢管构建起来的"幽灵框架"房屋，勾勒出庭院中早已被毁掉的两个重要建筑的轮廓。若想完全复制两个小建筑，当时专家们掌握的相关信息并不充分，于是两位建筑师转而重建了结构。这种设计手法后来在一些其他历史遗址景观项目中也被采用。纪念馆被设置在富兰克林庭院的下面，周边由考古遗迹围绕。1986年，在这个项目完成十年后，国家公园管理局认为这两个"幽灵框架"应被列入国家史迹名录，然而遗憾的是，或许这种设计手法无法为"历史学家们"所理解，这座建筑竟然被列入了"毫无历史贡献"的项目清单中。根据国家史迹名录的提名清单，较大的框架表示的是富兰克林的房子，49'5"长、33'宽、屋顶脊高50'6"（约15×10×15.4米）；较小的框架表示的是印刷所，48'长、20'宽、屋顶脊高48'（约14.6×6×14.6米）。设计师用地面铺装方式明确表达了房屋的界限，混凝土质的"帽兜"造型构筑物引导参观者向下观看，引导观者进入设置于地下的富兰克林纪念馆。（图2-9/2-10）

2011-2013年，富兰克林纪念馆进入一个多年期的全面改造过程中。文丘里和斯科特·布朗（当时她还在事务所参与工作）对这个改造方案表达了

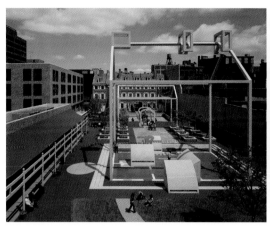

图2-9/2-10 富兰克林纪念馆院子中的两个"幽灵框架",左侧的框架较小,表示的是印刷所,右侧的框架较大,表示的是富兰克林的房子

不同意见,因为新的方案显然完全不理解1974年设计的价值所在便进行了多处改造。纪念馆改造完毕于2013年8月再次对公众开放。

富兰克林纪念馆给了我们多方面的启示:首先它没有采用人们惯用的恢复名人故居原貌的做法,而是将纪念馆建在地下,地面上为附近居民开拓了一片绿地,改善小区环境、造福后人,这样的做法想必富兰克林的在天之灵也会欣慰。为了保留人们对故居的记忆,文丘里采取了两项措施,其一是以一个不锈钢的架子勾勒出简化的故居轮廓,文丘里戏谑为"幽灵框架"(Ghost Structure),这是高度抽象的做法;其二是将故居部分基础显露,显露的办法是运用展窗直接展现给观众,并配合平面布置图及文字说明,介绍基础在故居中的位置及故居各部分的功能,这种方式同样可以使观众对故居的原貌有比较全面的了解。更精彩的是展示基础的展窗同时也成为绿地中不可缺少的现代雕塑,它的大小、方向与"幽灵框架"共同组成一幅完美的构图。这个设计极具创造性,展示的基础是真古董,颇有些考古发现的味道,更加引人入胜;"幽灵框架"是符号式的隐喻,甚至明喻;而纪念馆埋入地下,地上用于绿化的做法则是兼顾历史与环境的绝妙佳作。在现代建筑的发展过程中不乏具有创造性的建筑,但大多数是在造型技巧方面的创新,而富兰克林纪念馆则是建筑设计深层次的探讨,纪念馆没有那些过分喧嚣的造型表演,主体建筑默默地埋在地下,但它却引人深思,或许也体现了富兰克林的品质。设计充分体现了文丘里的观点——"对困难的总体负责"。

自由广场（Freedom Plaza）

自由广场原名"西广场"，是西北华盛顿特区的一个开放广场。广场周围有许多重要建筑，如哥伦比亚特区政府所在地的约翰·A.威尔逊大楼、国家大剧院（自其1835年开业以来历任美国总统均来此参观访问过）、北面和西面有三家大旅馆。国家公园事务管理局将此地作为宾夕法尼亚大道国家历史遗址区的一部分来管理，并协调各项广场活动。

经美国艺术委员会批准，这个广场由建筑师罗伯特·文丘里的团队负责设计。广场主要由石材建造完成，还镶嵌有皮埃尔·朗方（Pierre Charles L'Enfant，见附录9）所作的华盛顿市平面规划图。广场大部分标高都高于街道标高。广场的东端边界设有卡齐米日·普瓦斯基①的青铜骑马像，这座雕像自1910年起即立于此。

广场表面有凸凹，且由黑色和亮色的大理石组成，用以标识出朗方的华盛顿规划图。黄铜轮廓标明了白宫和国会大厦的位置。游客和居民们有关华盛顿的优美词句也被镌刻在广场的大理石铺地上。广场周边由花岗岩矮墙围合起来，矮墙上每隔一段距离栽植一些植物。广场西部还有一个花岗岩墙面的喷泉。（图2-11/2-12/2-13/2-14/2-15/2-16/2-17）

图2-11 自由广场的设计其实基于华盛顿特区早期基础规划的"平面图"　　图2-12/2-13 自由广场周边建筑的历史性和政治性等均甚为敏感，广场由花岗岩矮墙围合，间或种植植物，广场西部还有花岗岩喷泉

---

① 卡齐米日·普瓦斯基（Kazimierz Pułaski，美国常写为Casimir Pulaski，1745-03-04-1779-10-11），波兰士兵、贵族、政治家，被尊为"美利坚骑兵之父"。

图2-14/2-15/2-16/ 2-17 自由广场的细节设计非常丰富

伦敦国家美术馆扩建（Sainsbury Wing and later additions）

1981年，伦敦的国家美术馆开始筹划向西扩建新馆——塞恩斯伯里翼楼（Sainsbury Wing），准备展出欧洲文艺复兴早期的绘画珍品。国家美术馆位于伦敦的中心区，四周建筑均为古典风格，南侧不远便是国会和王宫。新馆场地外形极不规整，东侧与老馆隔着一条小街，西侧为商业街，场区的东南方向是特拉法加广场，设计有相当的难度。

为了这项加建工程，1982年举办了一轮设计方案竞赛，意在选择一位合适的建筑师，名单中包括理查德·罗杰斯（Richard George Rogers，见附录71）激进的高科技方案。赢得投票的设计来自阿伦兹·伯顿和克拉利克设计公司。他们后来修改了方案，其中增加了一个塔楼的设计，这很类似于罗杰斯的方案。但是在威尔士王子把这个设计与"一个深受爱戴和优雅的朋友的脸上的怪异的粉刺"相比较后，这个方案就被放弃了。"怪异的粉刺"这个词对于一个与周围环境发生冲突的现代建筑来说，已经非常司空见惯了。最初的这轮方案竞赛文丘里并未参加。既然当局对这轮方案不满意，又恰逢英国查尔斯王子对其大加抨击，于是主办方又邀请了六位国际著名建筑师进行了第二轮方案竞赛，文丘里应邀参加并取得了设计权。

1982年第一轮竞赛时，设计竞赛的条件之一是：新的翼楼必须同时包括商业办公室和公共画廊空间。但到了1985年第二轮竞赛时，情况有了变化——整个新加建部分都可以为画廊所用，因为塞恩斯伯里勋爵和他的兄弟西蒙和提姆·塞恩斯伯里爵士又捐赠了5000万英镑。

与主建筑丰富的装饰形成鲜明对比的是，塞恩斯伯里翼楼中画廊的装饰形式和线条都是简化和亲密的，适合许多尺寸较小的绘画作品。这些房间的主要启示来自约翰·索恩爵士（Sir John Soane，见附录8）在达利奇画廊（图2-18/2-19）中采用的顶部采光方式和菲利波·布鲁内莱斯基（Filippo Brunelleschi，见附录1）设计的教堂内部（图2-20/2-21）。文丘里后现代主义的建筑设计手法都在塞恩斯伯里翼楼中得到了充分展示。

塞恩斯伯里翼楼的加建工程采用了现代与传统相结合的设计手法。场地面积不大，建筑平面占据了全部场地，东南角布置凹廊，形成广场与建筑物的过渡空间，高大的壁柱与主馆保持一致，保持新旧建筑间的风格和谐。新馆展厅放在顶层，便于顶部自然采光而且标高与主馆的主展厅标高一致，连廊连接方便。新馆与主馆之间保留原有的步行街，上部设过街楼，使新馆与主馆的展厅连成整体。过街楼平面为圆形，作为展厅之间的休息厅，巧妙的处理使可能很单调的过街楼成为两个展厅之间丰富的过渡空间。文丘里很聪明地在首层平面布置了服务性设施，以弥补主馆辅

图2-18/2-19　约翰·索恩爵士设计的达利奇画廊内部空间

图2-20/2-21　菲利波·布鲁内莱斯基设计的圣母玛利亚之花大教堂穹顶和十字交叉拱顶

助设施的不足。新馆的单跑大楼梯是设计的亮点，大楼梯在新馆东侧，可同时为新馆与主馆服务，宽大的楼梯显示出展馆的开放性，透过楼梯东面的玻璃幕墙可以清楚地看到主馆，使大楼梯能为主馆服务的功能更加明确，从大楼梯的外侧又可以看到主馆在玻璃幕墙上反射出的形象，加深了新馆与主馆的紧密结合，大楼梯天花板上的铝铸拱架增加了新馆的古典气氛。由于建筑高度的限制，设计充分利用地下室和夹层布置展廊、报告厅、咖啡厅和其他辅助设施。各层面积使用合理、参观路线顺畅、交通面积很少、利用建筑物三个转角处的楼梯解决了垂直交通和防火疏散问题。（图2-22/2-23/2-24）

　　建筑立面处理的关键是新、老建筑的关系，文丘

图2-22　修建中的塞恩斯伯里翼楼，从特拉法尔加广场望去

图2-24　塞恩斯伯里翼楼中的顶部处理清晰可见达利奇画廊的痕迹

图2-23　塞恩斯伯里翼楼展厅中排列有序的柱廊

里按照自己的理论采用了似乎简单而实际复杂的处理方法：新馆在大尺度上与主馆保持一致，壁柱的间距、檐部的处理和门窗的大小、形状都有微妙的变化，新馆壁柱作为一种传统符号与主馆一致，柱间距根据功能需要、大小不等，形成疏密不同的变化节奏，入口处的柱间距扩大，大楼梯外侧更保持大片玻璃幕墙；檐口处理采取渐变的方法，新馆与主馆靠近的地方檐口线脚保持一致，由东向西檐口逐步简化，西立面则近似"形式追随功能"。虽然新馆的立面与主馆不同，转角的建筑外形也很不规整，与古典建筑规律相去甚远，但因艺术处理手法精湛，新馆仍与主馆保持艺术上的和谐。文丘里对古典建筑有深入的研究，对现代建筑也有独到的见解，在伦敦美术馆扩建工程中，正如他在《建筑的复杂性与矛盾性》中谈到的："利用传统部件和适当引进新的部件组成独特的总体。……以非传统的方法运用传统，以不熟悉的方法组合熟悉的东西，这样就可以改变环境，甚至搞老一套的东西也能取得新的效果。"

最难能可贵的是，在特拉法加广场上，新馆并不引人注目，这恰恰是文丘里的初衷，因为它本来就是主馆的"配角"。对比之下，早期设计竞赛中有些标新立异的方案显然是不合适的。

思想理念

文丘里被认为是后现代建筑理论的奠基人，他的主要著作《建筑的复杂性与矛盾性》（Complexity and Contradiction in Architecture）写作于20世纪50年代。1965年，文丘里获得了格雷厄姆基金会资助，此书才得以出版。本书的写作基础来自文丘里在宾夕法尼亚大学的课程讲座：（1）通过大量案例展示了一种理解建筑构图和复杂性的方法，以及由此产生的丰富和趣味；（2）文丘里从乡土和高品位的来源，从建筑师们很熟悉然后又忘记的内容中总结出经验教训。

当时还没有出现"后现代建筑"这一术语，文丘里在书中分析了建筑艺术的本质和建筑设计的基本规律，建筑设计要综合解决功能、技术、艺术、环境以及社会问题等等，因而建筑艺术必然是充满矛盾和复杂的。该书还批评了当时在美国占主流地位的所谓国际式建筑。文森特·史卡利在该书序言

中指出：该书可能是1923年勒·柯布西耶的《走向新建筑》一书发表以来有关建筑发展最重要的一本著作。文丘里也因此立即被誉为拥有激进思想的理论家和设计师。

20世纪60年代，文丘里在耶鲁大学建筑学院指导了一系列工作室，其中最著名的是1968年的工作室。文丘里、斯科特·布朗和斯蒂文·伊泽诺（Steven Izenour）带领一队学生来记录和分析拉斯维加斯城市地带——在当时的建筑界看来，这可能是一个严肃的专业研究项目中最不可能触及的主题。

《向拉斯维加斯学习》（*Learning From Las Vegas*）于1972年出版，论述了人类艺术中有关符号的功能，与当时在西方流行的符号论美学的观点是一致的，书中涉及象征主义和社会学问题。《向拉斯维加斯学习》还提示建筑要向大众文化、向波普艺术学习。拉斯维加斯是美国的赌城，令文丘里感兴趣的不是赌城的建筑而是那些广告和商业宣传，它反映了商品经济社会对建筑艺术的要求。

虽然他和他的妻子在20世纪末又合著了几本书，但早期的这两本书却被证明最有影响力。

文丘里试图将古典建筑的某些元素简化、抽象为一种符号，运用到现代建筑中作为装饰同时隐喻某种问题。1960年，在北宾州访问护士学会的设计中，文丘里将拱门作为入口符号而且还加了两个斜撑，这些在结构上都并不需要，只是装饰性的架子，这种偶然性的处理成为视觉焦点，加强了入口的吸引力。1977年，文丘里在折中主义住宅的研究中试图将各类古典建筑编成符号拼贴在住宅的立面上，这种设想曾一度影响到国际建筑界，成为后现代建筑的一种时尚，但未能持久，因为它脱离了现代建筑需要不断创新的精神。1983年，文丘里为普林斯顿大学设计的胡应湘堂（Gordon Wu Hall，图2-25/2-26）也是在设计中运用符号的例子。建筑物首层是餐厅，二层是行政办公室、会议室、图书室，因校区用地紧张，厨房利用相邻的原有建筑。建筑入口上方以灰、白两色大理石拼出抽象的几何图案，建筑物前面的小广场上设计了一个大理石的石碑，石碑被认为是中国传统石碑的抽象和简化，以加强建筑的可识别性，或许同时隐喻该建筑与中国有关。

罗伯特·文丘里的作品和著作与20世纪美国建筑设计的功能主义主流分庭抗礼，成为建筑界中非正统建筑师机智而又明晰的代言人。他的著作《建筑的复杂性和矛盾性》（1966）和《向拉斯维加斯学习》（1972）被认为是后现代主义建筑思潮的宣言。他反对密斯·凡·德·罗的名言"少就是多"，认为"少就是光秃秃"。他认为，现代主义建筑语言群众不懂，而群众喜欢的建筑往往形式平凡、活泼，装饰性强，又具有隐喻性。他认为，赌城拉斯维加斯的面貌，包括狭窄的街道、霓虹灯、广告牌、快餐馆等商标式的造型，正好反映了群众的喜好，建筑师要同群众对话，就要向拉斯维加斯学习。于是过去认为是低级趣味和追求刺激的市井文化得以在学术舞台上立足。设计的时候，文丘里喜欢将简单而有美丽雕花的格式合并在一起，还经常在全面设计规划图中将讽刺和喜剧寓于其中，常以国际风格和流行艺术为指导，其作品还被当作设计平面的典范，这些模式常具有纪念性和装饰性。他以标记和符号为装饰，运用简单的几何图形，并将其融入他的设计中。他说道："建筑学应该涉及建筑的社会和历史之间的关联。"

文丘里总在盛大的背景下将联系和同化合为一体，使他的建筑以一种和谐的方式与当地的环境相得益彰。他们不会因为已有的目的而忽视四周的环境，他这样说道："我喜欢建筑中的复杂性和对立性，这建立在近代观点的模糊性和丰富度中，还包含在与艺术的联系之中。"

文丘里的创意经常被别人模仿，比如山形房屋的前壁常常由分离的部分和凹进的中心部分隔开。在他的设计中，他常常用大面积的窗户去扩大传统的半圆形窗户，这样的圆形窗在他设计的建筑中经常出现。

小结

1991年，文丘里获得普利兹克奖①。文丘里的建筑设计和思想具有世界级的影响力。文丘里的作品为后来的一大批美国建筑师的职业生涯都产生了深远的影响，如罗伯特·亚瑟·莫尔顿·斯坦恩（Robert Arthur Morton Stern，见附录79）、菲利普·约翰逊（Philip Johnson，见本书第1章）、迈克尔·格雷夫斯（Michael Graves，见本书第10章）、格拉汉姆·甘特（Graham Gund）和詹姆斯·斯特林（James Stirling，见本书第4章）等人。21世纪以来，文丘里夫妇还多次访华。

文丘里的研究、建筑及城市规划实例，其实还能启发中国建筑师思考这样的问题：虽然在中国人眼中，现代建筑界的众多大师均属"西方建筑师"和"西方建筑理论"体系，但欧洲精英知识分子建筑师和理论家们所倡导的"经典现代主义"，与自由资本主义大发展的美国社会和市民社会之间是否也存在"水土不服"？四位现代主义大师（弗兰克·劳埃德·赖特、沃尔特·格罗皮乌斯、路德维希·密斯·凡·德·罗、勒·柯布西耶，见附录18/24/26/29）中，只有赖特是美国人，而他对现代主义的理解、作品形式，特别是精神气质，均与其他三位建筑师有非常明显的区隔。而赖特的导师路易斯·亨利·沙利文（Louis Henry Sullivan，见附录16）虽然提出了"形式追随功能"的口号，却在事实上从事着所谓"美国新艺术运动风格"的建筑创作。事实上，如果仅从建筑造型和装饰趣味上看，我们的确很容易就能找到沙利文与约翰逊和文丘里之间的承继关系。造成这种现象的绝不仅是所谓的设计师性格或风格变迁，美国与欧洲不同的经济模式和社会生活方式恐怕才是根本。因此也便不难理解，为何后现代思潮影响广泛，但后现代建筑却在美国最盛。

---

① 1991年，文丘里获得普利兹克建筑奖时，组委会说此奖项只授予个人建筑师，因而斯科特·布朗虽为文丘里的合作者，亦不能与其同时获奖，这与其性别无关。然而1988年的获奖者为两位独立的男性建筑师，2001年和2010年的获奖者分别是两位合作建筑师。于是包括扎哈·哈迪德在内的许多女性设计师都为斯科特·布朗鸣不平。2013年，一个名为"设计业中的女性"的学生组织在哈佛大学设计研究生院发起一场活动，为斯科特·布朗请愿，宣称布朗应与其搭档罗伯特·文丘里获得联合承认。布朗自己说得更直白："我并不气恼他们不颁奖给我，我真正气愤的是他们不允许我与罗伯特共同获奖。"在后现代理论的研究视野中，女性建筑师的社会身份和职业地位，是一个比建筑风格和设计手法更长久、更敏感的话题。

严肃的戏法

查尔斯·摩尔

Charles Willard Moore，1925–1993

查尔斯·摩尔是美国建筑师、教育家，美国建筑师学会会员，1991年美国建筑师学会金奖获得者，后现代主义建筑流派的重要代表人物。他将人文关怀融合到建筑里，采用轮廓分明的、清晰的空间环境去吸引使用者。摩尔为建筑师们提供了非常富有启示意义的经验。克罗茨（Heinrich Klotz）在《后现代建筑史》一书中说："查尔斯·摩尔是这样一位建筑师：他懂得如何用恰当的手段创造复杂的、令人兴奋的空间，混合了惊奇和熟悉的空间。"摩尔的全部作品几乎都可被列入"后现代主义"建筑之列。

图3-1　摩尔设计的意大利广场是新奥尔良的城市公共广场，这座建筑充分调动了他的设计语言，甚至常被引用作为后现代建筑的原型

图3-2　哈斯商学院东入口

职业经历

查尔斯·摩尔1925年10月31日出生于美国的密歇根州。1945年，他20岁时毕业于密歇根大学建筑系，后继续攻读硕士、参军服役并在欧洲参观学习。1956-1957年，摩尔在普林斯顿大学学习，并获得博士学位。

在普林斯顿时，他跟随让·拉巴杜教授（Professor Jean Labatut，他也是文丘里的导师）学习。此后，他又作为博士后研究员在普林斯顿多待了一年，同时担任路易斯·康的助教。当时，康在大学中指导着一个设计事务所。在普林斯顿期间，摩尔和他的几位同学建立了很好的关系，后来成为合作者，他们之间的情谊也延续了一生，包括冬临·林登（Donlyn Lyndon）、小威廉·特恩布尔（William Turnbull, Jr.）、理查德·彼得斯（Richard Peters）和休·哈德利（Hugh Hardy）。

也是在普林斯顿学习期间，摩尔为自己的母亲设计建造了一座住宅，位于加利福尼亚的卵石滩；每到夏季，他还到临近的蒙特利市去为建筑师华莱士·霍尔姆（Wallace Holm）工作。摩尔的硕士毕业论文即是探讨蒙特利市中老旧的泥砖住宅应如何融入现代城市文化结构中这一专题。他的博士毕业论文题为《水与建筑》，专门探讨了在塑造场地经验过程中水元素的重要性。这是第一篇以加斯东·巴什拉（Gaston Bachelard，见附录25）哲学为基础的建筑学论文，也是建筑现象学运动的早期理论来源。几十年后，他的论文成为其一本同名著作的标题。

1959年，摩尔离开新泽西开始在加州大学伯克利分校任教；从1965开始，他还担任耶鲁大学建筑学院的院长；1975年，他搬到洛杉矶继续任教；1985年，他成为得克萨斯大学奥斯汀分校的建筑学教授。1965年，摩尔与小威廉·特恩布尔合作建立建筑设计事务所；1970年又成立了自己的建筑事务所。从摩尔的经历可知他既是教育家又是不断从事建筑创作的建筑大师。

摩尔性格外向，很有吸引力，既勇于创新又有合作精神，既善于项目合作又长于学术论争，他在建筑界的许多直接经验与鲁道夫的权威方法恰成对比。1967年，他和肯特布鲁姆（Kent Bloomer）一起制订了耶鲁大学建筑计划（Yale Building Project），为一年级新生培养社会责任，讲解施工过程。这个项目在耶鲁大学一直很有活力。

摩尔在康涅狄格州的纽黑文市开办了设计事务所，但其随后的合作教授和合作公司之多，令人眼花缭乱，包括MLTW设计事务所（指摩尔、林登、特恩布尔、惠特克尔）、中坚建筑设计（Centerbrook Architects）、摩尔·穆贝尔·约德事务所（Moore Ruble Yudell）、城市创新小组（Urban Innovations Group）、查尔斯摩尔与合作者（Charles W. Moore Incorporated）、摩尔和安德森事务所（Moore/Andersson）等等。

摩尔早期的作品大多数为小住宅，他的职业生涯中第一个非常成功的设计是1963年的海牧旅店（Sea Ranch Condominium，图3-3/3-4/3-5/3-6），旅

图3-3/3-4/3-5/3-6
旧金山附近的海牧旅店
是摩尔的成名作

店距旧金山100英里，是一个公寓式旅馆。建筑与地形、环境结合紧密，由单坡屋顶组合成有机构图，具有浓厚的乡土气息。场地靠近海边，山坡由陡峭转为平缓，旅店由100套度假公寓组成。摩尔最初的想法是将公寓设计为100个正立方体的组合，以后逐步发展成不规则的U形平面。体型也极为复杂，最高处为三层，建筑围合成不规则的内院，由一个斜顶的高塔作为构图中心，很像意大利中世纪山城建筑。海牧旅店的成功使摩尔的事业步入一个新阶段。

20世纪60-70年代，摩尔最成功的作品是在加州大学圣克鲁斯分校设计的克雷斯杰学院（见后）。摩尔充分利用环境特点、山地与森林，将抽象构图与欧洲中世纪山城的自由布局巧妙地结合，形成一组有特色的建筑群，令人耳目一新。

最能使摩尔名扬国际建筑界的设计是他在新奥尔良1975年设计的意大利广场（见后），当时国际上正在盛行后现代建筑理论，出现不少在建筑立面上拼贴古典建筑符号的建筑设计，摩尔以舞台布景的方式成功地设计了意大利广场，一鸣惊人，作为后现代古典符号建筑风格的经典载入史册。

20世纪80年代，摩尔设计了不少公共建筑，各具特色，最突出的当属洛杉矶的贝弗利山市政中心（见后），摩尔运用抽象构图的手法将两块不规则的地段组成一个有机的整体，以新古典的建筑风格将新、老建筑统一成非常和谐的建筑群，是城市有机更新的成功范例。

代表作品

克雷斯杰学院（Kresge College at University of California）——生态小镇一条街

加州大学是美国最大的高等学府之一，它有九所分校，其中圣克鲁斯分校（UC Santa Cruz）距旧金山75英里，占地约810公顷，校园建在山区，树木茂盛，是环境最独特的校园。这所分校始建于20世纪50年代，校方精心挑选著名的建筑师为该校各学院进行设计，最终是查尔斯·摩尔和小威廉·特恩布尔主持克雷斯杰学院的设计。由于学校占地广大，学院之间保留很大的距离，山区的自然景观将各学院分隔，为风格各异的学院创造良好条件。

克雷斯杰学院（Kresge College）位于圣克鲁斯园区的西部边缘，是加利福尼亚大学的住宿学院，学院校区从1964年开始设计，1972年正式投入启用，总建筑面积约9 000平方米，计划容纳320名大学生。为了给学生创造学习、生活都很方便的条件，规划和建设时采用了一种学习和食宿都在学院范围内自行解决的自给自足式的校园模式。

克雷斯杰学院在圣克鲁斯分校的十个学院中排名第六，起初是最具实验性的学院。克雷斯杰学院的第一任教务长鲍勃·艾德加被他在美国国家训练学院（NTL Institute）工作小组中的体验而深受影响。他召集了一位名为迈克尔·康的心理学家担任工作小组的推动者，帮助他开创了这个学院。当他们到达圣克鲁斯分校时，他们组织了一门课，叫作"建造克雷斯杰学院"。在课堂上，他们和学生们一起设计这个学院。克雷斯杰学院秉承"参与式民主"方式，建院初期的学生们对学院事务常具有非凡影响力。学院由两个委员会组成，分别负责"社区事务"和"学术事务"。任何想加

图3-7/3-8　克雷
斯杰学院入口内外

入这些委员会的教职员工、学生都可以参与其中。学生的选票和教员或职员一样多。这些委员会决定经费预算和人员雇佣。他们也以协商一致的方式运作。

杰出的早期成员包括葛瑞利·贝特森（玛格丽特·米德的前夫、《走向心灵生态学的步骤》的作者）、菲尔·斯莱特（《追求孤独》的作者）、约翰·葛林德（《神经语言程序学》的合作创立者、《魔法结构》的合作作者）、威廉·埃弗森（垮掉派诗人）等人。克雷斯杰学院早期毕业生中的杰出人物还包括道格·福斯特，后来成为《琼斯母亲》杂志的主编，理查·班德勒与约翰·葛林德，他们共同创立了"神经语言程式学"（NLP）……

克雷斯杰学院的规划和建筑设计包括居住区、办公室、收发室和风雨广场等，所有这一切都很好地体现了这所学院的实验性、先锋性和开放性。这是基于一个幻想的、沿着山坡铺展开的意大利村庄式的设计，具有明显的托斯卡纳地区民居的风格特征。

校园规划充分利用起伏的地形，尽量保留校区内原有的红杉树。建筑物沿着一条曲折的步行街两侧布置，机动车在校园外侧行驶，步行街总长约300米，北高南低、高差约25米。步行街平面走向呈L形，主入口在两侧，由西向东，再转折向北，沿着步行街设置了三个广场。入口广场是一个不规则的多边形下沉广场，台阶、铺地与水池共同构成一幅抽象图案，入口广场的背景是学院的行政办公楼；中心广场在步行街的转折处，这个中心广场是学院社会活动中心，空间丰富，图书馆是广场的主体建筑，教室和学生宿舍布置在广场的周边；尽端广场以礼堂和餐厅为对景，学生宿舍和公寓在街道两侧，广场和街道之间没有严格的界限。由于街道的宽狭和方向不断变化，两侧的建筑既不平行也不对称，形成多彩多姿的景观。

建筑的标志性很强，学生宿舍有外廊，公共服务设施如洗衣房、电话亭等均以鲜艳色彩和抽象图案作标志，成为沿街的景点。（图3-7/3-8/3-9/3-10/3-11）

克雷斯杰学院的住宅由公寓、套房（允许学生有小单间）组成，而不是简单的八人一间宿舍，具体操作是这样的：（1）建筑师有意未完成这些八人住宿空间的具体分隔和建造，而是预留出了较大空间，让学生们自行安排；（2）学院开学时，每八位学生都会给2000美元来设计和建造内墙地面。早期的八人宿舍有明显的开放和公共空间设计，但后来的设计则有更多的墙和个人房间。

或许这种"参与式民主"的建筑营造方式注定只能停留在知识分子的热忱想象和社会实验层面。房间最终的使用方式还是回归了"世俗社会"——开放空间使得人际关系的紧张感被加强了，到了第一年结束时，32名学生中的21人已经离开了这个特殊的八人住宅，而住到了别处。第一个季度结束时，八人房就变成了六人房。今天大多数的公寓、套房和六人房都服务于同一目的——学生宿舍，而且他们有私人厨房、浴室和起居室。

无论如何，这所学院在建筑界很受欢迎，它已被收集到了吉德·史密斯（George Everard Kidder Smith）1996年出版的《美国建筑的原始资料：从10世纪至今的500座建筑》一书中。

克雷斯杰学院最初是由克雷斯杰家族信托基金捐赠，其财富来自凯马特

图3-11 克雷斯杰学院学生餐厅

图3-9/3-10 克雷斯杰学院内庭院

（Kmart）①，因此其最早的，也颇具讽刺意味的昵称是"凯马特学院"。考虑其传统的反文化倾向，这是目前远离美国中部凯马特形象所能联想到的全部了。建筑师本来想把霓虹灯标志从学院入口处的公寓商店移除，但这个想法因阻力太大而未能实施。

新奥尔良意大利广场（Piazza d'Italia, New Orleans）——后现代广场的原型

意大利广场（图3-1）是位于路易斯安那州新奥尔良市中心商业街上的一个城市公共广场，由新奥尔良建筑公司建造，新奥尔良市的公共津贴公司全资拥有。项目由查尔斯·摩尔和佩雷斯建筑设计公司设计，于1978年完成。意大利广场一经推出即受到了艺术家和建筑师们的广泛好评。然而这座享有世界级影响的广场的所有光环似乎仅存在于建筑史和设计杂志中，而其在真实世界中的境遇却大相径庭。广场甚至在完成之前就已开始迅速恶化，它周围的商业街区也从未如规划设计的方向来发展。在新旧千年之交，广场已因新奥尔良人极少踏足而日渐被遗忘，甚至有时被称为第一个"后现代废墟"。相邻的莱克斯中心也被转卖给罗伊斯酒店，并于2003年建设完成，所幸意大利广场也于2004年而得到全面恢复。

对中国设计界而言，今天再讨论意大利广场时，不应仅停留在造型和使用方式上，还需了解项目本身和城市发展的社会背景及文化内涵。从本质上讲，意大利广场的建设其实是一个庞大城市改造项目中的重要环节，其成功或失败都不仅来自建筑师的才华和失误。只有在一个更宽广的社会和文化视角中对其进行分析，才更有利于我们窥得其真容。

19世纪末到20世纪初，新奥尔良市接收了数以万计的意大利移民，然而因为此前的法国和西班牙文化的开创性贡献使之一直处于强势地位，所以

---

① 凯马特（Kmart）是现代超市型零售企业的鼻祖，其之于零售业有如福特之于汽车业。综合性零售企业的行业标准一度是由凯马特创立的。它还建造过世界最大的连锁超市、世界最大的零售企业，并是世界首家使用了现代超市收款系统的公司。迫使凯马特申请破产的导火索是弗莱明食品公司暂停供货事件。

意大利移民群体在城市文化中的作用长期未被关注。20世纪70年代早期，新奥尔良的意裔美国人社区的领导人构想了一个能对意大利移民的城市生活进行永久性纪念的方式。此外，这一时期的新奥尔良与美国许多其他城镇都面临着"二战"以来长期存在的通病：白人远离和城市撤资。新奥尔良市市长穆恩·兰德里欧致力于城市闹市区的改进和振兴，因此他坚持如下两点：其一，项目选址必须在市中心才能真正鼓励在此地的投资；其二，建筑的式样或风格必须能很好地反映新奥尔良意大利社区的文化传统和发展历史。

最终选择修建意大利广场的位置处于市区半废弃的运河上游边缘地区，从运河街和法国区的边缘到密西西比河的第三和第四街。到20世纪70年代中期，这一地区已经忍受了几十年发展停滞、人口衰减。自从19世纪中叶就勉强使用的商业排屋、20世纪早期的工业建筑和陈旧的港口基础设施……这一地区该如何发展和复兴的难题，已困扰政府多时。从20世纪60年代晚期开始，巴尔的摩和其他的老化港口城市迁移到了历史滨水区以谋求再发展；20世纪70年代，新奥尔良试图刺激后来众所周知的仓库区投资。因此，意大利广场被寄予厚望，希望它能引发一波在仓库区和新奥尔良市区滨河区的投资热，特别是能够在市中心区点燃投资热情。

广场设计的目标是全面实现改造周边环境的目标，其中包括恢复正对着图皮图勒斯大街（Tchoupitoulas Street）的19世纪的联排建筑，其后方紧靠着广场的边缘。佩雷斯团队设计了填充建筑物来补充这一预期的历史性修复。恢复建筑和新建筑的混合物已经为意大利广场建造了一个历史文化场景，这样就在一个地中海式的城市模式中造就了一个"惊喜广场"：行人沿着一条狭窄的走廊或小巷行走时，却突然出现一个阳光照射的广场，被咖啡馆和商店所环绕。这一预期效果便是将意大利广场设置在城市街区心脏地段的用意所在，其效果能与周围街道的风格形成极大区隔。

1974年，查尔斯·摩尔帮助本地实现了新奥尔良"意裔美国人社区"的愿景。通过与三位年轻的、在新奥尔良的佩雷斯公司实习的年轻建筑师（Malcolm Heard, Ronald Filson and Allen Eskew）的密切合作，摩尔建造了一座意大利半岛形的公共喷泉，由半圆柱的柱廊环绕，以抽象、简洁的空间框架形式展现的一个钟塔和一个罗马神庙。中央喷泉坐落在城市中间，可从两个方向接近：从普瓦德拉街经过一个尖细的通道而进入，或通过商业街终点与拉法耶特大街交界处钟塔的拱门。喷泉及其周围的柱廊戏谑地"盗用"了古典形式与秩序，并通过现代材料（如不锈钢、霓虹灯）或动力学（如表明传统的科林斯式的叶板通过水射流的使用）来完成。

广场处于高层办公楼和19世纪建造的仓库的背后、靠近城市商业区。广场平面为圆形，地面以浅色花岗岩块石铺砌，同时以深色石块铺出同心圆条纹，形成规整的放射性图案。广场的一角长约24.4米的部分地段凸出水面，由几段台地构成意大利版图形状，西西里岛恰在圆心位置，台地由石块砌筑，以意大利盛产的白色大理石嵌边。凸出水面的"意大利半岛"北面最高处有流水淌出，象征意大利的三大河流：波河、台伯河与阿尔诺河，最后注入大海，大海的中央浮动着西西里岛，因为附近居民多数与西西里岛有关。广场北侧由长短、高低不同的墙架和廊柱片断围合出弧形空间，廊柱和墙架片断前后错动、交叉作为广场的背景，广场像是舞台，廊柱是舞台布景。

广场的廊柱由古罗马柱式组合而成，包括陶立克式、爱奥尼式和科林斯式。柱式的比例是准确的，组合方式则随心所欲，建筑材料更是五花八门，如不锈钢就被大量采用。新材料的使用可能是为了标新立异，但也可能是为了表达时代感或便于施工和维修。喷泉的方式和处理手法更是多种多样：有的水沿着古典柱子下流、有的从山孔喷出，像是魔术表演；更别出心裁的是有两股水由人头雕像的口中喷出，雕像是一对摩尔人头颅。喷泉的水流是精心设计的，这既是意大利台地园中的特色处理手法，也能在现代商业和世俗空间中形成动态雕塑，能增加广场的动感和欢快气氛。夜间的广场亮起蓝色和橙色的霓虹灯，伴随着音乐和流水声，整体效果令人耳目一新。（图3-12/3-13/3-14）

意大利广场是奇特的空间设计，人们可以在廊柱和墙架间穿进穿出，可以在水池中意大利石岛上跳上跳下，尽情享受拉斯维加斯式的美国文化。

把古典建筑符号运用在现代建筑创作中的建筑师大有人在，罗伯特·文丘里（见本书第2章）和迈克尔·格雷夫斯（见本书第10章）都是个中高手，但他们在设计中使用的符号元素相对节制，且往往经过抽象和简化；摩尔在意大利广场设计中则是大量地、直接地、全面地、夸张地运用古典建筑符号，把古典建筑符号作为一种娱乐享受的工具。从象征主义或隐喻理论角度，把古典建筑符号运用在一般住宅和办公楼似乎理由并不充分，摩尔在意大利广

图3-12/3-13/3-14
国际上不乏古典符号主义的建筑，印象最深的首推摩尔设计的意大利广场，广场不仅是一种建筑思潮的代表，也是新奥尔良市的重要标志

场设计中以意大利版图和古罗马柱式象征当地意大利移民对祖国的怀念则是顺理成章。摩尔的另一创举是采用拼贴手法，以舞台布景的方式展示古典建筑，使广场变成舞台，市民置身其中既是观众又是演员，可谓自得其乐。

广场建成后引发争论是必然的，有人说它杂乱无章、庸俗，是对古典文化的嘲弄；也有人赞扬它是美国所有城市中最有意义的城市广场，具有亲切、热情、欢快的个性，是对古典传统歇斯底里式的热烈拥抱。

不过细心的中国建筑师还能发现，虽然意大利广场上的这个剧场式的雕塑群仍沿用了许多文艺复兴时期意大利城镇或园林设计手法，但也确有几点已与之完全不同：（1）喷泉水景的建造不再仅仅与经典雕像形象相匹配，也不再仅供视觉或听觉欣赏，而有点像手法主义①时期那样具有娱乐嬉戏的功能，甚至比那时更彻底、更直白；（2）传统雕塑主题和式样被复古、戏谑或对新材料的炫耀所取代，这在客观上降低了古典建筑语汇的神秘感和神圣感，但也的确更平易亲民、更具商业号召力；（3）我们甚至还可进一步联想，如果我们把狮子林中的一部分太湖石，也用石材、青铜或不锈钢之类

———————————

① 手法主义（mannerism）是16世纪晚期欧洲的一种艺术风格，主要特点是追求怪异和不寻常的效果。建筑史中则用以指1530-1600年间意大利某些建筑师的作品中体现前巴洛克风格的倾向。今天的艺术史学家们普遍承认手法主义的创造性，认为它其实是对文艺复兴盛期艺术古典平衡的一种反抗。

的新材料所取代，再简单地辅以瀑布、小溪或喷泉，能否建成一座颇为戏剧化的、商业味道浓厚的"中国园林式"广场呢？必须承认，若真能如此则其建造过程所涉及的文化、习俗、审美、技术、设计手法等问题，远比其表现出来的样子要严肃得多。

贝弗利山市政中心（The Beverly Hills Civic Center）——城市的有机更新

在查尔斯·摩尔的职业生涯中，加州的贝弗利山市政中心的设计可圈可点。1982年，随着邻近的贝弗利山市政厅修缮工程正在进行，修建市政中心的建议也被提出来了。

1982年，摩尔与该地的城市改建小组合作在设计竞赛中获胜，取得这项富有挑战性项目的设计权。新市政中心由原有的两个不规则的街区构成，规划范围内有三幢建筑物不能拆除：第一幢是老市政厅（Old City Hall），这是1932年由威廉·盖奇（William J. Gage）设计的西班牙古典风格的建筑，还带有一个塔楼，平面为规整的H形；第二幢是靠近市政厅的消防站，外观曾经是相当不错的新艺术运动建筑风格；第三幢是一座图书馆。

摩尔的规划方案主要构思是增加一条由东北至西南的45°方向的斜轴，将两个街区连为整体，沿着斜轴串联起一系列椭圆形内院和广场。老市政厅前的主广场是新市政中心的核心，也是斜轴与原有分隔街区的南北通道的交汇点。在规划中新的市政中心仍以老市政厅作为建筑群的主体建筑，原有的塔楼作为建筑群的构图中心。新市政中心内增加的建筑包括北侧的警察局、东侧的多层车库和图书馆扩建。新市政中心内一系列的外部空间以椭圆作为母题，有的是封闭的内院，有的是半开敞的广场，空间的大小、形状各异，围合空间的手法也很多：连廊、拱架、过街天桥……，置身其中几乎找不到方向。建筑群的外观以老市政厅原有的风格为基调，保持总体风格的和谐，多层车库设计成简洁的新古典风格，消防站和图书馆则重新进行包装，斜轴两端的入口进行了特殊处理，西南入口有点像小尺度的埃及塔门。新市政中心内的绿化、铺地和景观处理都非常细致、尺度亲切宜人，没有壁垒森严的感觉。贝弗利山市政中心的改造是城市有机更新的范例，它不仅解决了功能

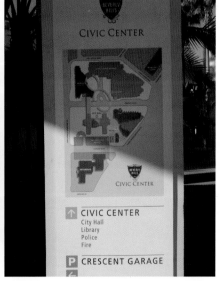

图3-15/3-16/3-17　贝弗利山市政厅的环境设计非常成功，平面标识牌中大致可见摩尔在场地整合方面的出色才华

的需要，而且以艺术形式创造了具有强烈吸引力的人际交往中心，改进了城市形象。

这座建筑借鉴了西班牙复兴风格的市政厅式样，摩尔将这座建筑设计成了西班牙复兴风格、装饰艺术和后现代风格混合的建筑，包括庭院、柱廊、长廊与建筑，带有开放式和半封闭的空间、楼梯和阳台等。（图3-1/3-15/3-16/3-17）

工程完成于1990年。

哈斯商学院（The Haas School of Business at the University of California, Berkeley）

哈斯商学院1898年成立于加利福尼亚大学中。这所学校是美国第三所大学商学院，也是第一所公立的商学院，是加州伯克利分校大学的14所学院之一。

学校坐落在伯克利校区东南角三座相连的建筑之中，三座建筑围绕着一个中央庭院。这个设计都由查尔斯·摩尔完成。遗憾的是，这个迷你校园于1995年才建成，摩尔未能亲见其完成。

哈斯商学院在美国的商学院中地位卓越，教师和毕业生中出现了一大批影响美国经济史的重要人物，比如阿道夫·米勒，后来成为第一届联邦储备委员会的成员；韦斯利·克莱尔·米切尔，被称为商业周期分析之父；亨利·莫布雷，撰写了关于保险专业的第一本大学教材；亨利·兰德·哈特菲

图3-18/3-19　哈斯商学院入口处

图3-20/3-21 哈斯商
学院的中央庭院

尔德，是会计学的先驱；亨利·弗兰西斯·格雷迪，成为罗斯福总统的顾问；克拉克·克尔[①]，为劳资关系研究所的第一任主任，他在这一职位上的成功使他成了加州大学伯克利分校的第一任校长……

我们可以清楚地看到，摩尔的设计从未停留在建筑本身上，而总是从其场地条件及周边现有环境开始再回到社会生活场景中去，因此其作品真正吸引人的往往是人们活动的广场、平台和街道……而其建筑式样和装饰细部倒像是城市生活的舞台背景。或许摩尔对传统建筑语汇的"随意拼贴"，才令历史学家大为不爽，但却真正体现出了场所价值和市民生活的本质需求。这可能也是后现代建筑既招人贬损又引人注目的真正原因。——问题并非在于设计的好坏，而主要在于评价者的身份与立场！（图3-2/3-18/3-19/3-20/3-21）

小结

20世纪60年代中期，查尔斯·摩尔·在纽黑文的住所被印刷在《花花公子》杂志上。图片上的屋子正中有一个开放、独立的淋浴空间，水从一朵巨

---

① 克拉克·克尔（Clark Kerr，1911.5.17-2003.12.1），美国教育改革家、劳动和工业关系经济学家，曾是颇有成就的劳工仲裁人。著述甚丰，主要有《大学之用》（1964）、《工业社会的劳工与管理》（1964）、《马歇尔、马克思和当前的时代》（1968）和《教育与国家的发展》等。克尔的不朽名著《大学之用》（*The Uses of the University*）提出了"巨型大学"概念，对各国的高等教育研究和改革产生了重大影响。

大的向日葵花中喷洒下来。这个设计体现了许多历史细节、装饰细部、虚构内容和讽刺意味，因此一跃而让摩尔成为后现代建筑改革者们的旗手之一，与文丘里（见本书第2章）、格雷夫斯（见本书第10章）等人齐名。

摩尔对建筑创作有自己独到的见解，他认为建筑是一种"表演艺术"（Architecture is a performing art）。他设计的建筑具有很强的可识别性，往往令人印象深刻，还可令人联想到相关的历史背景、地方传统、气候条件，等等。摩尔并不拘泥于某种特定的建筑风格，他反对以一种特定的"主义"统治现代建筑，从以上几个作品中也可看出他对建筑风格的不断探索。有人把他的设计形容成像"变戏法"，实际上摩尔对待建筑创作的态度是很严肃的，他对待每项工程都很认真负责，他理解人们需要什么样的建筑，他认为建筑设计需要有复杂的构思，要综合多方面的情况，创造一种有深度的现代风格。

从查尔斯·摩尔的创作过程和作品成果来看，几个关键词反复出现：城市复兴、旧街改造、社会实践、争取投资……事实上，这也可算是后现代时期所有建筑师都必须面对和处理的内容，甚至成为某些建筑得以完成的根本原因和实际目标。就是说，后现代时期建筑师们面临的社会环境已与经典现代主义盛行时期的建筑师们大为不同。至少这一点在美国显露无遗！建筑师的社会理想由创造更美好、更公平、更理想化的大同世界，转向了为解决社会问题、影响投资方向、带动地区就业等既真实又具体的公共需求领域。你可视其为浪漫主义向现实主义的转化、回归或妥协，也可指责美国庞大的资本集团如何将曾充满理想主义和浪漫主义热诚的建筑师们彻底绞杀……全看你的立场。

优雅的高技术

詹姆斯·斯特林爵士

Sir James Frazer Stirling，1926–1992

詹姆斯·弗雷泽·斯特林爵士是英国著名建筑师、城市规划师、英国皇家艺术院会员，1981年第三届普利兹克建筑奖得主。在他离世后，英国皇家建筑学会设立了以他名字命名的"斯特林奖"。

　　斯特林在1956-1963年间与詹姆斯·高恩（James Gowan）合作，成立了"斯特林和高恩"事务所；在1971-1992年间曾与迈克尔·威尔福德（Michael Wilford，见附录77）合作。

　　斯特林因其非传统的设计和摆脱国际式功能主义运动而闻名。他在设计中对空间、形体、客观感知与主体反映之间的把握十分恰当得体，不少参观过斯图加特美术馆的人都会由衷地感叹：在其中参观漫步，就像是欣赏由建筑师为你谱写的建筑诗篇，而这一诗篇中每一页的起承转合，都恰是我们想要听到的一样。这也许就是对"建筑是凝固的音乐"最好的注脚。

图4-1　斯图加特美术馆被誉为"后现代主义的缩影"

图4-2 莱斯特大学工程学院是斯特林电子"红色三部曲"之一

图4-3 哈佛大学的萨克勒博物馆装饰元素与其实际尺度之间形成有趣的对比

20世纪60年代受"阿基格拉姆"学派①影响的建筑思潮在业内产生了很大影响，而这种建筑思潮随着科技的进步、地球环境的进一步拥挤而获得了新的生命力。而利物浦大学的建筑学院就是该思潮的重要阵地，至今在其建筑教室和展厅里，仍可见规模宏大的数字化模型，反映出了师生对参数化建筑生命发展种种可能性的探索和猜想。即使是计算机技术尚未起步的半个世纪以前，高技派和典雅派的建筑设计思想仍然在斯特林的作品中迸发出了强大的活力。

① 阿基格拉姆（Archigram，亦译建筑电讯团或阿基格拉姆集团）是1960年以彼得·库克（Peter Cook）为核心，以伦敦两个建筑专业学生集团为主体成立的建筑集团。他们把使用建筑的人看成是"软件"、把建筑设备看成是"硬件"，是建筑的主要部分。"硬件"可依据"软件"的意图充分为之服务。他们强调建筑本身最终将被建筑设备所代替，因此我们所熟知的"建筑"应被看成是"非建筑"（Non-Architecture）或"建筑之外"（Beyond Architecture）的东西。阿基格拉姆学派反对传统、反对专制、反对任何形式的束缚，提倡自由，对技术抱有乐观态度。

生平简述

斯特林出生在格拉斯哥。他的出生年份被广泛引用为1926年，但他长久以来的朋友柯林·圣约翰·威尔逊却说是1924年。斯特林曾在英国利物浦的采石场银行中学上学。第二次世界大战期间，在进入空降团之前，他曾加入苏格兰高地警卫团。在盟军诺曼底登陆前，斯特林曾跳伞到德军敌后并两次受伤，之后他回到了英国。1945-1950年，斯特林一直在利物浦大学学习建筑学——当时柯林·罗（Colin Rowe，见附录52）在此任教。

1956年，他和詹姆斯·高恩分别离开了他们担任助理的里昂和以色列的公司，和埃利斯一起成立了"斯特林和高恩"事务所。他们的第一个建成项目是兰厄姆住宅（见后），被视为"野兽派"住宅建筑发展的里程碑式作品，尽管这个结论为两位建筑师所不能接受。斯特林和高恩合作的另一个重要项目是莱斯特大学工程学院（Faculty of Engineering，Leicester University，图4-2/4-4/4-5/4-6/4-7/4-8/4-9），这座建筑具有特殊的技术和几何特征，都基于轴测投影的三维绘图方法才能完成，这样无论是从较高视角（鸟瞰）还是较低视角（蠕虫视角）都能满足设计要求。这个设计使他们的才华吸引了全球建筑界的关注。

1963年，斯特林和高恩结束了合作关系，斯特林仍延续自己的公司，并提拔了自己的公司助理迈克尔·威尔福德，1971年，威尔福德成为斯特林的合伙人。斯特林随后负责两所名校的项目：剑桥大学的历史系的西利历史图书馆（见后）和牛津皇后学院的弗洛里大楼（见后）。他还在英国的黑斯尔米尔为奥利维蒂（意大利著名电子品牌）建造了一个训练中心以及圣安德鲁斯大学的宿舍，两者都突出地使用了预制构件：玻璃钢材料用于奥利维蒂项目，预制混凝土板广泛用于圣安德鲁斯大学项目。

20世纪70年代，斯特林的建筑语言开始发生变化，因为他的项目规模从很小（并不是很赚钱）发展到非常大的规模。他的建筑变得更具明显的新古典主义风格，虽然它仍保有现代主义的内涵。这就产生一波大尺度都市项目，最引人注目的是三个博物馆项目：杜塞尔多夫、科隆和斯图加特。三者相较，斯图加特美术馆最负盛名。这座建筑后来被视为后现代主义建筑的一个经典案例甚至是一个时代的标签，但斯特林本人拒绝这个评价。

图4-4/4-5/4-6/4-7/4-8/4-9　斯特林和高恩合作设计的莱斯特大学工程学院，开创了大学教研空间和使用方式的新时代，也是阿基格拉姆学派在建筑界影响的一个实例

随着行业影响力的增加，斯特林和威尔福德在20世纪70年代的生意开始在全球扩张，他们的公司完成了在美国的四座建筑——全部是大学内的建筑：得克萨斯休斯敦市的莱斯大学扩建，马萨诸塞州剑桥市的哈佛大学的亚瑟·M.萨克勒博物馆（见后）、纽约康奈尔大学的施瓦兹表演艺术中心、加州大学尔湾分校的生物科学图书馆等。

斯特林在英国被委托了许多重要项目：如英国伦敦泰特美术馆收藏特纳作品的克洛尔画廊（见后）、利物浦泰特美术馆（但因后来的改造幅度很大，现已不再被视为斯特林的项目）和伦敦的家禽街1号办公楼（斯特林辞世后完成，见后）。

1992年6月，斯特林被授予爵位。在与迈克尔·威尔福德协商后，他接受了这个奖项，因为这可能有助于他们的生意发展。在授爵公告后的三天，斯特林在伦敦住院治疗疝气。不幸的是，因为医院糟糕的麻醉术，他于6月25日去世。

按照遗愿，斯特林的骨灰被安葬在基督教堂纪念医院。1971年，已成为合伙人的迈克尔·威尔福德继续着他们的设计工作室。

中前期代表作品

兰厄姆住宅（Langham House Close）

兰厄姆住宅位于伦敦的哈姆区，已于1988年被列入国家二级保护建筑名单的住宅，于1955年由英国建筑师詹姆斯·高恩和詹姆斯·斯特林设计。这是明显受到勒·柯布西耶（Le Corbusier，见附录29）影响的两位建筑师的第一个重大合作项目，并巩固了他们在"野兽主义运动"中的领袖地位（虽然二人并不接受这样的评价）。建筑修建时间是1957-1958年。

兰厄姆住宅位于一个死胡同的街道边缘，坐落在卡塞尔医院的北部。1953年，兰厄姆住宅的主人莱昂内尔·托尔马什爵士去世后，住宅及其花园被分开出售了，住宅被从单一的住宅变成了公寓，花园则以999年租约的形式被出售。这个项目的开发商是卢克·马尼索，他的孩子曾是斯特林的学生。

这个发展项目包括两组主要建筑：一座三层高、包括18套公寓的、由斯特林设计的建筑；一座两层高、包括6套公寓的、由高恩设计的建筑。两位建筑师有着共同的主题但却有各具特色的风格表达。建筑修建时使用了二手砖——这让兰厄姆住宅看上去很显古旧。建筑还使用了现场浇筑的混凝土并直接暴露在外，外墙面和内墙面都有这种混凝土外露的处理手法。这种材料处理手法也是其"野兽主义建筑"之名的成因。（图4-10/4-11/4-12）

斯特林设计的较大区块，有三个公共楼梯间，每个楼梯间能为6所公寓服务。高恩的"花园亭子"区块离哈姆区更远。两组建筑可被看成彼此的"镜像"，而且提供了从中央楼梯进入6所公寓的通道。这些公寓有着共同的特点：每所公寓都有一个中央壁炉，后面是热水器和亚麻饰面的橱柜，这些家具和设备都被放置在暴露的砖墙前。室内的砖和混凝土材料的布局方式是对外部形式的重复表达，只不过室内混凝土梁和框架的比例稍小一些。壁炉有四种不同的设计，斯特林负责的区块中有两种，高恩负责的花园亭子区块中有另外两种，这使得两种公寓能产生出非常多样化的空间。这个中央单元将主要的生活空间与厨房隔开。公寓的卧室数量从一个到三个不等，使得公寓布局的种类增加了更多种类。窗户的位置和尺寸又进一步增加了每个公寓的特色。

图4-10/4-11/4-12
兰厄姆住宅及周边环境

这一设计与当时的其他类似项目形成了鲜明的对比。1966年，建筑评论家伊恩·奈恩将其描述为第一座具有强硬风格的建筑，像愤怒的戏剧和小说那样反对徒有其表的善意。建筑上凶猛但不傲慢的黄色砖块和裸露的混凝土能直接表达出它们的抗议。

西利历史图书馆（Seeley Historical Library, Cambridge University）

西利历史图书馆是英国剑桥大学历史系的图书馆，是詹姆斯·斯特林"红色三部曲"之一，其他两个项目分别是莱斯特大学电子工程学院（图4-2，见前）和牛津皇后学院的弗洛里大楼（见后）。这三个作品奠定了斯特林在当代建筑史上不可替代的地位。（图4-13/4-14/4-15）

历史图书馆成立于1807年，从西蒙兹教授捐赠的1 000本书开始，这是现代史教授约翰·西蒙兹的遗愿。沉寂了若干年后，到了1884年，根据奥斯卡·布朗宁教授的要求，图书馆于1890年从哲学图书馆画廊迁到国王学院。1897年，它因历史学家约翰·西利爵士（Sir. John Robert Seeley）而更名。1968年，图书馆的位置又稍作调整而移到今天的场地中。新的历史系大

图4-13/4-14/4-15
剑桥大学历史系的西利图书馆也是斯特林的"红色三部曲"之一

楼由詹姆斯·斯特林设计。今天，它可容纳300余名学生，收藏了超过95 000册书籍。阅览室的天窗设计是个关键，虽然它很难从建筑物外部看到。

虽然这座建筑深受建筑界的推崇，但对于那些必须在其中工作的人却未必如此。1968年的一项调查指出，人文专业的使用者们难以顺利操作环境控制系统。为了方便使用者，昂贵的改造费用难以避免。1984年，大学管理者已经不胜其烦，差点儿把这座建筑拆掉。2004年，改造这座建筑的环境可持续性项目启动，由约翰·麦卡斯兰负责。他说："建筑最主要的问题是，它总是不断'泄露'，它太明亮了，夏季太热、冬季太冷了。"

排水和滴漏问题一直困扰着西利历史图书馆。2005年夏天，校方进一步落实了一项补救措施。一个平坦的全新混凝土屋顶被加盖在书架区上方，以减少能源损耗和强光对书籍的伤害。

弗洛里大楼（Florey Building，Queens College，Oxford）

位于牛津皇后学院的弗洛里大楼是詹姆斯·斯特林"红色三部曲"的最后一座。

大楼以院长霍华德·弗洛里（Howard Florey）的名字命名，1945年，弗洛里获得了诺贝尔的"生理学或医学奖"。作为建设项目的负责人，弗洛里院长决定挑选一位建筑师进行学院大楼的设计，虽然斯特林并不是当时最受欢迎的建筑师，但由于弗洛里的强烈推荐，斯特林最终获得了设计权，并且决定通过一个具有标示性且富有当代特色的大楼重振学院的盛名并增加其报考率。这座大楼直到1971年才最终完成，比预期的完成时间推迟了大约1年半的时间，时间的拖延几乎都是建筑师所致，因为斯特林一直在思考建筑基地以及如何进行内部布局等问题。

大楼的底层采用了混凝土结构，并由裸露在外的人字形钢结构支撑。在斯特林之前的一些学院大楼设计中，主要采用了赤褐色瓷砖进行立面铺装，此次内部则使用U形结构组成了朝向北侧的玻璃立面结构并且透过玻璃可以看到韦尔河的景色。四层的大楼包括74个公寓单元，顶层则是一个两层楼高的美术馆，为研究生使用，底层则布置餐厅和一些基础设备。（图4-16/4-17/4-18/4-19/4-19a）

图4-16/4-17/4-18/
4-19/4-19a 弗洛里
大楼及学生活动庭院

查尔斯·詹克斯（Charles Alexander Jencks，见附录80）曾在《现代主义建筑运动》中称赞斯特林的大学项目是他这个时代最杰出的作品。但显然，弗洛里大楼的使用者可不这么认为。由于建造过程以及完工时间等因素，斯特林受到了皇后大学校方的起诉，在这之后斯特林建筑事务所几乎没能在英国本土得到其他的建筑项目。

朗科恩南门社会住房（已毁）（Southgate Social Housing/ Southgate Estate）

南门地产项目是一个按照现代主义设计原则完成的公共住房项目，位于英国柴郡的朗科恩新城中。这个项目由1 500个住宅单元组成，供6 000人居住。遗憾的是，1990-1992年，这个房地产项目被拆毁，然后被另一个名为"好莱坞公园"的住宅项目所取代，并以更传统的设计原则来实施。

南门住宅的造型、街道和广场很容易让人联想起乔治时代的巴斯城（City of Bath，图4-20/4-21）。但事实上，虽然外形类似，斯特林其实设计了一种全新的住宅类型。房屋由人行平台上的公寓楼组成，主要位于北端，

图4-20/4-21　英格兰巴斯城的住宅和街景

位于南部的是平顶房屋。此项目通过复杂的住宅平台、步道而与附近的购物中心（现为朗科恩购物中心）相连接。最初设计时，这里应能成为城市的新中心；完工时，这里也的确成了欧洲最大的、有屋顶的购物中心之一。

公寓楼通过一条由"空中街道"组成的行人通道网络连接而成，这样便能有效地将行人通道与位于地面的街区前面的车辆通行系统分开。公寓楼是由预制混凝土板建造，彩色玻璃钢覆盖层被安排在绿化广场，为满足住户生活需要，广场中还设有儿童公园。

住宅楼中有三种布局形式的住宅：地面层和第一层为3-5间卧室的套房住宅，第二、三层是最接近人行通道的、较小的套房住宅，第四层是单层的套房公寓。住宅楼前面有停车场和一系列的楼梯能通往较高楼层。建筑前立面最引人注目的特点是巨大的圆窗和塑料板，这些窗户已经进入上层复式住宅的外墙面。建筑的后方有一个为地面层公寓享有的私人花园，其上的复合住宅则配有阳台。建筑的后面也有一个很大的圆形窗。（图4-22/4-23/4-24/4-25）

公寓楼的布局设计受到了巴斯城和爱丁堡的乔治风格广场的启发，而大型圆窗则是由詹姆斯·斯特林设计的，以反映该地居民主要来自默西塞德郡的祖先的海洋生活根基。因其可识别的造型特点，这一住宅楼被俗称为"洗衣机"。

第二、三层的公寓是平顶的，平台住宅的墙面由蓝色、绿色和橙色的塑料嵌板装饰，还包括公寓楼里的大圆形窗户。覆层材料的使用导致这个地产项目又被俗称为"乐高乐园"。

这个项目中还在地块的东南角建了一个小学，还有一个临时托儿所被设置于平台上的套房住宅中。

从一开始，这个项目就被诸多问题困扰，到了20世纪80年代中期，它以被形容为"一团糟"。

在20世纪70年代末的全球石油危机中，燃油的公共供暖系统被证明费用太高，导致住户的取暖费用急剧上升，致使其中一些人负担不起取暖费，于是建筑中早已存在的潮湿问题愈发严重；人行通道和重复使用楼梯

图4-22/4-23/4-24/4-25　南门住宅虽与巴斯城形式类似，但却是基于现代主义设计思想建造的城市居住新区；不过其门窗等装饰细部已明显可见"后现代"特色，也难怪人们送给其"洗衣机""乐高乐园"一类的绰号

间的设计使得因缺乏自然监督，这里存在犯罪活动难以控制的难题；住客们抱怨反社会行为，高额租金和取暖费，平台上人们活动的噪声直接干扰屋内住户的生活，每户的外立面也无法个性化，中间层住家缺少私人花园，距离本地购物场所和公交系统太远，燃油发电厂的污染等等。最终，建筑于1990年被拆毁。

南门住宅的开发、居住和拆毁的整个过程，其实是欧洲和北美二战之后典型的现代主义住宅面对的真实问题，特别是那些使用平台进入住户的建筑，大多遇到了相同的问题。

斯特林后来说，开发公司虽然采用了他的建筑理念，但出于节约时间和成本的考虑而偏离了最初的设计方案。他还说，开发商和承包商并没有和他一起分担对质量的承诺。

斯图加特国立美术馆新馆

德国新的国家美术馆由詹姆斯·斯特林和其合伙人迈克尔·威尔福德设计——虽然人们一般认为这是詹姆斯·斯特林一个人的作品。它建于20世纪70年代，于1984年向公众开放。这座建筑物被称为"后现代主义的缩影"。

斯图加特是德国巴登符腾堡州的首府，早在13世纪这里已是一座要塞。"二战"中，斯图加特沦为废墟。战后的斯图加特经济腾飞，已成为德国人均收入最高、失业率最低的城市。战后，城市重建又进一步破坏了原有的环境，所以怎样将新建的建筑物融入残留的建筑环境里，成了德国政府非常关注的问题。

斯图加特美术馆是一座收藏德国20世纪美术作品的国家级美术馆。老馆建于1837年。1977年，德国斯图加特市政府举办了建造新美术馆的竞赛。新馆地段位于老馆南侧，紧邻老馆，西面隔着康拉德·阿戴诺大街同斯图加特国家剧院相邻。新馆的场地为一东南高、西北低的坡地，东面为厄本街，南面为尤金街。设计竞赛的要求中有两点值得注意：其一，场地内须设有一个公共步道，能连接东西两侧的交通干道，在德国的城市建设领域，这是满足市民社会公共生活的常规手段；其二，一定要包括一个3米高平台，以作为停车场使用。为满足这些要求而特殊创造的空间，后来都成了斯特林这座美术馆的最精彩之处。

这次竞赛是斯特林参与的第三个在德国斯图加特的设计竞赛，竞赛的18人评委成员包括美术馆的负责人、剧院的负责人和音乐学院的负责人、财政部的首席设计师、市长和数位城市规划官员、交通及成本咨询人员与四位建筑师。斯特林说："在国立美术馆的项目工作中，合作是很愉快的，预算是合理的，工艺标准是最高的，在那里我们可以使用高级的材料和设计出复杂的细部，也没有遇到过去在英国常有的履行合同的困难。"显然在斯特林心中，德国业主的信誉度和专业性远超过他的英国业主们。

斯特林以一个融合了古典与现代元素且与城市环境和谐共存的设计方案赢得了竞赛。新美术馆的设计元素中有着斯特林早前未实现的某些建筑设计的影子，如柏林博物馆、纽约古根海姆博物馆和罗马的万神殿。

通过将明显的古典主义元素融入现代主义中，建筑评论家查尔斯·詹克斯声称画廊"是后现代主义第一阶段的缩影，犹如萨伏伊别墅（Villa Savoye，见附录22）和巴塞罗那亭（Barcelona Pavilion，见附录21）之于现代主义那样。"

斯特林认为，"许多现有建筑应尽可能地保留，以保持地区的街道特色"，因为斯图加特曾被炸平，在战后重建中又被进一步破坏，所以新建筑应能有利于周边环境的保护，这是方案优劣的主要评价标准。斯特林的解决办法就是：采用与周边建筑相似的尺度和材料进行建筑设计……

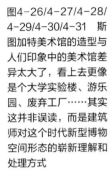

图4-26/4-27/4-28/
4-29/4-30/4-31 斯
图加特美术馆的造型与
人们印象中的美术馆差
异太大了，看上去更像
是个大学实验楼、游乐
园、废弃工厂……其实
这并非误读，而是建筑
师对这个时代新型博物
空间形态的崭新理解和
处理方式

　　新画廊位于老美术馆旁边。停车场被设置在了建筑物的地下。建筑采用
了石灰石和砂岩等温暖、自然的元素建造出古典形式，与工业化的绿色钢框
架系统和明亮的粉红色和蓝色钢扶手形成鲜明对比。建筑师打算把这座纪念
碑与非正式建筑结合起来。（图4-1/4-26/4-27/4-28/4-29/4-30/4-31）

新旧美术馆与中央内庭

　　与新馆毗邻的是1837年的老美术馆，这是一个新古典主义的建筑，建
筑平面整体呈工字形，可以看作是对称的两个U形平面叠合而成，建筑的入
口部分是U形的两臂围成的广场，广场有一个半圆形的入口车道，前院的中
心部位是一口古代的瓮，但在19世纪为一骑士雕像所代替。斯特林的新建筑
也是U字形，两臂围成了广场，不同的是新馆以一圆形院子代替了半圆形的
车道，而骑士像则以一新的出租车下车亭代替。新建筑"仿造"了原来建筑
的大布局，但又给予了一种新的诠释，规整的三个面尊重了原有建筑，更为
整个建筑定下框架。建筑师把创作的舞台放在了中间的庭院中，庭院已不再

是"仿造"，而是一种颠覆，其中，布满种种形体，填满种种颜色，写满种种符号，营造了一个活泼、丰富的现代庭院空间。

然而，直接搞古典主义是不再被接受的。古典建筑的中心大殿不再是新建筑的终点，成了虚的、空的庭院，犹如一个无空间的房屋，屋顶不再是一个穹，而是敞向天空。平面虽是有轴线的，然而轴线往往是妥协性的。一套零碎的小房间与一个自由平面相结合，公共步道蜿蜒在中轴线的两侧。结果，很自然的出现："纪念性"被"慎重考虑的非纪念性处理"所削弱。这些"慎重考虑的非纪念性处理"在建筑里跳舞，展示着这个建筑最激动人心的东西：

圆形庭院——这个虚空的房间影射着古典建筑的中心大殿，依然是整个建筑的中心。利用前后高差，一条贴着圆筒壁的坡道把穿过地段的人流引导到这个庭院，让行人欣赏一番。但行人不能下到庭院内部，而是通过坡道被引导到另一条街道。这个过程犹如给观众看一个预告片，更精彩的内容，只有进入建筑内部才能欣赏。拱券门给人以古代圆形露天剧场的感受，它一方面强调着整体布局的对称性，另一方面又由于公共步道在半圆周内的盘旋造成自身的不对称性，这使人们在其中穿行逗留时，会体验到一种颇富戏剧性的空间感受。

博物馆的平民化与世俗化

国立美术馆应当具有纪念性，因为对于公共建筑，特别是博物馆来说这是一个传统。而这座斯图加特美术馆同样是具有非正式的和具有大众化的。其中包含的种种非纪念性的元素似乎标志着美术馆越来越大众化、娱乐化。由此引出了这些曲折的步行道的非纪念性，以及虚的中心和其他，包括色彩处理，等等。

相比老馆，新美术馆退后街道很多。这种处理手法，建筑正面的双重性是与大街的模糊性相一致的，新馆前面的康拉德·阿戴诺大街在使用上更接近一条高速公路的性质。建筑师将建筑正面向后退取代立面，使人们在走动、进出、穿过这座建筑时可以看到一系列事件。另外，这种处理在对待原有建筑上，也是一种谦虚的姿态。然而，这样空出的大块地，却也成了建筑师施展的舞台，许多形色各异的建筑小品坐落其中，为美术馆提供了很好的引导空间。

新馆包括报告厅、咖啡座、剧场、音乐学校等内容。该馆建成后在德国建筑界引起空前的学术争论，甚至有人称，这是一座新法西斯主义建筑。

新馆整个坐落在一个台座（入口平台）上，台座下面设出租车停靠站。新美术馆分上下两层，上层为陈列部分；下层北翼为临时展室，南翼为讲堂和餐厅；主入口设在U形开口部位，一条曲折的城市公共步行道从新馆背后的厄本大街开始，横跨东面的展室，沿圆形庭院院墙盘旋而下，穿过上层的陈列平台，下到入口平台上。这条公共步行道使新馆同整个城市紧密地结合起来，成为城市景观的一个有机部分。

从厄本大街走上步行坡道，从新馆东面的图书馆及办公楼旁擦身而过；在曲折盘旋的行进过程中，可以俯览圆形庭院中的雕塑品，可以远眺城市的风光。到达入口平台后，可以北折而去，或是下到康拉德·阿戴诺大街，或经主入口进入到新美术馆；也可以继续往南前进，或是进入餐厅、剧场，给行人很人性的选择，真正做到了人性化。其中的中庭可以说是新馆在空间组织上的枢纽，虽然新馆的平面布局对称严谨，但斯特林通过对各个功能体量在形式上不同的处理，引入平台、坡道等，塑造了一个错落有致的生动的城市景观。

风格装饰和商业娱乐

斯特林在新馆设计中采用了后现代建筑常用的"隐喻"手法：展室转角处"线脚"造型的构件（隐藏灯具用）使人联想到古典建筑的样式；讲堂和临时展室中蘑菇状柱子颇似赖特的处理，玻璃电梯的使用又有波特曼的影子；主入口雨篷类似构成主义风格；而入口平台及坡道上大红、大蓝色的超尺度扶手及主门厅大绿色巨型玻璃墙又有巴黎蓬皮杜中心的味道。

石墙和附有彩色金属部件的抹灰墙并列——在造型上，新馆运用了许多历史建筑形式片段，但结合现代的材料，把建筑环境的历史感与时代精神融为一体。比如按古典比例划分的石材墙面，类似古埃及建筑中的那种横向展开的凹形装饰；但在入口雨篷、粗大的管状扶手以及S形弯曲的入口大厅窗、出租车下车亭和换气管，这些运用了彩色的部件，有助于抵消有纪念性石墙的压倒性的表现力。

色彩鲜艳的电梯——传统材料被作为一个可见的环境背景，而结构性很强的电梯等都在展示着现代技术。在颜色上传统的因素静穆而稳重，而现代的构件，如入口挑檐、亭子以及坡道扶手栏杆的颜色却耀眼夺目。

进入室内是以绿色为主色调的门厅。这里的设计很人性化，在门厅旁边设置了弧形的条形座椅，游客也很喜欢坐在上面闲聊。与惯用的传统正规的光滑石材不同，斯特林在这里使用了原色的绿色橡胶地面。以明快和鲜艳的色彩为主导的室内设计，让人觉得逛美术馆不再是一件很严肃的事情，反而有一种类似在商店购物的轻松心情。根据他本人的解释，这是在提醒新的美术馆已经成了一个大众娱乐的场所，而且艺术和展览还有其商业性的一面。在20年后，F.盖里在毕尔巴鄂的古根海姆现代艺术博物馆中更将这种倾向发挥到极致。

新建筑的体积是128 600立方米，造价是8 500万德国马克。在头七个月里几乎接待了100万观众，周末一天就有2万人。新美术馆是一个很大的成功，在接待率方面已经从德国博物馆的第56位一跃成为第1位。

后期代表作品

亚瑟·M.萨克勒博物馆（Arthur M. Sackler Museum）

亚瑟·M.萨克勒博物馆最初于1985年开馆。现在的博物馆建筑由斯特林设计，以主要捐赠人的名字来命名。（图4-3）萨克勒是精神病学家、企业家和慈善家。博物馆还设有艺术和建筑历史系的办公室，以及美术馆的数字图像和幻灯片收藏。博物馆中收藏了许多亚洲、地中海、拜占庭和伊斯兰等地区的古代艺术精品。2016年，旧的萨克勒博物馆被艺术和建筑史系列及媒体和幻灯片库所占据。

萨克勒博物馆的最初设计是作为福格博物馆的加建部分，委员会评估超过了70位建筑师，最后把哈佛的这个项目交给了斯特林，因此引起了世界范围的关注。1981年，大学举办了一个建筑师初步设计图纸的展览，詹姆斯·

斯特林设计的福格博物馆加建项目的图纸被结集成册和出版发行。

项目完成后，其影响范围更大，人们普遍认为，这座建筑对斯特林的设计和哈佛大学的责任而言都具有重大意义。除了对建筑的组织和外观的描述外，最引人注目的是在一个极具挑战性场地上容纳其多样化功能需求的创意设计。在萨克勒博物馆中，詹姆斯·斯特林已经采用了一种非常高水平的秩序和组织处理方式：这是一个密集紧凑的平面，在一个受限严重的场地中，这无疑是非常聪明的解决方案，既满足行政管理需求又满足画廊的使用要求。建筑的卓越来自其创造性的技巧，在满足实际功能的同时又用其纪念碑式的造型掩盖了建筑的实际尺寸。

克洛尔画廊（Clore Gallery，Tate Britain）

克洛尔尔画廊位于伦敦的泰特美术馆内，主要收藏透纳[①]（Joseph

图4-32 克洛尔画廊位于泰特美术馆内，是后现代建筑的代表作之一

[①] 约瑟夫·马洛德·威廉·透纳（Joseph Mallord William Turner，1775.4.23–1851.12.19）是英国最著名、技艺最精湛的艺术家之一，尤以光亮而富有想象力的风景及海景画而闻名。他对光线及色调的兴趣超过形体，这为日后印象派画风格的形成奠定了基础。

图4-33/4-34 克洛尔画廊位于泰特美术馆内，是后现代建筑的代表作之一

Mallord William Turner）的作品。克洛尔画廊一直被认为是后现代建筑的代表作之一，特别是在"情境反讽"（contextual irony）方面，尤为引人注目。这座建筑外立面上的每一局部、细节处理和材料编排等，都是毫无节制地从旁边的古典建筑上借鉴得来的。（图4-32/4-33/4-34）

伦敦家禽街1号办公零售大楼（Offices and Retail at No 1 Poultry, London）

家禽街1号大楼是伦敦的一幢办公和零售建筑，位于伦敦金融区的家禽街和维多利亚女王大街的交界处。这个建筑本来是想建造成一幢类似密斯·凡·德·罗的纽约西格拉姆大厦那样的大楼，但在一个狂飙突进的时代结束后，这个方案在20世纪70年代被抛弃了。一个新的设计方案被提出来，这就是斯特林的设计——一个后现代主义风格的建筑，外墙饰有识别性很强的玫瑰粉色的石材条带。这座建筑直到建筑师去世后才建造完成。它被认为是伦敦后现代主义风格建筑中最伟大的杰作之一。2016年，这座建筑被列入国家二级保护建筑名单中，并成为这个名单中历史最短的英国建筑。

像许多著名的后现代建筑一样，其形象意象也有丰富的内涵。虽然在后现代主义不再流行的时代中，人们已不那么喜爱这座建筑，但它独特的图像至今仍使其经常被拍摄成新伦敦的象征。一家餐馆占据了大楼的屋顶，并配

有一个露台和一个花园,可以为饮酒者和食客提供城市景观的全景。在2012年伦敦奥运会名为"快乐和光荣"的开幕式上,丹尼尔·克雷格扮演的詹姆斯·邦德乘坐直升飞机,将伊丽莎白二世女王送到了奥林匹克体育场,屋顶上的直升飞机那一幕就在这里拍摄。(图4-35/4-36)

小结

纵观斯特林不同时期的作品我们会发现:(1)其不同时代的作品在造型、手法、趣味等方面常有较大差异。(2)尽管与同时代的许多其他建筑师一样,斯特林的职业生涯也有一个从现代主义逐渐转向后现代主义的过程,但就某一具体的项目而言,两者的区分可能并不清晰,如典型的现代主义建筑群"南门住宅"中的许多建筑外装饰手段和材料选择等已带有明显的后现代特征。(3)我们很难简单地把斯特林归为后现代种种派别中的哪一

图4-35/4-36 尽管后现代建筑已不再流行,但家禽街1号大楼仍是伦敦形象的象征之一

派。他的建筑从总的空间上看规整有明确的中轴线，有古罗马、古希腊的灵魂，试图恢复古典的感觉，然而穿插其间的坡道、细致精巧的小品和局部上用的大红、大蓝色的钢架和玻璃表现了现代、构成、高技乃至解构。或许我们只能把他看作折中的建筑师。然而斯特林在其作品中体现的对城市和人性的考虑，正是"后现代"建筑中最本质的东西。

建筑界的毕加索

弗兰克·盖里

Frank Gehry，1929–

弗兰克·盖里是当代著名的解构主义建筑师，纽约哥伦比亚大学中著名的建筑学教授，以设计具有奇特不规则曲线造型、雕塑般外观的建筑而著称。20世纪80年代，美国有人把他与罗伯特·文丘里（Robert Venturi，见本书第2章）、彼得·埃森曼（Peter Eisenman，见本书第8章）和海杜克（John Quentin Hejduk，见附录42）并列为领导当代建筑潮流的"四大教父"。

弗兰克·盖里被公认为是当代最具创新精神与影响力的建筑家之一，享有包括建筑界最高荣誉——普利兹克建筑奖在内的无数奖项的肯定。盖里的作品曾被建筑评论家贴上过各种"主义"的标签：后现代、新古典、晚期现代、解构、现代巴洛克……但他最主要的成就恐怕还是在建筑构成、建筑造型方面的探索与发展。

生平简述

弗兰克·盖里出生于1929年2月28日，出生时的名字为弗兰克·欧文·哥德堡（Frank Owen Goldberg）。盖里的父亲出生于纽约布鲁克林的一个俄国犹太家庭，母亲是波兰犹太移民。孩童时期的盖里创造力十足，也常受到祖母的鼓励。他使用波纹钢、钢线网眼围栏、未上漆的胶合板和其他一些实用物品或日常材料的能力，很大程度上得益于幼时他在祖父的五金店中度过的周末时光。他常与父亲一起绘画，妈妈又将

图5-1 弗兰克·盖里的名字和形象，已成为创意文化的象征符号

他引入艺术世界。"创新的基因就是得益于此。"盖里说，"但是父亲认为我是个梦想家，很难做成什么事。母亲认为我做事太谨慎，而她愿意支持我。"（图5-1）

1947年，盖里全家移民到美国加州，盖里找到了一个开运货卡车的工作，同时在洛杉矶城市学院学习，之后他毕业于南加州大学建筑学院。盖里后来回忆说："我在洛杉矶开卡车时，还到大学上课，我还跟着广播练习发音，因为当时我的英语发音有些问题。我起初学习化学工程专业，但这个领域我实在不太擅长，也不喜欢。于是我开始问自己'我到底喜欢什么？'喜爱才应该是我的起点。'什么能使我激动？'我记得是艺术，我喜欢参观博物馆，我欣赏绘画，喜欢听音乐。这些都继承自我的母亲，她带我去音乐厅、博物馆。我记得祖母和儿时建造的积木……或许是种直觉，我选了一些建筑学的课程。"1954年，盖里获得了南加州大学的建筑学学士学位。

大学毕业后，他干过许多跟建筑设计无关的工作，甚至还去参了军。1956年秋天，他搬到了坎布里奇，在哈佛大学设计研究生院学习城市设计。但是学业未完成他就离开了，因为这段学习他毫无兴趣且有点心灰意冷。盖里那种带有左翼倾向的社会责任感建筑观念尚未被人们所理解，而促使他下定决心的是某位教授在讨论课中对某次"秘密进行的项目"的介绍——因为这是为古巴的右翼独裁者弗尔亨西奥·巴蒂斯塔建造的一座官殿。

盖里回到洛杉矶，在维克多·格伦事务所工作，在大学读书时，盖里就曾在此工作。1958年，盖里28岁时，得到了一个机会，能和自己的朋友和老同事格雷格·沃尔什一起建造第一个私人住宅。这座住宅位于加州的艾迪尔怀尔德（Idyllwild），屋主是他妻子家庭的邻居梅尔文·大卫（Melvin David）。这座"大卫方屋"已经显现出了许多后来成为他作品中最具识别性的特征元素。超过2000平方英尺的山体式斜坡，非常具有亚洲坡顶的建筑特征，很像他早年研究的日本奈良正仓院。住宅的梁伸出暴露于建筑外立面，未完成的顶梁成为一个最显著的特征。

1961年，他搬到巴黎，为建筑师佩雷拉和拉克曼工作。1962年，盖里回到洛杉矶成立了自己的事务所，1967年更名为"弗兰克·盖里和合伙人"（Frank Gehry and Associates），2001年又更名为"盖里建筑师事务所"（Gehry Partners）。盖里最早期的作品都在南加州，他在这里设计建造了

图5-4/5-5 1980年建成的圣塔莫妮卡广场

许多颇具革命性的商业建筑，比如1980年的圣塔莫妮卡广场（Santa Monica Place，图5-4/5-5）和1984年的诺顿住宅（Norton House，图5-6/5-7/5-8）。在这些作品中，盖里最著名的设计可能就是他自己的圣塔莫妮卡住宅（见后）。盖里至今仍居住在那里。

20世纪80年代，盖里设计的建筑还包括圣佩德罗的卡布利洛海洋水族馆（Cabrillo Marine Aquarium，图5-9），加州航空航天博物馆（California Aerospace Museum，图5-10），加州科学中心（California Museum of Science and Industry）。

1991年，盖里和克拉斯·欧登伯格（Claes Oldenburg）合作建成了双筒望远镜大楼（见后）。盖里的第一批欧洲项目是1989年的维特拉国际家具制造工厂（Vitra International Furniture Manufacturing Facility）和德国的设计博物馆（Design Museum in Germany）。紧随其后的主要委托包括1993年美国明

图5-6/5-7/5-8 1984年建成的诺顿住宅已可见盖里建筑的典型特征

图5-9 圣佩德罗的卡布利洛海洋水族馆

图5-10 加州航空航天博物馆

尼阿波利斯的弗雷德里克·韦斯曼艺术博物馆（Frederick Weisman Museum of Art），1994年巴黎的法国电影资料馆（Cinémathèque Française），1996年建于布拉格的跳舞的房子（见后）。

1974年，他被遴选为美国建筑师协会的学院会员。1989年，盖里获得普利兹克建筑奖。评委会认为他："像毕加索一样，总是乐于尝试各种经验，同时又很踏实成熟，既避免被绑定在批判性上，也抗拒成功。他的建筑总是将空间和材料并置一处，让置身其中的人们有戏剧化的空间体验，舞台演出和后台空间似乎同时呈现出来。"1992年，他又获得沃尔夫建筑艺术奖和皇家建筑艺术奖。1994年，他成为莉莲·吉什奖的终身贡献艺术奖项的第一位得奖人。同年，他被国家设计学院授予院士头衔。他还获得加州艺术技术学院、加拿大新斯科舍技术大学、罗德岛设计学校、加州艺术学院及帕森斯设计学校奥蒂斯艺术学院的荣誉博士学位。

代表作品

圣塔莫妮卡私宅加建（Gehry Residence in Santa Monica, California）

1977年，盖里夫妇在加州圣塔莫妮卡买了一幢两层的住宅。次年，盖里决定将底层向三面扩建，增加800平方英尺，第二层则增加了680平方英尺的平台，1978年9月工程完成。住宅入口沿22号街，在铺地时加以变化，台阶和第二层出挑具有抽象造型组合金属网架，加强了入口的导向性。沿华盛顿街扩建的厨房及其端部的餐厅是设计的精华，地面低于原有住宅，室内空气流畅，窗台板高出街道2米，保证了室内的私密性。厨房的窗是个斜放的立方体，一则可以获得更大限度的采光，二则可以透过顶部玻璃观赏宅旁的大树。正餐厅在街道转角，盖里又特意布置了一个斜放的角窗，因而沿华盛顿街立面形成由三种不同格调的窗组成的构图：中间斜放的立体窗与原有山墙组成构图中心，左侧是斜放的角窗，右侧是围墙上的漏窗。透过橱窗可以看到后院内的仙人掌，颇似苏州园林的手法。改建后的住宅上部基本保留原貌，下部形成一个有雕塑感的基座，一个非常现代化的构图，具有强烈的对比，盖里称之为新老建筑的对话。在室内设计中别具匠心地露出原有建筑的木构架，有选择地局部剥去抹灰，露出木龙骨、板条和节点，已经腐烂的部分以新材料替换。

在住宅改建过程中已招来各种非议，由地方报纸波及全国。开始时，人们认为这座新改建房屋的外观怪模怪样，有些邻居把它比做是"放在别人院子前面的脏东西""怪物"或"畸形"。当人们拜访过内部之后，大多数人改变了看法，由非议转为欣赏，但仍有人认为它是"可住而不可观的好房

图5-11 加州圣塔莫妮卡的住宅是盖里为自己设计的，这也可算是他职业生涯的起点

子"。1978年秋季，美国著名建筑评论家戈保罗·德伯格（Paul Goldberger，见附录89）在纽约杂志上评论："盖里的住宅是要素之间的碰撞，形式之间与构思之间的并列，与一般的建筑师的想法形成对比，可以引发人们对构图的重新思考。"评论对盖里的住宅作了充分的肯定。盖里的大胆构思曾引起一些建筑师的疑虑，怀疑他的创作态度是否严肃。盖里坦率地回答："我设计这幢房子是为了'研究'和'发展'，建筑师不能拿顾客的房子做实验，不能拿别人的钱冒险，所以我只能拿我的房子、我的钱和我的时间去做研发。"

另外值得一提的是盖里住宅扩建用的全是廉价材料，如波形金属板、金属网、木夹板等，从而大大降低了造价。扩建部分看上去有点像临时建筑，但盖里认为廉价材料具有真实美，这对20世纪70年代处于经济衰退时期的美国具有特殊意义，也是引起人们对它关注的另外一个重要原因。（图5-11）

尽管对盖里住宅始终是褒贬不一，1980年美国建筑师学会还是授予了盖里荣誉奖，盖里自此声名大振。

双筒望远镜大楼（Binoculars Building）

双筒望远镜大楼原名为"Chiat/Day大楼"，是位于洛杉矶市威尼斯地区

图5-2 双筒望远镜大楼是一座典型的后现代建筑

图5-12/5-13 双筒望远镜大楼本身即是一个很好的公司广告形象，其开创性的设计语言和隐喻体系已经超越了后现代风格、超越了文化和国界

的一幢商业办公楼。建筑修建于1991-2001年，起初是为Chiat/Day公司（现为TBWA/Chiat/Day公司）在西海岸的总部做广告。

这座建筑在沿着大街的主立面上，呈现出三种不同风格。而其作为汽车和行人入口的巨大雕塑、双筒望远镜，尤为引人注目。双筒望远镜是由克莱斯·欧登伯格（Claes Oldenburg，见附录42）和库斯杰·凡·布鲁根（Coosje van Bruggen）设计。通往停车场的入口位于双筒望远镜的两个镜头之间。7000平方米的建筑被推迟了几年才开始修建，因为在工地发现了危险材料，需要拆除。TBWA/Chiat/Day公司现已不再是大厦的租户，这个建筑最后的房客是凯彻姆公司（一家公共关系公司）。（图5-2/5-12/5-13）

2011年1月，凯瑞公司（W. P. Carey & Co.）宣布，谷歌将在这座大楼和两座相邻的建筑中租用9 300平方米的空间，这是为在洛杉矶建立更大的就业机会而进行的大规模扩展的一部分。

跳舞的房子（Dancing House）

"跳舞的房子"是人们对位于捷克布拉格的荷兰国民大厦的昵称。这座建筑由克罗地亚出生的捷克建筑师弗拉多·穆鲁尼克（Vlado Murunik，后来成为捷克斯洛伐克的著名建筑师）和加拿大出生的美国建筑师弗兰克·盖里在河边的一块空地上合作完成的。这座大楼于1992年设计，1996年竣工。（图5-3/5-14/5-15）

这种非传统的设计在当时备受争议，因为在布拉格城市中到处可见的巴洛克、哥特式或新艺术风格的建筑中，这座房子太特立独行，让人感觉新

图5-3 跳舞的房子是其设计风格发生变化的极好证明

设计与现有城市景观格格不入。当时的捷克总统瓦茨拉夫·哈维尔（Vaclav Havel）在临近地区生活了几十年，他非常热心地支持这个项目，希望这座建筑能成为文化活动的中心。

盖里最初将建筑命名为"弗雷德和琴吉"（指好莱坞著名的舞蹈家Fred Astaire和Ginger Rogers），但这个绰号现在已经很少使用。此外，盖里自己也担心被人指责"把美国好莱坞的媚俗之态引入布拉格"而不再提及此名。

"跳舞的房子"所在街区是布拉格重要的历史街区。其原址上本来有一座建筑，但在1945年美军轰炸布拉格时被炸毁了。直到1960年，被毁损的结构才被清除干净。邻近区块由几家共有，其中包括瓦茨拉夫·哈维尔家族。早在1986年（社会主义时期），弗拉多·穆鲁尼克就为这个场地做过设计方案，并与周边邻居进行过讨论，而这个邻居即是尚不为人所知、持不同政见的瓦茨拉夫·哈维尔。几年后，哈维尔在"天鹅绒革命"中成为一个受欢迎的领导人，随后被选为捷克斯洛伐克总统。由于他的权威，改造这一地区的想法又变得现实起来。哈维尔最终决定让穆鲁尼克到场地去考察，希望将其改造为文化中心。遗憾的是，此事不了了之。

荷兰国民保险公司（1991年更名为"荷兰商业银

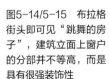

图5-14/5-15 布拉格街头即可见"跳舞的房子"，建筑立面上窗户的分部并不等高，而是具有很强装饰性

行"）同意在此建设一幢大楼。商业银行选择穆鲁尼克为首席设计师，请他与另一位世界知名的建筑师合作设计。法国建筑师让·努维尔（Jean Nouvel，见附录85）拒绝了这个项目，因为建筑面积太小；所幸弗兰克·盖里接受了邀请。由于当时银行的资金状况非常好，所以它能够为该项目提供几乎无限的资金支持。从1992年在日内瓦初次见面起，盖里和穆鲁尼克的想法是通过"动-静"或"阴-阳"两部分——作为捷克斯洛伐克从共产主义转向所谓民主制度的象征。

由于其不同寻常的形状，建筑的风格被称为"解构主义"建筑（设计师的"新巴洛克式"）。"跳舞"的形状由99块混凝土板支撑，每一块都有不同的形状和尺寸。建筑的顶部有一个大的扭曲的金属结构，被昵称为"美杜莎"①。

"跳舞的房子"有两个建筑体块：第一个体块为接近一半高度的玻璃塔造型，由弯曲的柱子支撑；第二个体块与河道平行，它的特点是波浪运动的造型，开窗位置随着波浪的起伏而动，均不等高。这种解决方案主要是出于一种美学考虑：窗户内衬可以证明这座建筑有两扇窗户，尽管它们与两座相邻的19世纪建筑的高度相同。它们不必被视为设计师的意愿，而只是在平面上追求变化的形态，但因建筑必须实现三个维度的效果，因此框架结构方式与绘画构图之间能形成良好的一致性。此外，正面的缠绕造型使它的视角更加混乱，弱化了此建筑与周围建筑的对比度。

项目位于布拉格市绝对的历史文化保护区内，沿河而且在交通要道的转角处。当局希望建筑物的转角处非常醒目而且上部向外出挑，便于市民识别、避免走错路，同时要求与城市肌理结合。盖里的最终方案是在转角处设计了双塔，双塔虚实对比，象征一对男女，男的直立坚实；女的流动透明、腰部收缩、上下向外倾斜犹如衣裙，出挑的上部可以俯览布拉格风光。由于市区沿街相邻的建筑层高不同、窗孔不在一个标高，盖里利用这个特点同时还增加了波浪状装饰线，形成动感效果。大厦底层为商业用途，顶层设餐厅，中间均为办公用房。

---

① 美杜莎，又译梅杜莎，古希腊神话中的丑陋的蛇发女妖。传说任何直望美杜莎双眼的人都会变成石像。她的经历有多个传说和戏剧版本，在后世的艺术研究中，她的命运又被视作凡人的悲剧。

古根海姆博物馆（Guggenheim Museum Bilbao）

毕尔巴鄂古根海姆博物馆是一个现当代艺术博物馆，位于西班牙巴斯克自治区的毕尔巴鄂市，坐落在内尔维翁河的河畔。博物馆中永久收藏和展出许多西班牙艺术家和国际艺术家的作品。这是一座最受尊敬的当代建筑作品，被誉为"建筑文化中的预兆时刻"（signal moment in the architectural culture），因为它代表了建筑史中"一个罕见的评论家、学者和公众都对某一事物达成了统一观点的时刻"。（图5-16/5-17/5-18）

1991年，巴斯克政府告知古根海姆基金会，它们能为在毕尔巴鄂破旧的港口区建造一座古根海姆博物馆提供贷款，新建筑将能成为城市未来的主要收入来源。巴斯克政府同意支付1亿美元的建筑成本、设立一笔5 000万美元的收购基金，还能一次性向古根海姆博物馆支付2 000万美元的费用，此后每年还能资助博物馆1 200万美元。作为交换，古根海姆基金会负责新博物馆的管理、将本博物馆中的部分永久藏品与其他古根海姆博物馆中的藏品进行交流展览，同时还将策划组织一些当代艺术展等。巴斯克政府是想通过这幢建筑带动旅游业的发展，振兴毕尔巴鄂市的经济，提升城市的文化品质。

为达成这一目标，古根海姆基金会选择了弗兰克·盖里为建筑师，其主任托马斯·克伦斯鼓励建筑师要做出大胆创新的设计。建筑外部的曲线是随机出现的，建筑师说，"曲线的随机性是为了捕捉光线"。室内的设计围绕

图5-17/5-18　毕尔巴鄂古根海姆博物馆沿河而建，玻璃、钛金和石灰岩等饰面材料使建筑犹如在天光水影间游动

图5-16　毕尔巴鄂古根海姆博物馆沿河而建，玻璃、钛金和石灰岩等饰面材料使建筑犹如在天光水影间游动

一个巨大而明亮的中庭，从这里可以看到毕尔巴鄂河口和巴斯克地区山脉的美景。建筑的中庭被处理成博物馆的中心区，盖里则因中庭的形状而将其昵称为"花朵"。

博物馆与城市文脉顺畅连通，在3.25万平方米的场地上展开石头、玻璃和钛合金等材料互相连接的形状。场地沿着内尔维翁河布局，位于老工业区的心脏地带。从河面眺望过来，最令人印象深刻的是温和的街道。建筑总面积为2.4万平方米，其中1.1万平方米用于展览空间，比当时纽约和威尼斯的三个古根海姆收藏馆加在一起的展览空间都大。展览空间被分为19个画廊，其中10个画廊遵循经典的正交设计模式，其边界可以从室外石头的边界来确定；剩下的9个画廊形状不规则，可以通过外部的有机旋转形态和钛合金包层来确认。

博物馆设计中有两点非常突出，其一是建筑与环境的结合，雕塑般的造型与城市大桥、河流有机地组合在一起，成为城市的新标志；其二是外部丰富的造型与内部空间的有机结合，特别是中庭部分尤为突出。博物馆再次展示了盖里的建筑艺术包装才能，这次包装的范围远远超过他的其他作品，但主要展馆仍然是规整的，有利于布置展品，形成基座的首层也相对比较规整，动态造型部分主要是入口大厅和周围的辅助用房。中庭造型和内部空间的处理令人叹为观止，不仅给观众提供交往和休息空间，也充分利用于布置展品，更重要的是观众在这里可以得到艺术享受，一种令人琢磨不透的动感，作者显示了丰富的想象力。设计过程得益于航空设计使用的计算机软件，使盖里的构思如虎添翼。博物馆在建材方面使用玻璃、钢和石灰岩，部分表面还包裹上钛金属，与该市长久以来的造船业传统遥相呼应。

这座建筑居然是按照最初的周期和预算要求完成的，这在此类建筑中非常罕见。在《哈佛设计》杂志的一次采访中，盖里解释了他是如何做到这一点的：首先，他确保了他所谓的"艺术家组织"在建筑设计中占了上风，以防止政治和商业利益干扰设计；其次，他确保在进行之前有一个详细和现实的成本估算；第三，他使用自己的数字工程软件来完成各项设计的可视化，并据此与各个相关行业随时讨论、密切配合，才能有效地控制施工过程中的成本。

约有5 000名毕尔巴鄂居民参加了开业前的盛会，除开幕式之夜的活动外，博物馆还举办了一场室外灯光秀和音乐会。1997年10月18日，西班牙国王胡安·卡洛斯亲自宣布博物馆对外开放。原估计第一年会有40万人参观，但实际上参观人数已达130万。最初三年，有近400万游客参观了博物馆，这些游客大约能带来价值5亿欧元的本地消费。区域委员会估算，旅游期间，游客们在旅馆、餐馆、商店和交通方面的消费额可带来约1亿欧元的税收，而这些费用远远超过了博物馆的建造费用。一向名不见经传的毕尔巴鄂市一下子火爆起来，盖里不仅没有辜负业主的期望，而且还远远超过了预期（被称之为"毕尔巴鄂效应"）。

1997年，当毕尔巴鄂古根海姆博物馆正式对外开放时，马上就被誉为世界上最壮观的解构主义建筑（虽然盖里从未与解构主义建筑运动有任何关联）、20世纪的建筑杰作。建筑师菲利普·约翰逊把它描述为"我们这个时代最伟大的建筑"，而《纽约客》中的评论家卡尔文·汤姆金斯则把它描绘成一个"在钛斗篷中起伏的梦幻船"，它反光板的形状和搭接方式很容易让人联想到鱼鳞。在《纽约时报》上，赫伯特·默斯坎普称赞其为"善变的光辉"。独立组织称博物馆为"惊人的建筑成就"。这座建筑启发了后来的业主单位和建筑师，能在世界各地修建类似结构的建筑。

艺术评论家布莱恩·奥多尔蒂对建筑的外环境评价较高，但对室内空间颇多微词："一旦你进入室内感觉就会不同，即使是所谓的现场作品也令人不快。大部分室内空间都太大了。"他继续分析布拉克、毕加索和罗琴科的作品在这样的空间中如何"看起来荒谬"，因为挂在博物馆的墙壁上显得太渺小了。

洛杉矶的迪士尼音乐厅（Walt Disney Concert Hall）

沃尔特·迪士尼音乐厅位于加州洛杉矶市中心，是洛杉矶音乐中心的第四大厅，于2003年10月24日开业。音乐厅共有2 265个座位，是洛杉矶爱乐乐团管弦乐团和洛杉矶合唱团的表演主场。大厅中的座椅用葡萄藤纹样装饰，与汉斯·夏隆（Bernhard Hans Henry Scharoun，见附录32）设计的柏林爱乐团剧场相似。

最初在1987年，莉莲·迪士尼捐赠了5 000万美元，意图建造一个表演场地，作为礼物送给洛杉矶人民，以纪念沃尔特·迪士尼对艺术和这座城市的贡献。盖里设计的建筑和丰田恭傲的声学设计都受到了表扬。盖里交付设计的时间是1991年。由于项目最终完成时的成本远远超过最初的预算，所以需要额外的资金。因此设计方案被修改了，为节约成本考虑，最初方案中的石材外立面被较便宜的不锈钢外壳所取代。1996年，筹款工作被重新启动，由艾利·布罗德和当时的市长理查德·赖尔登领导。建筑的奠基典礼于1999年12月举行。工程延期给洛杉矶带来了许多财政问题。（图5-19/5-20）

2003年工程全部完工时，该项目估计共耗资2.72亿美元；其中，仅停车场就耗资1.1亿美元。剩下的全部费用均由私人捐款支付，其中迪士尼家族捐款约为8 450万美元，另外2 500万美元来自迪士尼公司。相比之下，音乐中心于20世纪60年代建设的三个大厅，共耗资近3 500万美元（今约1.9亿美元）。

盖里用了近五年的时间逐步改进设计，核心问题是音乐厅的声学问题，这充分表现了盖里对功能的重视。声学专家认为，音乐厅的体型最好采用简单的方盒子，然后靠内部吊顶进行声学处理，这是令建筑师最头痛的想法。但盖里却毅然采用了这种建议，改变了接近柏林音乐厅的平面形状，然后靠自己的造型本领进行艺术包装。正是音乐厅内部声学处理的曲线造型又启发了建筑师外部包装的构思。艺术包装也是通过音乐厅四周的公共活动部分如门厅、休息厅、楼梯等进行造型加工。对建筑物的基座也进行了细致的处理，盖里称之为"人造地形"，使建筑物如生根在大地。迪士尼音乐厅造型生动活泼，给人以美的享受，像似一组石头的风帆，使人联想到悉尼歌剧院。

图5-19/5-20　迪士尼音乐厅位于加州洛杉矶市中心

图5-21/5-22/5-23 迪士尼音乐厅的不锈钢外壳和内部景观，盖里的音乐厅设计无论是造型特色还是音响效果都比悉尼歌剧院技高一筹

相比之下，无论造型之潇洒或功能与艺术之结合都比悉尼歌剧院要高明。

虽然音乐厅工程于2003年春季完成，但乐团的首演却被推迟至秋天，夏天则被用来让乐团和合唱团为适应新大厅而进行现场排练。当大厅向公众开放时，表演者和评论家一致认为这段额外的等待时间是值得的。

雷和玛丽亚·斯塔塔计算机科学中心（Ray and Maria Stata Center）

雷和玛丽亚·斯塔塔计算机科学中心是一个6.7万平方米的教学综合体，位于麻省理工学院内。在学院里，这座建筑的名字常被简化为"斯塔塔"或"斯塔塔中心"。建筑的第四层以上的建筑被分为两个不同的结构：盖茨塔和德雷福斯塔，通常被称为"G塔"和"D塔"。

这幢大楼于2004年3月16日首次开放入住。它坐落在麻省理工学院从前的20号建筑原址上，原建筑中有一个具历史意义的辐射实验室，拆除于1998年。斯塔塔中心的主要资金提供者是雷·斯塔塔（麻省理工学院1957年班）和玛丽亚·斯塔塔，其他资助者还包括比尔·盖茨、小亚历山大·W.德雷福斯（麻省理工学院1954年班）、查尔斯·汤姆斯、台积电的张忠谋和迈克尔·德图佐斯。

建筑由一系列电气工程和计算机科学系的小礼堂和教室所组成，当然其中还包括一些其他部门和校园团队。计算机科学和人工智能实验室、信息和决策系统实验室、语言学和哲学系的研究实验室和办公室占据上层，如诺姆·乔姆斯基、罗纳德·李维斯特、万维网的创始人蒂姆·伯纳斯-李和自由软件运动的创始人理查德·斯托曼等在这座建筑中都有办公室。

杰罗姆·Y.莱特文教授曾说过："你可以把它看成是学院的子宫。但是上帝，它是一种凌乱又极具繁殖能力的地方！"斯塔塔看起来总像是未完成的、好像随时要坍塌。圆柱倾斜形成可怕的角度。墙或摇摇欲坠或随机转弯，形成曲线和角度的碰撞。无论你看哪里，材料都会改变：砖、镜面钢、刷铝、颜色鲜艳的油漆、波纹金属等不一而足，一切看起来都是即兴的。斯塔塔的出现是对自由、大胆的隐喻，和创造性的研究，所有这一切似乎都发生在它应该发生之处。虽然工程也存在成本超支和竣工延期等情况，但在此类复杂、重要的大型工程中，其严重程度并不过分。（图5-24/5-25/5-26/5-27/5-28）

图5-24/5-25/5-26/5-27/5-28　斯塔塔计算机科学中心的建筑内外造型、气质、色彩等与其创新中心的学术定位非常匹配

杰伊·普利兹克露天音乐厅（Jay Pritzker Pavilion）

杰伊·普利兹克露天音乐厅又名普利兹克馆或普利兹克音乐亭，位于伊利诺伊州芝加哥市的社区环形广场的千禧户外公园中。露天音乐厅位于伦道夫街南侧、芝加哥地标密歇根历史大道区以东。音乐厅以普利兹克家族的名字命名（其家族因拥有凯悦酒店而广为人知）。

普利兹克亭作为千禧公园的核心，是格兰特公园交响乐团及合唱团和格兰特公园音乐节的主场，全国仅存的免费户外古典音乐表演场地，也是詹姆斯·彼得里洛（James Caesar Petrillo，见附录31）剧场（公园中历史更悠久、体量更大的户外表演场地）的辅助表演空间。普利兹克亭的一部分建在哈里斯音乐舞蹈剧院的上方——这是公园内的一个室内演艺场馆，与它共享一个货运平台和后台设施。

最初，展馆的草坪座位是免费向所有音乐会开放的。它还举办广泛的音乐系列和年度表演艺术活动。从主流摇滚乐队到古典音乐家和歌剧演员的表演都出现在这里，甚至举办瑜伽等健身活动。普利兹克亭内的所有排练都向公众开放，训练有素的导游可以参观音乐节的排练。就这一点而言，无论盖里的设计造型如何，这个露天音乐厅的定位和使用方式其实已经很好地为场地的属性和投资目标做了注脚。

如同此类建筑的许多其他案例一样，普利兹克亭的修建也是一波三折。最初项目委员会将设计任务交给了SOM公司。当时的方案要比最终建成的方案温和得多。有两个因素导致了最初方案被取消。首先，莎莉集团的前首席执行官提供了额外资金，使该项目的工作范围发生了变化。其次是普利兹克家族作为潜在捐助者的干预。因为原设计方案远非令人印象深刻，辛迪·普利兹克"要求弗兰克·盖里参与重新设计"。于是，市政府邀请盖里，捐赠者支持他，他也对此项目感兴趣。盖里于1999年4月接受了设计委托，到了11月，盖里为音乐亭和步行桥做的设计方案都对外公布了：普利兹克亭的设计基本完整，但桥的设计却非常粗略，主要是因为资金不充分。BP步行桥被设计成缓冲街道噪声，有助于普利兹克亭的有较好的音效。

由于格兰特公园对其中的建筑高度有限定，而普利兹克亭的设计高度超过了限定。为了规避这些法律限制，市政府将户外构筑物归类为艺术作品，

图5-29/5-30/5-31
普利兹克亭的鸟瞰和实景，左侧跨在快速路上的为BP步行桥，音乐厅有网格状结构的音响系统和一个带有明显盖里风格的不锈钢"头饰"

而不是建筑物。随着一些设计和装配问题的出现，施工计划不得不被修改。随着时间的推移和筹款的成功，又有一些功能内容被增加进来。最后，演出场地中设计了一个大型的固定座位区，有巨大的草坪，网格状结构的音响系统和一个带有明显盖里风格的不锈钢"头饰"。壳形演奏台的拉丝不锈钢"头饰"框架覆盖住了37米宽的舞台台口，主舞台可以容纳一个完整的管弦乐队和150人的合唱团。壳形演奏台与网格状钢管框架连锁交错的创新音响系统，能模拟室内音乐厅的声学效果。（图5-29/5-30/5-31）

　　普利兹克亭设计落成后，使用中有三大优势：（1）它的声学设计非常出色，能让人们享受到室内音乐厅的声学效果；（2）该亭在其东、西两侧都设有洗手间，该公园的123个厕位设备的大部分（女性78个，男性45个）都位于与普利兹克亭相连的地下商场东西两侧，那些在东侧的厕位在冬季还可加热使用；（3）普利兹克亭附近还设有方便市民使用的麦考密克论坛广场和溜冰场。

　　普利兹克亭和千禧公园受到了评论家们的认可，特别是对于这里的可及性受到关注。2005年，在此举办了"无障碍奖颁奖典礼"，它被称为"最容易到达的公园之一——不仅在美国，而且可能在全世界"。因此我们也不必惊讶。在普利兹克亭之后，盖里又推出了一系列户外项目，如马里兰州哥伦比亚市的梅里韦瑟邮政亭，马里兰州、加州的康科德城表演艺术中心，以及加州好莱坞的诸多的整修工程。或许千禧公园项目经理爱德华·乌里尔说得对，"弗兰克是20世纪和21世纪建筑之间的一个切削器"，没有任何一位其他建筑师能在这一点上与之比肩。

英国石油公司步行桥（BP Pedestrian Bridge）

BP步行桥简称为BP桥，是美国伊利诺伊州的芝加哥环形社区的人行桥。它跨越了哥伦布大街，连接起了麦琪·戴利公园（原为戴利200周年纪念广场）和千禧公园，这两部分都属于格兰特公园。2004年7月16日，这座步行桥随着千禧公园的其他部分的开放而投入使用。桥梁的名字来源于BP能源公司，因为该公司为建设项目捐赠了500万美元。这是盖里设计且已完工的第一座桥梁，因其曲线形式而又被称为"蛇形桥"。这座桥是以其特殊的美学特征而引人注目的，其明显可识别的盖里风格可从其生物形态和舒展的不锈钢雕塑形态的抽象化表达中看出来。

相比较普利兹克亭，BP步行桥的建设过程及其社会评价，显得更是风波不断。最初，盖里被要求负责这座城市桥梁设计和相邻的杰伊·普利兹克壳形演奏台（band shell）露天音乐厅，他是在普利兹克家族资助了音乐厅的项目后才最终同意接受项目委托的。

2000年初的方案预计应在2002年完成，其中包括一座桥，长度仅51.8米、宽6.1米，但该设计未被批准。芝加哥市长理查德·M.戴利随后又反对盖里设计的240—270米长的桥梁设计方案。于是盖里不得不又提出了十个新的方案。虽然方案都满足残疾人的使用要求，但真正投入使用后一定会把残疾人与健全人在生理和心理层面上分隔开，于是这些方案均被放弃了。

盖里曾希望设计一个没有支撑柱的桥梁，然而这种想法在实施中有太大难度，既有工程技术方面的，更有造价和实施场地的限制，因此虽然我们今天看到的建成品有如蛇形蜿蜒，但其在工程实施中还是局部使用了支撑柱结构。

这座桥的最终设计于2000年6月10日在芝加哥文化中心展出。桥长285米，宽6.1米，其中有46米长的桥梁悬在哥伦布大街的上方且净高4.42米，高于地方标准4.3米的限定值。步行桥的实际功能有二：（1）它连接了千禧公园及其东侧的目的地，如附近的湖边、格兰特公园的其他部分和停车场；（2）可用作哥伦布大街的交通噪声屏障，以保证附近普利兹克露天音乐厅的音响效果。BP步行桥采用暗箱梁设计，混凝土基础，桥面采用硬木地板覆盖。它的设计是没有扶手，采用不锈钢栏杆代替。BP步行桥的特殊设计使其倾斜的表面连续形成5%的坡度，而不是形成登陆或过山车状的坡道，以为残疾人提供方便。平缓的斜坡使平时为残疾人提供以解决垂直交通的手段（如电梯）变得毫无用处，且减少了健全人与残疾人在行动轨迹和使用方式上的分隔，因此毫无意外地，这个设计帮助公园因其"示范性"的无障碍设计而赢得2005年的无障碍美国奖。

该桥使用钢梁、钢筋混凝土桥台和桥面板、硬木甲板和不锈钢单板，造价在1 210万至1 450万美元之间，共使用了22种规格的不锈钢316型板

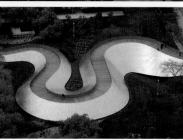

图5-32/5-33/5-34/5-35　BP步行桥造型奇特，采用了硬木甲板和不锈钢单板

（0.79毫米厚，316型不锈钢板以其优良的焊接性能以及抗点蚀能力而闻名于世），不锈钢板都经过了抛光和一个平面联锁面板的加工过程。据《芝加哥论坛报》报道，用于建造桥梁的材料包括2000块用作甲板的耐腐巴西硬木板，115 000根不锈钢丝和9 800块不锈钢瓦板。（图5-32/5-33/5-34/5-35）

桥梁建造完成后仍是麻烦不断。因为BP公司支付了500万美元的冠名费，这使许多学者和社会活动人士对大型资本进入公共生活领域且通过冠名方式而自我吹嘘，深深不以为然。美国历来有众多捐助者资助地方慈善事业的传统，而石油公司寡头冠名的行为，既掩盖了其他捐助者的功劳，也使公共生活被强制地打上了寡头统治的烙印。

开园后，一些桥梁的缺点变得明显起来，比如这座桥不得不在冬季关闭，因为严寒和冰冻使它不安全。由于桥梁架设在高速公路上，铲雪车显然无法使用，而巴西硬木地面又不允许使用融雪盐，否则材料将被损坏。市政府不仅要求大桥每天都要被打扫冲洗干净，还要求护栏上的指纹都要被擦拭干净。这无疑增大了用工成本，于是在冬季将其彻底关闭，成了唯一现实的选择。

路易·威登基金会（Louis Vuitton Foundation）

路易·威登基金会（原先被称为"路易·威登创新基金会"）的建设始于2006年，这是一个由路易·威登集团及其附属公司赞助的艺术博物馆和文化中心，也是路易·威登集团艺术和文化推广工作中的一部分。博物馆造价1.43亿美元，于2014年10月开放。建筑位于巴黎第16大区，毗邻布洛涅森林公园中的季节公园。

图5-36/5-37/5-38/5-39　路易·威登基金会的建筑内外造型好像一帧帧的广告画

2001年，路易·威登集团的主席伯纳德·阿尔诺会见了弗兰克·盖里，并告诉他集团计划在布洛涅森林边缘建设路易·威登基金会的文化建筑。

2007年，巴黎市为此项目发放了建筑许可证。2011年，布洛涅森林保护协会向法院提起诉讼并赢了官司，法官判定文化中心的建筑因太接近一个小小的沥青路面而被视为对公共权利的侵扰。该项目的反对者还抱怨说，这座新建筑将破坏这座历史公园的苍翠宁静。市政府对法院的判决提起上诉。法国著名建筑师让·努维尔（Jean Nouvel，见附录85）支持盖里，他说这些反对者们只会"穿着他们的小紧身衣，他们想把巴黎放在福尔马林里泡起来，而拒绝任何新事物。真可怜"！最终，国民大会通过了一项特殊法律，因为基金会的文化目标与法兰西的国家利益相一致，而且也是"整个世界艺术工作的重要内容"，于是项目得以继续进行。

这座两层建筑有11个不同大小的画廊，共约3950平方米，底层有350个座位的大礼堂和多层屋顶平台能为艺术活动和安放艺术装置提供场所。在这个极为局促的空间中，盖里必须安置下早已存在的保龄球馆且不能突破两层高的建筑高度限制，因此更高的空间只能采用玻璃材料建造。最后形成了一艘形似风帆被吹鼓的帆船形式。玻璃帆船包裹着"冰山"，一系列白色的、如花般绚丽的平台造型在其间若隐若现。（图5-36/5-37/5-38/5-39）

建筑侧面面对圣雄甘地大道，售票处的正上方，有一个矩形的不锈钢LV标志，这是盖里亲自设计的。

根据盖里设计公司的说法，这个方案有超过400人参与了设计工作、工程规划和结构计算，共同建构了三维数字模型。建筑外立面被分成约3 600块夹层玻璃板和19 000块混凝土板，这些面板通过数字成型技术而进入工业机器人控制的生产流水线。设计工作室中的当地建筑师率先将盖里的设想从数字关系转化为空间关系。

图5-40/5-41/5-42/5-43 盖里的设计范围非常广泛

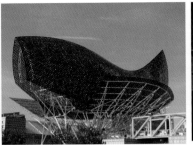

图5-44/5-45/5-46/5-47 盖里"鱼造型"的大型雕塑类作品和设计产品

小结

盖里的作品很好地体现了美国精神:单枪匹马地奋斗,以个人才华和艰苦努力取得过人成就。令人钦佩!因此我们也不必奇怪,不同时期的盖里作品往往呈现出不同的风格特点。20世纪80年代前期他被认为属于后现代、现代古典主义,20世纪80年代末开始他又被列入解构主义、现代巴洛克风格。

盖里的创作内容和主题多种多样,他在家具、首饰、箱包等方面的设计作品也常是国际市场上的热销货。(图5-40/5-41/5-42/5-43)"鱼造型"的艺术品和设计产品几乎已成为其标志性作品。(图5-44/5-45/5-46/5-47)

材料与数字技术

盖里的设计品类丰富,喜好多种材料,这与其早年生活有关,也与其性格和兴趣有关。盖里深受洛杉矶城市文化特质及当地激进艺术家的影响,盖里早期的建筑锐意探讨铁丝网、波形板、加工粗糙的金属板等廉价材料在建筑上的运用,并采取拼贴、混杂、并置、错位、模糊边界、去中心化、非等级化、无向度性等各种手段,挑战人们既定的价值观和被捆缚的想象力。

盖里无疑是幸运的。虽然对多种材料的尝试,在盖里那儿只是对未知世界的探索,是自己年轻时代好奇心的一次次突破。对于如何把自己的想法落地、让设计"成型"和"成形",年轻时代的盖里通过与许多雕塑家合作来实现;但20世纪90年代中后期以来,盖里常与软件公司(如CATIA)合作,使他的天才想法在短时间内便可被分解成一个个的工业产品构件,从而利用发达的智能化生产平台为他的天才梦想保驾护航。盖里作品体量和复杂度不断攀升,不仅因其知名度不断增加、获取的投资更加巨大,还必须依靠软件平台庞大的计算能力。

环境与文化

所谓的"毕尔巴鄂"效应，指的是博物馆建设如何改变了城市。然而有时，这个词也常常被批评家用来谴责以博物馆建设为标志的、城市趣味的中产阶级化和文化帝国主义。

盖里的作品大多已成为地标性建筑，但似乎与周边环境毫无关联，不过也有人持相反的观点——哪怕针对同一建筑物，评论家们的观点也常常截然相反，如毕尔巴鄂古根海姆博物馆和瑞格尔侯爵酒店和酒庄（Marques de Riscal，图5-48/5-49/5-50）。无论如何，在2010年的《世界建筑通览》中，他的许多作品都被归为最重要的当代建筑，因此《名利场》将他称为"我们时代最重要的建筑师"。

如果仅关注这一点，那么包括盖里在内的许多建筑师的设计都显得太过骄傲和自恋，然而想想其早期作品双筒望远镜大楼被谷歌公司租用来投入一个地区创意产业发展的庞大计划；古根海姆博物馆作为毕尔巴鄂市最大的活广告，并让城市由此而获得了几倍于投资的经济回报和全球关注……若身处其中，我们自己恐怕也会感谢建筑师和工程团队的伟大成功。

围绕文脉、传统、投资、就业、产业转型而展开的议题，已成为后资本主义时代的常见内容。建筑师们一直处于商业和文化的漩涡正中。在一个全新的时代中，我们不得不开始怀疑是不是评论家们搞错了。全球竞争的态势已把建筑师们从文化承载者的位置剥离出来，而投入了资本组织者之列，那些能取得成功的建筑师，多少都顺应，甚至引领了这一潮流。

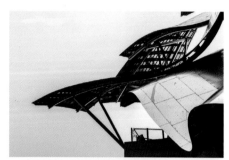

图5-48/5-49/5-50　西班牙阿拉瓦省艾尔谢戈镇的瑞格尔侯爵酒店和酒庄

复兴与优雅

阿尔多·罗西

Aldo Rossi, 1931–1997

阿尔多·罗西是意大利建筑师和设计师，他在设计理论、绘画、建筑设计和产品设计四个方面都有非同寻常的建树，并蜚声世界。他也是第一位获得普利兹克建筑奖的意大利建筑师。

阿尔多·罗西1966年出版了著作《城市建筑》，将建筑与城市紧紧联系起来，提出城市是诸多有意义的和被认同的事物的聚集体，它与不同时代不同地点的特定生活相关联。罗西将类型学方法用于建筑学，认为古往今来，建筑也可被划分为多种具有典型性质的类型，它们各自有各自的特征。罗西还提倡相似性的原则，由此扩大到城市范围，就出现了所谓"相似性城市"的主张。罗西要求建筑师在设计中回到建筑的原形去，他将城市比作一个剧场，他非常重视城市中的场所、纪念物和建筑的类型。罗西的理论被称为"新理性主义"，在自己的建筑创作中擅长使用精确简单的几何形体。

生平简述

阿尔多·罗西（图6-1）1931年5月3日出生于意大利米兰。他的父亲在那里经营了一家自行车工厂，是家族产业，据说这是他祖父传下来的。1949年，他从莱科的亚历山德罗·伏尔塔学院毕业，进入了米兰理工大学建筑学院学习，于1959年获得建筑学学位。

1955年，他开始为建筑杂志"Casabella-Continuità"工作，并自1959年起成为该杂志的专栏作家。这一时期的杂志总编辑是意大利建筑师、作家和教育家欧内斯托·罗

图6-1 罗西的"画像"

图6-2/6-3 意大利热那亚的卡洛·菲利斯剧院和日本福冈的皇宫酒店均是罗西的代表作也是后现代建筑中的精品

杰斯（Ernesto Nathan Rogers）。1964年，当杂志的主编更换后，罗西就离开了。之后，他为另外两本杂志"Società Magazine"和"Il contemporaneo"工作，这份工作使罗西成为当时最为活跃的文化论争者之一。罗西的早期文章论及亚历桑德罗·安东内利（Alessandro Antonelli，见附录11）、马里奥·里多尔菲（Mario Ridolfi，附录42）、奥古斯特·佩雷（Auguste Perret，见附录22）和埃米尔·考夫曼（Emil Kaufmann，见附录30），这些文章后来成为他第二本书《建筑和城市研究选篇，1956-1972》的基本内容。

1956年，罗西在伊格纳齐奥·加德拉（Ignazio Gardella，见附录43）的工作室开始了自己的职业生涯，后来转入马可·扎诺索（Marco Zanuso，见附录51）的工作室。1963年，他开始教书，起初是在阿雷佐的城市规划学院担任卢多维科·夸罗尼（Ludovico Quaroni，见附录48 ）的助手，然后到威尼斯建筑学院担任卡尔洛·爱莫尼诺（Carlo Aymonino）的助手。1965年，他成为米兰理工大学的讲师。这之后的几年中，他出版了《城市建筑》（*The Architecture of The City*），很快这本书就成了建筑学经典著作。

他起初是从事建筑理论研究和小建筑设计的，但在爱莫尼诺邀请他参加米兰的蒙特阿米阿塔集合住宅的设计工作后，他的职业轨迹发生了重大转向。1971年，罗西赢得了意大利北部摩德纳省的圣卡塔尔多公墓（见后）竞赛，这个项目使他开始享有国际声誉。

在意大利政治环境不佳、教职暂停的情况下，罗西搬到了瑞士，1971-

图6-4/6-5/6-6　费埃德里斯塔居住综合体

1975年，在苏黎世联邦理工学院教授建筑设计。1973年，罗西受邀成为第15届米兰装饰艺术和现代建筑三年展国际建筑部的主任。1975年，罗西又回到意大利，在威尼斯教授建筑构成。

　　1979年，他成了著名的圣路加学院的成员。与此同时，他的才华引起了国际关注。他又在美国的几所大学中任教，包括库珀联合学院和康奈尔大学。在康奈尔大学时，他与纽约现代艺术博物馆的同仁一起参与了建筑与城市研究所的工作。

　　1981年，他出版了自传，名为《科学的自传》（*A Scientific Autobiography*）。在这部作品中，"在离散的紊乱中"带回了记忆、物体、场地、形式、文献、引用和洞察力，并竭力去"重温事物或印象，描述或寻找描述的方式"。同年，在柏林中心考赫大街和威廉大街转角处的国际公寓楼设计竞赛中，他赢得了第一个国际大奖，这就是费埃德里斯塔居住综合体项目（图6-4/6-5/6-6）。

　　1984年，罗西和伊格纳齐奥·加德拉、法比奥·莱因哈特（Fabio Reinhart，瑞士建筑师）一起，赢得了热那亚的卡洛·菲利斯剧院改造项目（见后）。这项工作直到1991年才最终完工。1985-1986年，罗西成为第三届威尼斯双年展的国际建筑展主任。

　　1987年，罗西又赢得了两个国家竞赛项目：第一个位于巴黎拉维莱特公园中，另一个是为柏林的德国历史博物馆设计，但两个项目最终都未能再深入完成。1989年，他继续为阿莱西公司（Alessi）进行产品设计。1988年，他为阿莱西公司设计的"炮塔"咖啡壶（图6-7/6-8）问世。

　　1988年，他有五项重要的项目落成，为佩鲁贾设计的市民活动中心，在

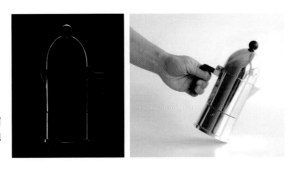

图6-7/6-8 罗西为阿莱西公司设计的"炮塔"咖啡壶

朱萨诺区为莫尔泰尼家族设计的一座为葬礼服务的小礼拜堂，为博戈里科设计的市政厅，为帕尔马以及都灵设计的极光之家购物中心（图6-9），还有GFT总部。

1989年，罗西胜过了200多参赛者，获得了对西柏林的德国历史博物馆的设计资格。1990年，他获得了普利兹克建筑奖。日本福冈市为他在皇宫酒店（见后）中的成就表示感谢。随后在1991年，他还获得了美国建筑师学会针对公共建筑颁发的托马斯·杰弗逊奖章。随后，他又受邀在巴黎蓬皮杜中心、阿姆斯特丹的贝尔拉赫展览馆、柏林的柏林画廊和比利时根特的当代艺术博物馆中举办了展览。

图6-9 1988年完成的极光之家购物中心（CasaAurora）

1996年，他成为美国文学艺术学会的荣誉会员，第二年又获得了学会颁发的在建筑和设计领域的特殊文化奖。1997年9月4日，阿尔多·罗西意外地在米兰死于一场车祸。辞世后，他还因在城市研究方面的成就而获得了吉尼基塔奖，因为1995年建造的一幢独栋式住宅而获得了佛罗里达海滨研究所的海滨奖。他的设计提案赢得了威尼斯凤凰歌剧院的修复工程项目，此工程直到2004年才结束。1999年，博洛尼亚大学建筑学院更名为"阿尔多·罗西建筑学院"。

代表作品

圣卡塔尔多公墓（the Cemetery of San Cataldo in Modena）

摩德纳圣卡塔尔多公墓的加建工程始于1971年，完成于1978年。在罗西的自传中，他描述了一桩发生在1971年的汽车事故，他把这作为他一生的转折点，他的年轻时代的结束，并且给了他设计摩德纳圣卡塔尔多墓地的灵感——正是在医院里康复的时候，他开始考虑城市作为生者的住所，而墓地则是死者的城市。（图6-10/6-11/6-12/6-13/6-14/6-15/6-16/6-17/6-18/6-19/6-20）

公墓对于城市的意义当然不应该是一座普通的建筑，按照罗西的分类，应该属于"主要元素"。它应该是严肃安静且具有很强的纪念性与特殊性。于是我们看到罗西是这样塑造整个公墓的形态的：步入公墓，几何化的场地布置、以混凝土为主体的建筑材料的选择、建筑立面开洞和细节的处理，甚至是植被的种植，处处都体现着设计者的冷静与克制，似乎在坚持某种决不表达任何个人情绪的设计立场。

公墓中的主体建筑是一个开着矩形洞的土红色立方体。开洞只有两种：底层长方形、其上各层为正方形。墙身除了檐口部位之外没有任何的线角，光滑平整。进入室内可以发现外部混凝土表皮由裸露在外的钢框架支撑，同建筑的外部一样，没有任何多余装饰。显然罗西是在借助建筑形体的完整与纯粹、建筑细节的理性与克制来诠释公墓这样一种特殊的建筑类型对于现代城市的意义——公墓应为浮躁的现代人群提供一个深沉严肃的空间环境，人

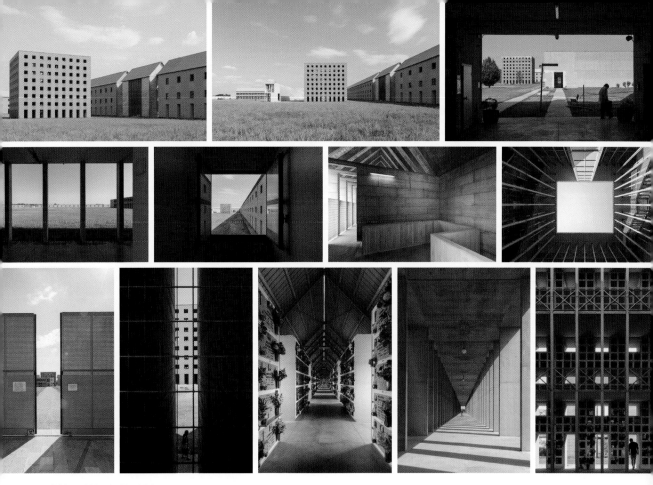

图6-10/6-11/6-12/
6-13/6-14/6-15/6-
16/6-17/6-18/6-
19/6-20 圣卡塔尔多
公墓视觉效果和空间体
验都与中国人常见的墓
地形式有很大不同，阿
尔多·罗西创造了一种
俗世中的神圣与崇高

们身处其中既可以缅怀死者，又能深刻地反省自己的内心，检讨自己的世俗
生活。

　　骨灰安放场所位于形成矩形的围合连续建筑体区域的中央部位；骨灰安
放场所以一条脊骨组织，由脊骨向周边扩散开来，脊骨终点有一个转换枢纽
建筑，转换枢纽建筑的两翼稍微有围合的趋势。在这个脊的任意一个端头，
都有一个几何元素，在一端为一个圆柱体，在另一端为一个圆锥体。在地面
以下，圆锥体是普通的坟墓，而圆柱体是那些战争中的牺牲者和从老公墓迁
来的死者的安息场所。这两个纪念性的元素通过骨骼学的安排，在骨灰安放
场所这条轴线上联系起来。这种维度上的联系表示了死亡和纪念的意义。

　　对中国设计师来说，圣卡塔尔多公墓的设计令人惊讶！整个场景的远
观效果很像是一排排巨大的库房或谷仓，既无东方墓地的世俗性，也不似
典型西方墓地的宗教性。虽然罗西自己以及各种评论家们均未过多地着墨于

这种几何形体的来源，及其与崇高神圣感之间的关联性分析等，我们还是能从其造型中看到法国新古典主义建筑师艾蒂安-路易·布雷（Étienne-Louis Boullée，见附录6）的影子。布雷所处的时代正是一个摆脱权威，追求理性、自由与崇高的时代，或许正是借用了这种抽象的、具象征意义的几何形态，阿尔多·罗西才能创造出一种非宗教的神秘感、神圣感和崇高感。——这恰与后现代时期追求市民生活精致场景的总体趣味相一致，也与罗西自己所说的"墓地是死者的城市"这一观念相匹配。

卡洛·菲利斯剧院（Teatro Carlo Felice）

卡洛·菲利斯剧院是意大利热那亚的主要歌剧院，坐落在法拉利广场上，用于歌剧、芭蕾、管弦乐和独奏音乐会等多种艺术表演。这座剧院历史悠久，却命运多舛。热那亚为了举办庆祝哥伦布发现新大陆400年的活动，于是重修了卡洛·菲利斯剧院，共花费42万里拉（约合1.7万英镑）。大厅被命名为"卡洛·菲利斯公爵"。建筑于1826年3月19日奠基。

尽管建筑结构和装饰还没最终完成，开幕演出还是于1828年4月7日举行，演出剧目是贝里尼的《比安卡·E.费尔南多》。五层的观众席能容纳2 500人，每层33个包厢，上面有一个画廊。剧院的声学设计在那个时代被认为是最出色的。

1859-1934年，大厅经过多次改变但未造成根本性损害。天花板上本来有一大圈大天使、小天使和有翅膀的生物，且都是色彩明亮的高浮雕作品。但在1941年2月9日，建筑外壳被一艘英国军舰发出的炮弹击中了，观众席的天花板被炸出一个大洞，可直接从室内看到天空，这座19世纪洛可可奢侈风格的剧院至此遭受了重创。更进一步的损毁发生在1943年8月5日，一枚燃烧弹在后台起火，毁坏了所有舞台布景和木质设备，所幸未烧到观众席。不幸的是，这件事引来了许多抢劫犯，他们剥去了剧院后台每一块可能找到的金属碎片。最后，1944年9月的空袭彻底摧毁了剧院的正面，几乎只剩下外墙和走廊后面的小亭子。曾经富丽堂皇的剧院现在已只剩下了光秃秃的墙壁和没有屋顶的门廊骨架。

重建计划在战争结束后立即开始。第一个设计是保罗·安东尼奥·切萨在1951年提出的，但未获通过。第二个方案由卡洛·斯卡帕（Carlo Scarpa，见附录45）提出，并在1977年被批准，但因其不幸辞世戛然而止。我们今天看到的改造方案是阿尔多·罗西提交的，其中部分原来的门面已被重建，室内部分的改造方案完全是现代化的。剧院于1991年6月正式重新开放，大厅有2 000个座位，还有一个最多可容纳200个座位的较小礼堂。

　　罗西为卡洛·菲利斯剧院做的新设计不仅为它建造了出色的表演空间，更重要的是在城市环境中重新树立起公共剧院的形象。这座剧院在1828年的遗址上重建，再一次控制剧院前面的市民广场。这对当代城市生活而言有着至关重要的影响力，因为它意味新剧院门前成为市民生活的实际场所和心理中心。剧院的室内设计并未着意追求其曾经拥有的洛可可奢华风格，而是强化了时代感和实用性，因此室内空间和装饰配合当代的科技要求都做了全新设计：贯穿底层的公共展廊依靠采光井提供日间照明，锥形的采光井穿过休息厅和办公室向上升起，最后，在屋脊线上形成纤细的玻璃尖塔刺穿剧院的屋面。夜间，尖塔变作一个发光体，像灯塔般闪耀在港口的上空。在屋脊的另一端，一座新的塔楼耸立在舞台上方，它比原先在那儿的那座大了许多，以容纳新增加的技术设备，外墙贴面材料的中途变化也反映了这点。（图

图6-21/6-22/6-23/6-24/6-25　卡洛·菲利斯剧院改造项目极为成功，建筑内外遵循不尽相同的设计原则，其为热那亚市民的日常生活提供了活动场所、为公共话语提供了心理依托

在观众厅里，室内和室外以一种不同的方式相互渗透，观众落座在城市广场一般的大厅里，两侧是足尺度的"街道景观"大理石立面和带阳台的窗户。罗西将文艺复兴时期的剧院传统倒转过来。他把古典时代有如宫殿般华丽的剧院内空间，转化为当代的、崇高的公共广场式的内空间。时间、空间、风格在这里交错、互换，但丝毫不妨碍高级视听享受的营造过程。他的文学修辞式的戏剧性同时影响了安德烈·帕拉迪奥（Andrea Palladio，见附录4）和贝尔托·布莱希特（Eugen Berthold Friedrich Bertolt Brecht，见附录35）。

罗西对戏剧舞台极为迷恋。尽管早期对电影的热情已经逐渐地转到了建筑上来，但是罗西依旧对戏剧保留着极大的兴趣。他说过"在我所有的建筑中，剧院总是让我陶醉"。1979年，威尼斯双年展，他甚至还设计了世界剧场，一座漂浮的剧院，这是在剧院和双年展的委员会共同的委托下完成的。它的250个座位环绕着中央的舞台，从海上被拖到双年展的展区。罗西描述了他的设计是"一个建筑结束和想象世界开始的地方"。

福冈皇宫酒店和餐饮综合体（Palace Hotel）

皇宫酒店和餐饮综合体位于福冈市中心区。日本著名建筑家隈研吾曾形容罗西的这件作品是"鹤立鸡群"。仅从这座建筑的外观，我们很难想象其所处的真实环境极为恶劣。（图6-3/6-26/6-27/6-28/6-29）

皇宫酒店的场地面积极为有限，只有2 500坪（日本的面积单位）。因酒店、餐厅等商业设施的空间细碎、功能多样，若按照常规手法设计则这家酒店一定会被周边街道所淹没。丧失明显的造型特征和可识别性，对于酒店这样需要以造型特色招徕客人的行业而言，绝对不是个好消息。如果按照罗西几何形态式设计手法的逻辑发展，我们又会发现，如按照真实尺度和尺寸来做设计，很容易把酒店设计成"小别墅"或"小高层住宅"，难以与人们心目中的高档酒店形象产生联系。于是如何通过"小尺寸"营造"大尺度"效果，便成为建筑师的重头戏，

阿尔多·罗西聪明地"反用"了两种古典建筑的营造手法，完美地解决了这一难题：

图6-26/6-27/6-28/6-29　皇宫酒店周边环境散乱、面积不大且用地局促，但仍展现出一种"神殿般"的崇高感

其一，建筑物的正立面像是一座巨大的红色屏障，有柱、有墙而无窗，远看方孔像是"窗"，但其实是红色大理石的墙。这个梁柱体系的比例关系具古典趣味，但实际尺寸远小于真正的古典建筑或复古主义建筑；同时柱子并无常规的柱头和柱础式样；成行成排的"简化版"装饰柱共同组成一个视觉"小把戏"，使得整个建筑的视觉效果远大于其真实尺寸。

其二，旅馆的正面有钳形台阶从两边伸向正门。对称布局、依托高台建造房屋，也是中国古代宫殿营造崇高感的重要手段。因此我们毫无意外地发现罗西也很巧妙地利用高台来强化建筑的仪式感和崇高感。

当然，或许正是因为以上两个手法应用得太过成功，皇宫酒店对于周边环境呈现出一种"鹤立鸡群"甚至"天外飞仙"之感。从街道看上去，这座酒店的立面甚至充满了戏剧化，整个建筑非常像矗立于街旁的舞台布景。无论如何，这座建筑在尊重传统和商业推广上都非常成功。罗西的功力令人钦佩！

马斯特里赫特美术馆（Bonnefanten museum in Maastricht）

荷兰的马斯特里赫特美术馆也被称为伯尼芳坦博物馆。博物馆成立于

1884年，是位于荷兰林堡省的历史和考古博物馆，1995年博物馆迁至目前的位置。伯尼芳坦博物馆的名字源于法语的"好孩子"（bons enfants）一词，本来是对此地从前的女修道院的称呼。1951-1978年，女修道院被改成了现在的博物馆。这里已成为马斯特里赫特最为著名的现代建筑，火箭形冲天炮塔仿佛在俯瞰马斯河。1999年后，该博物馆已完全成为一个艺术博物馆，历史和考古类的藏品已被移往别处。（图6-30/6-31/6-32/6-33/6-34/6-35/6-36）

　　毫不意外，马斯特里赫特美术馆又是个建筑改造项目，原女修道院的"山"形建筑布局仍清晰可见。罗西的处理手法有两点最为明显：

　　其一，强化工业化构建语言，形成与宗教空间和传统博物馆形态的区隔。不过若考虑到后现代时期一系列工业用地被转化为文化场所，或索性

图6-30/6-31/6-32/6-33/6-34/6-35/6-36　不同视角中的马斯特里赫特美术馆

建造以"工业乐园"式的博物馆类建筑——如蓬皮杜艺术中心和斯图加特美术馆，我们会发现罗西在马斯特里赫特美术馆改造中，使用工业化构件的手法，也便顺理成章了。

其二，利用暖色石材和砖墙面弱化修道院的冰冷感，精致微妙的细部处理又小心翼翼地营造了一个亲切宜人的当代文化交流场所，也便很容易进入人们的日常生活和心理体验世界。

思想理论

建筑与城市

说到罗西对于建筑与城市关系的思考，就要提到1966年出版的《城市建筑》一书。其中包含了罗西早期对于城市的基本观点。罗西认为城市与建筑有相似之处：一座建筑中既有好的空间，也有坏的空间。同样，城市也有不同的部分，令人激动的或让人反应平淡的，而后者却常被人们忽略甚至遗忘。重视普通建筑的作用，这也是罗西关于城市的重要观念之一。如同建筑的不同空间、不同位置功能、不同作用，城市的布局与城市中建筑的功能也多有不同。城市的街道与建筑的布局对于城市的意义最大，对于城市面貌的生成影响最大，相对而言也更稳定、更长久。

罗西将建筑分为"主要元素"（primary elements）和"居住群落"（dwelling area）两大类。"主要元素"是指人们生活中所必需的公共建筑，像医院、商业建筑、大学等。在这些建筑之中还有一种可称为"纪念性建筑"的特殊类别。它们在城市中的作用非常特别。这些建筑可能对于城市的肌理起不到决定性作用，甚至无关紧要。它们的功能也许已大不相同，但这类建筑往往是城市的地标性建筑物，是城市的精神所在，记录了城市的变迁、苦难与光荣，如故宫、圣马可广场或巴黎圣母院……

与"主要元素"相对的是"居住群落"。在罗西的眼中，"居住群落"构成了一个城市的框架，因此其肌理成为一个城市的主要肌理。一个有特点的城市是由有特点的街区组成的，住宅区是其中相当重要的一部分。罗西的这个观点非常重要，也深得后现代理论的精髓。古典时代的建筑师和理论家们总是把注意力放在那些尺度巨大、投资量大、建设周期长、技术含量高的公共建筑上，然而罗西却斩钉截铁地说："大量的和基本的建筑类型在创造一个有活力的良好城市的过程中所起的作用比那些所谓的形式感强、戏剧性的建筑所起的作用要大得多，而且可以说这些显眼的建筑并不是构成一个好城市的必要条件。任何人只要想象一下——全由赖特的古根海姆（纽约）还有和弗兰克·盖里的古根海姆（毕尔巴鄂）这样的建筑组成的城市会是什么样子的就能明白这个道理。"

罗西与坦丹萨学派

罗西另外一个重要的思想源泉是发源于意大利的坦丹萨学派（Tendenza），这个学派的主要成员有格拉西（Giorgio Grassi）、斯克拉里（Massimo Scolari）和阿尔多·罗西，他们被理论家，尤其是英美理论家们热情地称作"理性主义者"（Rationalists）或者"新理性主义者"（Neo-Rationalists）。"坦丹萨学派"是斯克拉里在他1973年出版的《理性主义建筑》（*Architettura Razionale*）一书里使用的术语，这也是其被称为"新理性主义"建筑的原因。

在罗西看来，布雷和柯布西耶这样的建筑师，其作品和思想都无法离开客观环境而独立存在。罗西因此建议"一种来源于建筑本身的态度"。并且一些米兰理工大学的学生和教师在一份由罗西指导的"研究"出版物中宣称他们做的"作品"是"建立在对作为人工产物的城市科学调查的基础上的……直到我们用建筑本身作为建筑的评判标准，并且用建筑自身的原则解释它的来源"。坦丹萨学派以此设置了最关键的假定——建筑的自治。

坦丹萨学派对功能主义者的建筑观念是排斥的，该学派公开赞美形式。罗西说：坦丹萨学派将建筑功能和形式结合，一同考虑形成城市的构筑物和建筑，是受到了一种狡猾的经验主义的引导。对照生理学，建筑的功能可以被比作人体器官，因为器官的功能同样与它的形式和发展要求相适合，而且器官功能的改变也同时要求形式的改变。于是，功能主义和有机主义显示出了它们共同的基础。坦丹萨学派把形式从它最复杂的词源中剥离出来：类型被简化成一个简单的功能布置图或一个图表，建筑看起来并不拥有任何自主价值。因此这种主观的美学观念，虽然塑造了城市建筑物的形式并建立它们之间的复杂关系，却不能进行更深层次地分析。从罗西的分析逻辑来看，罗西和坦丹萨学派均认为，现代主义时期的建筑观念和设计手法太过僵化和强硬，严重漠视了文化传统和城市生活的多样性、复杂性和微妙性。作为意大利建筑师，他有如此的文化观念，我们也深以为然。

罗西认为，只有当建筑同那些在历史上被赋予特定意义的元素或形态发生关系时，这种建筑才可能是建筑。而所谓的历史意义实际上就是一种历史意象，一种在历史记忆、种族记忆中反复出现的意象。所以建筑设计不应被视为一种随心所欲、凭空想象的设计，也不是简单地以满足功能要求为唯一目标的设计，而是在历史和现实的语境中选择恰当类型的复杂过程。因此也就不必奇怪，虽然圣卡塔尔多公墓尽管在建筑处理手法上与早期的现代主义建筑[1]有某些相似之处，但仔细分析我们会发现整个建筑形式的生成逻辑与现代主义"形式追随功能"的法则完全不同。事实上，圣卡塔尔多公墓在空间组织和历史上与人们熟悉的公墓并没有太大的区别。与经典现代主义建筑往往重构生活场景的做法大相径庭。这正反映了罗西对于建筑类型背后不可割裂的历史与传统的重视。——罗西的设计思想对今天的中国人来说，是非常好的研究和学习对象。

罗西指出，熟悉的物体，比如谷仓、茅屋、工场等等，它们的形式和位置已经固定下来，但是意义却是可以改变的。"这些原型物体在共同情感上的吸引力揭示了人类永恒的关怀。熟悉的形式或者是原型物体虽然具有恒定性，但设计者却可能赋予其新的意义。想想罗西的卡洛·菲利斯剧院和福冈皇宫酒店，都很好地体现了这一观点。用中国人的话讲，这可算是"借古喻今"或"借古讽今"的"建筑版"了。

小结

罗西在荣获普利兹克建筑奖的发言中谈到，自己的建筑设计一直围绕着如下几个关键词展开：永恒、文化、建造和帕拉迪奥。这几个元素均为意大

---

① 比如阿道夫·路斯（Adolf Loos），见附录21的作品。

利建筑中的常规（或称永久）话题，也可算是意大利建筑最具标志性的要素了。不过作为旁观者，我们还可为其增加另一个关键词：优雅，更确切地说是"意大利文艺复兴式的优雅"。对于那些并不了解罗西思想理念和设计手法的人来说，这种与生俱来的优雅才最为致命！

在罗西一长串的建筑项目清单中，改造项目占比很大。这是后现代时期建筑师们的常见命题。我们发现的有趣现象是：在罗西的改造项目中，古旧建筑往往作为新建筑的骨骼而存在，建筑师很聪明地为其营造了一整套的"新外壳"，并赋予其"新内涵"——这种"偷梁换柱"的手法可被视为后现代建筑的重要特征。

乡下来的自由人

矶崎新

Arata Isozaki，1931–

矶崎新是日本著名的后现代主义建筑师，设计过一系列的大型建筑。这些建筑大都融合理性的现代主义结构、典雅的古典主义布局和装饰，又兼具东方的细腻构件和装饰特色，因此矶崎新被认为是亚洲建筑设计师的重要代表。矶崎新的设计已经远远超越了与他同时代的亚洲建筑师，而进入了全球视野。在理论家眼中，"矶崎新是代表了20世纪后期特征的建筑家"；"在现代主义动摇之后，后现代主义开始抬头的1960年以来，矶崎新是一直处于领先地位的""他的作品反映了现代生活的希望和矛盾""他能很好地周旋于革新与传统的漩涡之中"。

生平简介

矶崎新1931年7月17日出生于日本大分市，1954年毕业于东京大学工学部建筑系。在丹下健三（Kenzō Tange，见附录49）的带领下继续学习和工作，1961年完成东京大学建筑学博士课程，1963年创立了自己的设计室。在与丹下健三的十年合作中，他的作品非常丰富。20世纪60年代，尽管矶崎新拒绝承认与新陈代谢派的原则有任何直接的关系，但他的理论还是被认为与"新陈代谢运动"是一致的。这一时期的主要作品包括大分县立图书馆（图7-4）和岩田学园（图7-1）。

图7-1 矶崎新1964年完成的岩田学园

图7-4 大分县立图书馆

图7-5/7-6　1970年的大阪世界博览会广场项目标志着矶崎新的创作已进入了一个新阶段

经过1964年的环球旅行，矶崎新得以对城市进行仔细的研究。他和同伴一直利用小型飞机对城市进行航拍。他吃惊地发现，从航拍照片来看，被他称为"废墟城市"的希腊荒凉的古代遗迹，与本次旅行最后一站洛杉矶的一片模糊的庞大的城市网络非常相似，"就像原子弹爆炸后的广岛废墟"。从此，"废墟"作为一个关键词和终极意象梦魇般地纠缠在矶崎新的美学和哲学里——"人类所有理性的构想和理论性的规划，最终会由于人类的非理性、冲动的情绪和观念导致规划被推翻……我对创造带给世间的人们舒适生活的城市空间已经绝望，对厌恶这个城市，说城市坏话，对城市行使破坏行为的人们和自然法则开始抱有同感。……在我看来，两千年前的废墟，与目前虽金碧辉煌，20年后将成为废墟的建筑物具有的价值是相同的……"后来在1970年大阪世界博览会上的中心广场会演工程（图7-5/7-6），宣告矶崎新的创作已进入了一个新的阶段。在此阶段中，他的作品表现出一种强烈地向欧洲和美国模式的转变，并以高度抽象的布局为标志。

1968年，世界上发生了的几个具有标志性的重大事件①，标志着现代主义的结束。之后世界建筑史发生了根本的变化。1968年对矶崎新来说，也是

---

① 当时中国发生了"文化大革命"；法国爆发青年人对抗旧体制的"巴黎五月风暴"；在美国的哥伦比亚和伯克利，大学完全被学生占领；在日本，东京大学的安田讲堂大楼成为一座象征性的城堡，众多学生与警察发生冲突。

图7-7　群马县立近代美术馆　图7-8　北九州市立美术馆

图7-9　北九州市立中央图书馆全景

极其重要的一年。此时的他已成为后现代主义的代表人物。矶崎新应邀参加了第14届米兰三年展，参展作品是《电气迷宫》。令人始料不及的是，他针对不断扩张的城市现状提出批判的《电气迷宫》却因三年展这一制度而成了青年人冲击的对象。三年展场地被学生占领，作为"反叛者"的矶崎新就被新的"革命者"逐出了展厅。

矶崎新在20世纪70年代越来越转向历史主义，这就导致他接受来自朱里奥·罗马诺（Giulio Romano，见附录3）、安德烈亚·帕拉迪奥（Andrea Palladio，见附录4）、艾蒂安-路易·布雷（Étienne-Louis Boullée，见附录6）、克劳德·尼古拉·勒杜（Claude-Nicolas Ledoux，见附录7）和卡尔·弗里德里希·申克尔（Karl Friedrich Schinkel，见附录10）等人的建筑艺术的主要思想。

新风格产生于他果敢地与现代建筑的理性主义原则决裂，他试图通过综合美学来取代现代建筑的各种原则，这种综合美学，要求放弃正统现代派的教条。他的建筑强调了分散化与不和谐，并在某种隐喻关系下形成了建筑构件的参差组合。这一时期的代表作品有群马县立近代美术馆（图7-7）、北九州市立美术馆（图7-8）和在福冈的办公大楼；半柱体拱顶型的例证，是在大分县的富士见乡村俱乐部和在北九州市立中央图书馆（图7-9）。

20世纪80年代，矶崎新的变化更加明显，在设计上伴随着向一种更严格的古典主义形式的推延，如筑波中心大厦（见后）和茨城县水户艺术馆（图7-2/7-10）。当矶崎新吸收各种西方思想时，显示出了一种技艺高超的技术优越性。这种优越性，在为巴塞罗那1992年奥林匹克运动会的圣乔治宫体育

图7-10　茨城县水户艺术馆

图7-11　巴塞罗那奥运会圣乔治宫体育馆

图7-12　福冈互助银行总部大楼

图7-13　奈义町现代美术馆

图7-2　茨城县水户艺术馆顶部

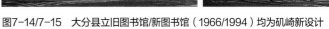

图7-14/7-15　大分县立旧图书馆/新图书馆（1966/1994）均为矶崎新设计

馆（Sant Jordi，图7-11）和帕拉弗尔体育馆做规划时，已成为指导性主题。

随着洛杉矶当代艺术博物馆（见后）的建设，矶崎新重新吸取福冈互助银行总部大楼（图7-12）那种宁静的主题，然而也不是没有好莱坞设计的某些成分。20世纪90年代，又产生了一种与他早期风格更加协调的新组合，大约表现在大分县方块式县立新图书馆（图7-14/7-15）工程上，在这里他吸收了约翰·索恩爵士（Sir John Soane，见附录8）的拱顶形式，同样形式还表现在奈义町现代美术馆（图7-13）设计上。

代表作品

筑波中心大厦（Tsukuba Centre Building）

筑波中心大厦位于筑波科学新城中。筑波中心大厦包括旅馆、市民会馆、音乐厅、信息中心、商业街等部分的复合建筑，占地面积10 642平方米，总建筑面积32 902平方米。建筑于1983年6月完工，是日本20世纪80年代最成功的建筑作品之一，被称为"无寓意的叙事诗说"。

当大多数日本建筑师正为西方建筑界的后现代主义烦恼徘徊时，矶崎新便以筑波中心大厦这一作品宣告了后现代主义时代的到来，并在世界范围引起广泛关注，当然也引发了各种各样的争论。筑波中心大厦用地中心为椭圆形平面的下沉式广场，长轴与城市南北轴线重合，西北角有瀑布跌水，一直引入中心，整个建筑呈L形布局，面向直接沿用的米开朗琪罗（Buonarroti Michelangelo，1475-1564）的卡比多山罗马市政广场而展开，西欧历史主义建筑的样式要素被矶崎新"随意"引用着。通过矶崎新所谓的剧场性、胎内性、两义性、迷路性、寓意性、对立性等概念的采用，散布着各种各样的隐喻和暗示，其中锯齿状柱是对克劳德-尼古拉·勒杜（Claude-Nicolas Ledoux，见附录7）柱式的变形。在混乱无序的碎片中成长出了新的秩序，在过去的废墟上建构了新的建筑。这是一栋具有一部长篇小说般的复杂构成的建筑，充满了直截了当的和沉静隐含的具体形象和暗喻，每个细部或片断都有一种自身的独立性和强有力的动态感，回旋在未被占用的中心空虚物的周围。

这是一组建筑形式题材的大展示，是不同时期的建筑大师和建筑风格的索引和汇集。变化和差异是这组建筑最大的特点，丰富多变的建筑材料和构成手法给参观者接连不断的意外和期待。建筑物所包括的内部功能信息全都反映在鲜明的外形轮廓上，相互重叠交错，以超越各个空间原划定范围的新颖独特的方式组成。筑波中心大厦把各个历史题材简洁而精练地并列在一起的构成方式是对历史和文化因素的有意识的否定，这种有意识的否定对矶崎新来说也许意味着一种强烈的社会批评。他的文脉结构的寓意完全以一种正统的思想拼凑成一幅均匀一致的"国际主义"图卷。（图7-16/7-17/7-18）

建筑室内到处是历史素材的影子——微型照明灯泡的"管型视觉效应"让人联想到路德维希二世的城堡的穹隆圆顶，有新古典主义风格意味的地下

图7-16/7-17/7-18
筑波中心大厦和广场是日本20世纪80年代最成功的建筑作品之一，被称为"无寓意的叙事诗说"，其细节设计也很充分

采光通风口，闪耀装饰艺术派光辉的旅馆门厅。矶崎新以自己大胆、俏皮的方式玩弄和诠释大量互不关联甚至相互矛盾的元素和信息。不同入口的方向、地画的凹凸、铺砌的花纹，在广场的一角有花岗石叠成瀑布流进广场，打破了广场的完整性。巨型石盆暗示耶稣最后的晚餐中的食盘，巨型石盆是一棵青铜铸成的大树。大树的树桠和树梢显现出被狂风吹动而凝固欲止的形象。这里没有一个核心空间，一切都是平等的，它是一些同样性质、同等价值的基本单元收集在一起的综合体。矶崎新的设计意图在于给参观者提供赏心悦目的形象和愉快心境的良好愿望，而这恰恰是当代日本社会正在追求的一种空间型致——消费机器。

整个筑波中心大厦的焦点是半围合的广场，矶崎新在自述中引用委拉斯开兹的绘画作品《宫廷的侍女们》来描述他的作品："正如委拉斯开兹把他自己加在画面里一样，甚至在侍候的仕女群像旁加进一条狗和一名小丑，我的设计的一部分虽是肖像的再现，但却有着明显的变异，结果就像表示国王和王后的是画面小镜子中出现的隐约不全的映射形象一样，我把形形色色各种片段形象冲突、和谐地分别组合起来，让它们回旋环绕在中心空虚物的四周……"

洛杉矶当代艺术博物馆（Museum of Contemporary Art，MOCA）

洛杉矶的当代艺术博物馆在大洛杉矶地区有三个分区。当代艺术博物馆是洛杉矶专门致力于当代艺术收藏的博物馆。主区位于洛杉矶市中心的格兰德大道，靠近沃尔特·迪士尼音乐厅。当代艺术博物馆的最初空间，是作为一个"临时"的展览空间而建立的，现在被称为"格芬当代"，位于洛杉矶市中心的小东京区。

博物馆展品主要是1940年以后美国和欧洲的当代艺术作品，有当代艺术家的经典杰作，还有新近出现的、正处于创作期的南加利福尼亚和世界各地的艺术家作品。

1986年，日本著名建筑师矶崎新在市中心位置建造了这座砂岩建筑，此前他从未有设计作品在美国完成。矶崎新设计的博物馆在当代艺术领域获得了戏剧化的成功，并预示着一个新时代的洛杉矶文化。博物馆的主要展览空间位于庭院标高之下，光线从上面的锥体天窗组进入展厅。在洛杉矶的繁华区有这样的博物馆空间体验，实属难得。（图7-19/7-20/7-21/7-22/7-23）

　　诚如后现代时期的许多其他建筑项目一样，洛杉矶当代艺术博物馆工程也是一个改造项目，它属于邦克山一个10亿美元的加利福尼亚广场重建项目中的一部分，这块土地共4.5万平方米。依据法律，新建筑物建造成本中的1.5%应用在美术装饰上。当代艺术博物馆的董事会与社区重建机构达成协议，让该项目开发商建造一个10万平方英尺的博物馆，由博物馆的理事们选择的建筑师做方案设计，但却没有足够的建造费用。作为免费建筑的回报，该机构要求受托人为运营筹集1 000万美元。项目实为一个综合体，除博物馆空间外，还需有为了长久获利、支持博物馆运转的其他商业和盈利空间。项目的最初计划是在1984年洛杉矶奥运时对外开放。然而，工程于1983年才破土动工，1986年建成了博物馆、奥姆尼酒店和两个摩天大楼中的一座——加州广场。第二座摩天大楼直到1992年才落成。南希·鲁宾斯（Nancy Rubins，

图7-19/7-20/7-21/7-22/7-23　洛杉矶当代艺术博物馆是一个庞大改造项目的一部分，也是矶崎新在美国的第一个项目

见附录91）那不朽的不锈钢雕塑《马克·汤普森的飞机零件》（2001年，图7-22），于2002年被博物馆的创始人比阿特丽丝·格什所购买，现在就安放在博物馆广场上。

奥兰多迪士尼办公楼（Team Disney Orlando）

世界上至少有六座建筑被冠名为"迪士尼团队"，其中美国有四座，其他国家有两座。这几座建筑都是迪士尼公司重要组成部分的行政总部。弗罗里达州的奥兰多迪士尼团队大楼是矶崎新设计，位于博韦湖畔，坐落在沃尔特·迪士尼世界铸造中心附近的迪士尼温泉的对面，是沃尔特·迪士尼度假村的管理总部。它于1991年开幕，比阿纳海姆的迪士尼团队大厦要大3倍。它是迪士尼公司金融、会计、商业洞察和提升及法务部门的所在。在前方

图7-24/7-25/7-26
奥兰多迪士尼团队大楼线条装饰和日式色彩关系的烙印，清晰可见

主入口处，这座建筑还展出了《白雪公主》中七个小矮人的巨大剪影。（图7-24/7-25/7-26）

在撰写20世纪建筑史时，理论家们对迪士尼那雄心勃勃的建设计划本来非常不以为然，毕竟在经典建筑理论体系中，迪士尼这种既有拷贝抄袭、又有哗众取宠之嫌的建筑物，很拿不上台面；更何况，在迪士尼建筑的修建过程中，建筑师们能起到的作用非常有限，所有设计和实施过程必须严格按照公司的商业要求来操作。关于这一点，理论家似乎比建筑师们自己还要愤怒，因为这深刻地说明了资本对建筑创作自由的深深介入，说明了在资本主义城市建设中，寡头集团对城市形态的塑造能力之大，远超过建筑师及知识分子精英群体的影响力。

有趣的是，也正是在后现代建筑的研究视野中，迪士尼建筑的文化、社会、行为、心理等方面甚至其对当代和未来世界的隐喻价值，才被真正挖掘出来（更详细论述见本书第20章）。研究者们发现，真正能被聘请来设计、建造迪士尼建筑的往往是白人男性建筑师。如此说来，矶崎新的奥兰多迪士尼办公大楼就显得意义非凡了。

从这座建筑中我们还能辨识出某些"日式特色"的细节特征，虽然矶崎新自己未必有如此意图：（1）主入口和建筑立面上米老鼠的两只大耳朵造型极具典型性，寥寥数笔便点出了场所属性和建筑特征，也是一种典型的后现代设计手法。然而这种将二维线条关系和平面艺术用来营造三维空间的手法，又带有明显的东亚特征。（2）迪士尼的建造与其他建筑类型不同，完全欢迎各种戏剧化的色彩搭配方式。而在中国人眼中，奥兰多大厦的色彩关系明显与典型的西欧美国建筑师的手法不同，典雅明快的搭配方式很容易让我们联想到日式花布和包装纸……在水景一侧的建筑立面上，这一点体现得更加明显充分。

芒加日本艺术和技术博物馆（Manggha）

1920年，费利克斯·雅琛斯基（Felix Yachinski）——评论家、作家的艺术收藏家，其笔名为"芒加"——向克拉科夫的国家博物馆捐赠了自己收藏的日本艺术品。在他离世后，这些藏品并未被展出，主要原因是空间有限，无法安排下这6 500组件的作品。唯一一次例外发生在1944年，德军占领波兰后，一个德国人在国家博物馆的纺织品展厅中组织展出过这些作品。年轻的安杰伊·瓦伊达（Andrzej Wajda）参观了这次展览并深深为日本艺术所着迷。

几乎半个世纪之后的1987年，安杰伊·瓦伊达在京都接受了一个电影奖项。他决定向克拉科夫国家博物馆捐出全部获奖款项，用于建造一个新建筑，能把所有日本艺术藏品展示出来。安杰伊·瓦伊达在克拉科夫市政府和日本政府，尤其是日本驻波兰的兵头长尾大使的帮助下才实现了这个理想。东日本铁路工人联合会和他们的主席松崎明一起捐赠了约100万美元，给安杰伊·瓦伊达和朋友们共同建立的京都—克拉科夫基金会。从而，最终完成了这座位于波兰克拉科夫市的芒加日本艺术和技术博物馆。（图7-27/7-28/7-29）

矶崎新在此项目中的设计分文未取，他把自己的设计捐赠给了基金会。这座建筑有明显的外部特征，屋顶的起伏与许多日本古老绘画中的大海波浪非常相似，既呼应了博物馆的环境，也呼应了其收藏的艺术品。建筑物旁边的花园是京都的礼物。建筑中既有展厅，也有会议中心。除常设展外，这里还举办一些与日本艺术、文化和技术相关的当代展。此外，该中心还开设了

图7-27/7-28/7-29
芒加日本艺术和技术博物馆的起伏屋顶，据说是受到了浮世绘中大海波浪造型的影响

图7-30/7-31 矶崎新所设计的包括京都音乐厅和奈良百年纪念堂在内的许多曲线建筑都带有明显的日本趣味，造型和色彩都极易让人联想起日本工艺

许多教学课程，包括茶艺、插画和日语培训等。芒加博物馆还是波兰盆景俱乐部的总部所在地。

1994年，11月30日，芒加日本艺术和技术博物馆正式开幕。1997年，芒加博物馆获得日本基金会颁发的特等奖。2002年7月11日，明仁天皇和美智子妃参观了芒加博物馆。应天皇要求，伟大的日本艺术家歌川广重的木刻作品展同期在此举办。天皇夫妇还向这里的日语学校捐赠了一些视听设备。在2006年的建筑比赛中，芒加博物馆入选"1989年以来波兰最有趣的20座建筑名录"。

矶崎新的曲线造型建筑也有好几座，如圣乔治宫体育馆（图7-11）、京都音乐厅（图7-30）和奈良百年纪念堂（图7-31）等。若将几座建筑并置一处，往往可见明显的日式风格。无论是安德鲁的中国国家大剧院、盖里的古根海姆博物馆或扎哈的北京银河SOHU……无论是曲度、曲面，还是材料处理手法等，都有明显不同。

巴塞罗那银行论坛大厦新入口（New Entrance of the Caixa Forum Barcelona Building）

巴塞罗那银行论坛大厦是巴塞罗那的一个博物馆，它由巴塞罗那银行"La Caixa"主办，论坛大厦位于蒙特惠克区。

该建筑原来为一家纺织厂，由著名的加泰罗尼亚建筑师何塞·普伊赫·卡达法尔克（Josep Puig i Cadafalch，见附录19）所建。建筑建成于1911年，

图7-32/7-33 巴塞罗那银行论坛大厦新入口

同年即获得了市议会颁发的最佳工业建筑奖。工厂于1918年关闭，1929年时作为仓库又重新投入使用。1940-1963年，该建筑一直由西班牙国家警察部队使用，直到"La Caixa"银行买下了它。

Caixa银行买下这座建筑后，便进行了修缮。矶崎新被请来为这座新改建的建筑设计一个新入口。矶崎新的设计颇为精心：新入口的形式并未重复老建筑的式样，毕竟新建部分是服务于新博物馆而非老建筑的一部分。但新入口也必须向老建筑致敬，无论是出于对历史的尊重，还是对环境的呼应。所以建筑师虽然采用了"现代"造型，却选择了"传统"材料——又是一次聪明的"后现代"叠加手法。建筑师要求烧制了10万块砖，须按照原建筑用砖的制作和烧制工艺来生产。日本建筑师的精益求精在此处可见一斑。（图7-32/7-33/7-34/7-35）

博物馆最终于2002年春季开放，包括近3英亩的展览空间、一个媒体图书馆、礼堂、教室和一家餐馆。游客通过自动扶梯下到有壁画装饰的地下室大厅，然后再一次回到由雉叠状砖砌围墙的首层展览空间中来。

图7-34/7-35 巴塞罗那银行论坛大厦室内，原建筑为纺织厂

都灵奥林匹克体育馆（Torino Palasport Olimpico）

都灵奥林匹克体育馆是一个多用途的室内体育和音乐厅，位于意大利都灵市圣丽塔区。它位于奥林匹克体育场以东，有12 300个座位，耗资8 700万欧元，是意大利最大的室内竞技场。建筑由矶崎新和意大利建筑师皮尔·保罗·马乔拉合作设计，是奥运会中心区的一部分。

这座未来建筑看起来像一个由不锈钢和玻璃包裹的、严密的、笛卡尔式的长方体，基础为183×100米。建筑共有四层，地下两层共深7.5米，地上两层总高12米。（图7-36/7-37）

都灵奥林匹克体育馆设计的过人之处，并不仅在于其造型或装饰细部，更重要的是其功能定位和空间划分。奥运场馆的赛后使用是困扰多国的大问题，都灵奥林匹克体育馆便给出了自己的优秀答案。体育馆的结构被处理成一个名副其实的"工厂"，用建筑师自己的话说，其内部结构非常灵活并具极大适应性，采用了家具架的布置方式（甲板和看台可伸缩移动）和声学处理。奥运会后，它的潜在用途都可以发挥出来：冰场、各种室内运动场、竞技、室内音乐会、演出、会议、展览、活动、游行、宗教集会等。其最大容量是18 500个座位的演唱会模式。

值得注意的是，这种"多功能"使用方式已与经典现代主义理念背道而驰。沙利文那句响亮的口号"形式追随功能"一直告知其后辈信徒们，建筑的空间形式及装饰手法均应很好地对应建筑的功能特点和文化属性，保持建筑内外的一致性。随着后现代建筑的兴盛，"看什么不像什么"的建筑越来

图7-36/7-37 都灵奥林匹克体育馆室内外景观

越多，如工厂改造的博物馆、酒店、文化中心……不胜枚举，上文中的巴塞罗那银行论坛大厦也是如此。都灵奥林匹克体育馆的聪明之处在于，建筑师在建设全新建筑时愿为其今后的日常使用和商业开发留有余地。

威尔·康奈尔医学院卡塔尔分校（Weill Cornell Medical College in Qatar）

威尔·康奈尔医学院卡塔尔分校成立于2001年4月9日。学院依据此前康奈尔大学与卡塔尔教育科学和社区发展基金会签署的协议：（1）威尔·康奈尔医学院的一个分部迁至多哈附近的卡塔尔教育城，（2）医学院的入学标准与纽约的威尔·康奈尔医学院保持一致，（3）这里也是卡塔尔高等教育系统中第一所男女同校的学院。

康奈尔医学院卡塔尔分校的建设，绝对是国际资本、文化交融和国家形象推广兼顾的大项目。卡塔尔政府为此项目手笔巨大，据《华盛顿邮报》报道，威尔·康奈尔卡塔尔医学院接收了1.217亿美元只是为了支付大学的运转费用，这已使其成为教育城中最昂贵的美国大学。此外，康奈尔医学院还得从卡塔尔基金会获得更多的资金来运行校园运转。（图7-3/7-38）

从矶崎新已完成的校区设计看，我们可窥得如下几点：（1）校区不可

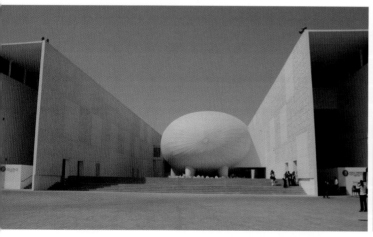 

图7-38 康奈尔医学院卡塔尔分校的造型带有某种未来派特征或魔幻色彩　图7-3 康奈尔医学院卡塔尔分校

以按照美国大学的式样修建，因为在伊斯兰国家中这恐怕不受欢迎，当然也不应按照经典伊斯兰式样修建，因为这将无法体现卡塔尔政府的国家文化战略及引领伊斯兰国家现代化的雄心壮志；（2）一种符合地方气候特征的、具有未来派甚至魔幻色彩的建筑造型，显然能在两者间取得微妙的平衡，满足各自文化的自尊心，且具有极强的可识别性，便于医学院新形象的国际传播；（3）更有趣的是，矶崎新日本建筑师的文化身份又使其带有某种"中立"色彩，很好地平衡了两者之间互不侵犯、互相礼让的文化态度。

小结

矶崎新和黑川纪章（Kisho Kurokawa，见附录72）、安藤忠雄（见本书第15章）并称为日本建筑界三杰，在国际上被认为是影响世界建筑历史及现实的大师。

东京是矶崎新开创事业的地方。从18岁时为应试离开故乡踏上东京的土地，矶崎新把故乡九州大分县比作"母亲"，把东京喻为懂事后一直对抗的"父亲"。当东京变得越来越巨大，变得无法理解时，对抗的感觉就变成了敌意。1960年，师从丹下健三的矶崎新制订了一个"破坏东京"的计划，从中领略到破坏的快感。"未来的城市是一堆废墟。"这是矶崎新的激烈宣言。但这种破坏只存在于他的思想里。"结果都是以我的挫败而告终，一个也没能实现。"这些没能实现的计划就被收录在《未建成/反建筑史》中。

矶崎新把自己描述为"一个自由的人"。他说："即使住在东京，也感到东京不是属于自己的地方。不想拥有任何土地或房产。一本叫《建筑家的自宅》的书里收录了全世界很多建筑家设计的住宅，我能提供的只有在轻井泽市的小屋。因为其余的都是租来的，而且没作任何改造就住进去。"仅从个人生活层面，矶崎新很像是位"隐士"，他不购置房屋地产，不追求权力，不接受荣誉职位，也拒绝担任大学的教授。但在其诸多作品中，我们却看到一位聪明睿智的文化学者，他在项目的定位、功能、造型等方面的判断选择甚为精准，其表现手法也从早年西方现代主义风格而迅速转向后现代，之后他又把握住时代发展的脉搏和文化跃动的本质，进入了一种"自由状态"。

从矶崎新的多个作品中我们可见如下几点：

第一，矶崎新把自己的职业描绘成"一位永恒的中间媒人"，在东方和西方之间起到桥梁作用。他没有采用民俗化的手法去追求作品的"日本味"，他既反对西方图式，又反对日本图式，力图创造一种表现日本和西方建筑传统之间的应力关系的建筑辩证法。我们甚至可以发现，后现代风格中所谓的戏谑手法其实非常谨慎，通常不会对某种文化中与"民族情感""崇高"和"尊严"相关的形式符号进行随意摆布，而其选取的往往是现代主义建筑手法或流行文化、商业文明等来进行"拼贴"，在最极端的情况下也应是对传统文化的"善意"玩笑，如查尔斯·摩尔的意大利广场。作为闯入西方强势文化的东方建筑师，矶崎新这种含蓄内敛的"文化拼贴"手法在此过程中游刃有余，也便顺理成章了。

第二，矶崎新的建筑形态由年轻时的厚重、坚硬而日渐轻盈流畅，他摆脱了现代主义的"和谐、均衡、完整、统一"的经典构图原则的约束，在"多元、混杂、片段、夸张、变形、倒置"等逆反形式中寻求新的审美机理。而其独具特色的弧线、弧形建筑处理手法将所有这些矛盾冲突均包容在优雅平和的建筑之中。有人认为矶崎新建筑的曲线显得十分柔软、被动和女性化，像是被剥夺了本身的意愿，只能俯首帖耳地屈服于外力，但看看北京的中央美院美术馆厚实挺括的造型，我们不免对此有所怀疑。也许正是这种西方建筑师不常用的、带有浮世绘线条特色的曲线形式，恰是矶崎新表达自己内心的桀骜、表达日本建筑师特有美学观念的手段。

第三，矶崎新的谦逊还在于他对建筑单体本身标识性的追求并不强烈，就是说他似乎从未试图通过建筑造型作为自己扬名天下的手段，甚至他还承接了洛杉矶当代艺术博物馆、巴塞罗那银行论坛大厦新入口等没有独立外立面和体量感的设计项目，在与盖里、扎哈和赫尔佐格等建筑师相比较时，这一点尤为明显。

毁誉参半的思想者

彼得·埃森曼

Peter Eisenman，1932–

彼得·埃森曼是当今美国最具影响力的建筑师之一，既有理论天分也有实践成果。不过他的作品建成的并不多，已建成的俄亥俄州立大学韦克斯纳视觉艺术中心（见后），辛辛那提大学设计、建筑、艺术与规划学院（DAAP）（见后）和柏林的欧洲犹太人受害者纪念碑（见后）是他最重要的代表作，美国建筑界对他的作品评价很高。他是首位通过自身领域的工作来证明当代文化是一个交互影响的连续体，而所有的文化现象和人类的知识都有可能成为建筑学中的一部分的建筑师。著名建筑评论家保罗·戈德伯格（Paul Goldberger，见附录8-9）认为，DAAP学院的出现是继弗兰克·劳埃德·赖特的古根海姆博物馆之后美国建筑界最重大的事件；菲利普·约翰逊（Philip Johnson，见本书第1章）则认为，美国没有任何建筑能与之相提并论。尽管国际建筑界的看法并不一致，但总的倾向是愈来愈多的人对他的作品予以认同。

　　埃森曼自称为后现代主义建筑师，他的设计理论早期受结构主义哲学影响，后受解构主义影响。埃森曼的理论比较玄妙，在国际建筑界像他这样的建筑师也很少见，有人建议理解他的思想要阅读一些相关学科的书籍，特别是哲学方面的理论。然而最吊诡的事情在于：埃森曼主张在建筑中排除个人与文化的因素，然而一旦脱离了个人与文化因素，我们再也无法理解他的理论和建筑了。

生平简述

　　彼得·埃森曼1932年8月11日出生于新泽西纽瓦克市。他在新泽西的哥伦比亚高中上学，然后到康奈尔大学学习建筑设计，获得学士学位。之后他又前往哥伦比亚大学建筑学院，获得了建筑、规划和古建保护硕士学位，最后在英国剑桥大学获得了硕士和博士学位。2007年，他还在美国雪城大学建筑学院获得了荣誉学位。

图8-1 韦克斯纳视觉
艺术中心

　　他第一次被引起关注还是在"纽约五人组"时期，这是一个以"白派"设计见长的松散小团体，与耶鲁大学的"灰派"恰成对比。白派五人组成员是彼得·埃森曼、查尔斯·格瓦德梅（Charles Gwathmey，见附录74）、约翰·海杜克（John Quentin Hejduk，见附录64）、理查德·迈耶（Richard Meier，见本书第11章）和迈克尔·格雷夫斯（Michael Graves，见本书第10章）；灰派代表人物有罗伯特·亚瑟·莫尔顿·斯特恩（Robert Arthur Morton Stern，见附录79）、查尔斯·摩尔（Charles Willard Moore，见本书第3章）等。这些年轻人在后来的美国建筑界都是响当当的人物。纽约五人组的建筑常被看作是对柯布西耶设计理念的重新解释。随后，五位建筑师各自发展出了自己的设计风格和思想观念，而埃森曼越来越走向了解构主义。

图8-2 辛辛那提大学设计、建筑、艺术与规划学院（DAAP）　　　　图8-4 凤凰城大学的新体育馆

20世纪70年代中期，他的住宅6号（见后）为弗兰克夫妇（理查德和苏珊娜）设计，建筑设计中把结构和功能预期都"混淆"了。苏珊娜最初对埃森曼的理论颇为认可和有耐心。但几年以后，不当的功能和不断的修缮使得住宅6号愈发变得令人反感，这个项目严重破坏了弗兰克夫妇的预算计划，并耗费了他们一生的积蓄，苏珊娜开始批评埃森曼的住宅6号的设计方案。在《客户的回应》中，她客观地列出了建筑的优点和问题。

1980年，在经过多年的教学、写作和设计并做出令人敬仰的理论工作后，埃森曼将他的专业经验集中在建筑学方面。他设计了大量的原型项目，其中包括大面积的住宅、城市设计规划、教育器材的设计以及许多私人住宅。在他的职业生涯中，他开始了一系列更大的建筑项目，包括柏林的欧洲犹太人受害者纪念碑（见后），亚利桑那州格兰岱尔市的凤凰城大学的新体育馆（New University of Phoenix Stadium，图8-4）。他设计的最大的项目是位于西班牙圣地亚哥德孔波斯特拉的加利西亚的文化城（见后）。1993年，俄亥俄州哥伦布市耗资6 500万美元的会议中心举行了动工典礼；1996年，耗资3 500万美元的DAAP项目动工（图8-2，并见后）。

1985年，埃森曼凭借第三届威尼斯国际建筑双年展的"罗密欧与朱丽叶"方案获得石狮奖（头奖）。埃森曼是1991年第五届威尼斯双年展国际建筑展代表美国参展的两名建筑师之一，他的方案被在世界各地的博物馆和画廊内展出。他曾获得许多奖项，包括一个古根海姆学会奖和美国艺术与文学学院的布伦纳奖。

彼得·埃森曼还先后在剑桥大学、哈佛大学、宾夕法尼亚大学、普林斯顿大学和俄亥俄州立大学任教。1967年，他成立了建筑与城市研究所（Institute for Architecture and Urban Studies）——一个建筑批评的国际性思想库，并担任所长和常务董事直至1981年。

代表作品

住宅6号（House VI/Frank residence）

住宅6号，也称为弗兰克夫妇住宅，位于康涅狄格州，完成于1975年。这是埃森曼的第二个作品，为一所度假用的小住宅，现已成为埃森曼最为著名的作品——无论在其对住宅的革命性的定义，还是在其设计中的技术问题和给使用者带来的麻烦来说，都如此。在建筑修建时，埃森曼还被看成是一位"纸上建筑师"，只是推出了一个他自己称为"后功能主义"的高度形式主义的建筑式样。与常规建筑师不同，他不是根据功能或设计美学来工作，而是保持固定的概念框架，建构了一种概念性的过程。

不幸的是，埃森曼当时的建筑结构和工程经验有限，使得整个建筑的细部处理不够严谨。这个小建筑耗时三年才建成，严重超出预算；甚至在1987

图8-5　住宅6号外景观

年加固时，只能尽量保住最初的结构。在《彼得·埃森曼的住宅6号》中，弗兰克夫妇说：他们仍愿意和孩子们一起生活在这样一个充满诗意的房子里，但房屋的布局完全不适合客人居住，厨房也不适用。

建筑是一个"设计过程的记录"，其最终结构是网格系统化操作的结果。最初，埃森曼从四个平面的交接点出发创造了一种形式；随后不断对结构进行梳理，直到连贯空间开始出现。这样，碎片化的板材和柱子就丧失了传统意义，甚至连一般的现代主义意义都没有了。于是通过一些有限的调整，建筑的外壳和结构成为四个平面要素被改变后的形式表达。纯粹的概念设计意味着，建筑的结构好似严格意义上的塑料，与结构技术或单纯的装饰形式都毫无关系。（图8-5）

在此过程中，建筑的使用方式被有意识地忽略了，埃森曼只能勉为其难地允许一些有限的妥协，比如设置了卫生间。

住宅6号争议的焦点是住宅的功能问题，例如主入口靠近厨房，主人卧室中间有一条用玻璃覆盖的缝隙而迫使夫妇的床必须分开，餐厅中的柱子恰恰在餐桌旁影响椅子的布置而被称为"飞来的客人"，等等。造成这些功能问题的主要原因是埃森曼在住宅中插入了两个互相垂直的"构成元素"，探讨插入元素影响下的设计规律。

关于住宅6号的功能问题，美国当代建筑理论家查尔斯·詹克斯（Charles Alexander Jencks，见附录80）曾与埃森曼有过一番争论，埃森曼的基本观点是：不能把功能放在压倒一切的地位，人们对功能问题有各自不同的看法，只要满足基本要求就可以了。从他出版的作品图集中也可以看到他的住宅设计平面图根本不标注房间用途，似乎怎么使用都可以，但每个房间却有大量的构图分析。当詹克斯指出住宅6号"反功能"（anti-functional）时，埃森曼的解释是他从来不"反功能"，他仅仅是不把功能作为主题。埃森曼认为，住宅能遮蔽风雨、在其中睡觉就可以满足功能需求了，人们对住宅的功能有不同的态度。具有讽刺意义的是，住宅6号的男主人理查德·弗兰克对该设计基本满意，但同时又说：如果埃森曼能给他的住宅再增添15%的实用性，那么住宅6号将是轰动一时的建筑物。有趣的是，即使没有那15%的实用性，该设计也获得了1974年美国建筑师学会的住宅设计奖。

住宅6号建设前后的风风雨雨，让今天的中国建筑师不得不深入思考如下几个问题：

（1）在住宅别墅设计中，使用的方便性、居住的舒适度与建筑师的设计哲学之间，到底哪个更重要？在现实世界中，大多数中国建筑师都会以客户的要求优先。但问题是若客户本来是因为认可建筑师的设计哲学才聘请其来为自己工作，那么建筑师若在处理某些设计问题时，把功能让位于哲学，是否也算是对客户信任的不负责任？更何况我们也必须明白，像住宅6号的房主人绝不会只有这样一处住所，他们对待这座房子的态度也许和对待一辆豪车、一艘游艇是一样的。关于这一点，几乎已超越了大多数中国建筑师的日常想象和创作状态。

（2）埃森曼自己可能并非要忽视功能，只是认为其基本功能被满足即可；建筑师或许还会进一步思考，不同居住者对空间的要求，或同一居住者在不同时段，对房间的功能要求都有可能变化。我们不了解埃森曼对基本功能的理解与客户是否有所不同，又或者他太沉溺于构图分析而缺乏对主妇生活的观察体验？弗兰克先生对住宅的评价相对积极，而弗兰克夫人的愤怒似乎跃然纸上。——这座小住宅让人们对美国家庭中功能性空间的主要使用者是谁，一目了然。这不免让人担忧，那些设计小住宅和别墅的建筑大师们，到底是否真的理解或同情他们的女性客户呢？

（3）这个故事似乎在密斯的范斯沃斯住宅，甚至帕拉迪奥的圆厅别墅中，也出现过。傲慢的男性建筑师们似乎一直是社会进步和设计哲学的代言人，而对其使用不便提出抱怨的女性主顾，常被主流建筑评论为不可理喻、不懂文化，最多也只是个值得同情的"路人甲"。埃森曼的设计思路和手法是后现代的，但其行事风格则充满了经典现代主义的白人男性优越感。

韦克斯纳视觉艺术中心（Wexner Center for the Arts）

韦克斯纳艺术中心是俄亥俄州立大学的"多学科、国际化的、当代艺术研究和发展实验室"。名字命名来自中心的主要捐助者莱斯利·韦克斯纳，他用自己父亲的名字命名了实验中心。韦克斯纳艺术中心的设计始于1983年，于1989年11月建成。建设单位曾邀请过五个设计单位参加投标，包括迈克尔·格雷夫斯（见本书第10章）、西萨·佩里（César Pelli，见附录58）等，埃

森曼的中标出人意料，建筑完成后也轰动一时。这是埃森曼设计的第一个主要公共建筑，之前的他只是作为教师和理论家而为人们所熟知。

韦克斯纳艺术中心最初是一个实验室和公共美术馆，但不是博物馆，因为它并不收集艺术品。但是与最初设想的不同，艺术中心建成后，它就替代了大学美术馆的功能，拥有了对大学约3 000件艺术品进行长期收藏的职责；另一个主要职责是收藏视觉、多媒体和表演艺术成果。这些成果主要为了向大学的学生和研究者提供研究素材，偶尔也在中心或其他地方举办展览，其他更多时候，作品被妥善保存。

设计包括一个巨大的白色金属网格，示意为脚手架，这带给建筑一种未完成的感觉，显现出解构主义的趣味。埃森曼还注意到俄亥俄州立大学校园和哥伦布市在地块平面网格上有12.25°的偏差，又通过韦克斯纳中心的建设而替换了原来的网格形式。其结果是修建了一幢功能有欠缺（又是功能有缺陷？），但却承诺了全部建筑兴趣的建筑。

艺术中心位于校园的东端入口处，将艺术中心布置在已建成的韦格尔报告厅和默森报告厅之间。艺术中心内可展示各种视觉艺术成果，并为各种年龄的人提供教学场所。内部设施包括四个展廊、一个小电影厅、咖啡厅、艺术书刊与礼品商店、音像制品车间、图书馆和仓库、1 100平方米的美术馆等，并将2 400座的默森报告厅也组织到艺术中心内。艺术中心大部分建在半地下或地下，高出室外地面的屋顶做成高低错落的花坛或平台，别具一格。作为艺术中心入口的红色塔楼象征19世纪曾建于此的军火库，中心前的广场也是校园入口广场。从广场铺地至艺术中心的布局均有两套轴网，主轴网突出白色构架的导向性，与城市肌理一致，辅助轴网则与校园肌理一致，两套

轴网相交成12.25°。该项工程于1993年获美国建筑师学会国家荣誉奖。（图8-1/8-6/8-7/8-8）

设计构思独特之处有三点：其一是选址，艺术中心穿插到已建成的两幢大报告厅之间，新旧建筑扭在一起，虽然给工程技术方面带来一些麻烦，但却给校园留出更多的空地；其二是以全新的构图手法，断裂的塔楼高低错落，再现了场地上原有的一座军火库，对于历史较短的美国而言，这种纪念性的隐喻很有意义；其二是建筑布局兼顾了城市与校园两种肌理，艺术中心靠近校园入口，可以理解为是城市与校园的过渡，设计运用了两种轴网相互交叉，扭转12.25°，形成动态空间，白色透空的架子导向性很强，与城市肌理一致，架子两端没有结束，隐喻事物发展永无终止，具有哲学意义。

艺术中心建成后争议很大，据说使用单位认为展出面积太小，不能展出较大展品，对于建筑造型自然更是众说纷纭。

辛辛那提大学设计、建筑、艺术与规划学院（University of Cincinnati College of Design, Architecture, Art, and Planning, DAAP）

辛辛那提大学设计、建筑、艺术和规划学院，通常称为DAAP，是辛辛那提大学的一个学院，位于大学主校区内。DAAP一直是美国最著名的设计学校之一，辛辛那提大学也是被列入I.D.杂志中全球十强设计学校中的唯一一所公立学校。2005年，DAAP学院的研究生院建筑项目的竞赛排名仅位列在哈佛之后、排名第二，并被评为全美最具创新性的建筑项目。两个"纽约五人组"的建筑师都参与过这个项目：迈克尔·格雷夫斯和约翰·海杜克。

辛辛那提大学创建于1815年，现有学生3 500人，校园分散在城市中。20世纪60年代大发展时建成了一些不太美观的校舍。20世纪80年代中期，校方决定聘请知名建筑师参加设计，如迈克尔·格雷夫斯设计的工程研究院、弗兰克·盖里设计的分子科学研究所、贝·考伯·费赖德事务所设计的音乐学院扩建工程等，由于校园分散无法形成整体，这种八仙过海式的设计反而成为独特的景观。

埃森曼主持的DAAP学院扩建工程的设计工作始于1987年，直到1996年

图8-9/8-10/8-11
辛辛那提大学设计、建筑、艺术与规划学院（DAAP）设计构思独特，历来为设计界所追捧

年底才最终建成。学院原有三幢互相连接的建筑，面积约1.6万平方米，扩建后建筑面积增加1倍，包括可容纳350人的报告厅、图书馆、教室、实验室、行政用房、咖啡厅、展廊等等。改造后的学院拥有学生1750人，教师120人。（图8-9/8-10/8-11）

DAAP学院由于设计构思独特，从一落成起便被西方媒体广为宣传。其总体布局有两点非常成功：

其一是建筑造型与环境巧妙结合。原有两幢建筑大体成"之"字形，首尾相连，埃森曼充分发挥这种构图特征，扩建部分仍按"之"字形排列，然后再予以扭转，与原有建筑保持连续性。此外，由于扩建部分建在坡地上，设计因地制宜，平面呈缓曲线状，而且逐步上升，与"之"字形构图相互配合。DAAP学院的形体与空间非常复杂。埃森曼在设计中运用了极为前卫的设计构思，使总体布局、内部空间和外部造型独具特色。设计借助计算机，建筑轴网的每个交点都在三度空间不断位移，多层次交叉、错动。施工期间不得不打破传统方法，利用激光定位，据说工人们也很有兴趣，认为能够参与这幢非同寻常、难度较大的工程施工是一种骄傲。

其二是利用扩建部分与已建部分之间的空间作为中庭。新旧建筑之间的

空间本来极不规则，设计充分利用这个特点并予以发挥。沿中庭北侧布置单跑大楼梯，平面成曲线状，坡度极缓而且有宽度变化，大楼梯与横跨中庭的天桥、顶光组合成极具特色的共享空间。由于高层的变化、结构的扭曲、空间的穿插，形成强烈的动感，这种脱离常规的，甚至有些迷幻色彩的空间处理手法，的确是建筑设计上的突破。学院的一位教师说：这样的空间对艺术院校的师生大有裨益，它给学生一种学习的紧迫感、一种创新的欲望。中庭的多功能得到了充分的发挥，既可用于大型聚会又可用于各类信息交流，哪怕由此经过也是一种艺术的享受。DAAP学院与韦克斯纳视觉艺术中心还有一个共同的特点，就是新旧建筑紧密结合但以新为主，由于新建筑有强烈的特征，把旧建筑的平淡甚至某些缺陷巧妙地遮盖了，这也正好满足了院方的最初设想。

DAAP学院的外立面也很有特色，似乎是埃森曼多年来逐步形成的一种风格。学院新建部分的主入口由轻淡的红、绿、蓝三色组成交叉的楔状构图，具有独特的动感，有人称之为"交响乐式的地震"。由于加强了竖向构图元素，从而增加了稳定感，达到视觉上的均衡。

加利西亚的文化城（City of Culture of Galicia）

这是位于西班牙圣地亚哥德孔波斯特拉（Santiago de Compostela）的一个文化综合体建筑群，由彼得·埃森曼领导的一个建筑师团体完成。仅从造型我们就能想象出：建筑的结构设计是一项挑战，也很昂贵，毕竟建筑综合体要形成一个起伏的山丘形象，所以要求团队具有极高的建筑形态控制能力。建筑立面上的几千个窗户几乎都需要单独设计位置和造型。

1999年2月，加利西亚议会为盖亚山（Mount Gaiás）的文化中心项目举办了一个国际设计竞赛。参加者包括里卡尔多·鲍费尔（Ricardo Bofill，见附录82）、曼努埃尔·加列戈·胡列托 （Manuel Gallego Jorreto）、安妮特·吉贡（Annette Gigon）和迈克·古耶尔（Levi Mike Guyer）、斯蒂文·霍尔（Steven Holl，见附录88）、雷姆·库哈斯（Rem Koolhaas，见本书第17章）、丹尼尔·里伯斯金（Daniel Libeskind）、胡安·纳瓦罗·巴尔德维格（Juan Navarro Baldeweg）、让·努维尔（Jean Nouvel，见附录85）、

图8-12/8-13/8-14
加利西亚文化城的造
型，在大多数人眼中可
能并不讨喜

多米尼克·佩罗（Dominique Perrault，见附录92）西萨·波尔特拉（Cesar Portela）、圣地亚哥·卡拉特拉瓦（Santiago Calatrava Valls，后来他撤回了自己的设计提案，见附录90）和彼得·埃森曼。最终，埃森曼的设计被选中，因为其概念的独特性、与场地环境和谐一致的设计造型，赢得了评委们的认可。

设计的概念是在盖亚山上建造一个新高峰，一座由石头外壳建造的、像被自然力断裂的扇贝形状的山形覆盖着的考古遗迹，这是本地文化的一个核心象征内容①。（图8-12/8-13/8-14）

项目的花费比最初预算的2倍还要多，最精髓的建成部分并不能吸引大批游客，因而政府部门逐渐丧失了对项目的热情，也不愿再继续投资。2013年，经过十多年的工作，项目被中止了，原规划中的国际艺术中心、音乐和风景艺术中心也不再修建。埃森曼的建筑设计"叫好不叫座"在业内并非秘密。在一些小尺度建筑中，建筑师的冒险和探索尚可理解，但在这种大型的公共项目中，事情恐怕就复杂得多了。

---

① 据传，雅各的遗体被运到西班牙的圣地亚哥·德·孔波斯特拉（Santiago de Compostela），该地的圣雅各祠长久以来是一个朝圣地。

欧洲犹太人受害者纪念碑（Memorial to the Murdered Jews of Europe）

欧洲犹太人受害者纪念碑位于柏林，是一个犹太人大屠杀纪念馆。建筑工程开始于2003年4月1日，2004年12月15日完工，总费用大约2 500万欧元。2005年5月10日正式对外开放，正值第二次世界大战结束整整60年。项目依偎着蒂尔加藤公园，也在柏林腓特烈城地区的中心，临近德国国会大厦和勃兰登堡门。希特勒的总理官邸由纳粹建筑师阿尔伯特·斯佩尔设计，现已损毁，确切位置就在此项目南面几百码处，希特勒的地堡就在附近一个停车场地下。纪念项目还位于使馆区附近，还能让政治外交人员和各国领袖方便了解德国人的历史观。

关于是否修建这样一个纪念碑的争论始于20世纪80年代末期。一些联邦德国的知识分子开始讨论这个问题，其领袖是电视记者莱亚·罗施（Lea Rosh）和历史学家埃伯哈德·耶克尔（Eberhard　Jäckel）。这两人都不是犹太人，他们只是为了让德国人记住在集中营中丧生的600万犹太人。1989年，罗施建立了一个群体来支持这个项目并进行募款。随着支持者的增加，联邦德国议院通过了一项有利于此项目推进的决议。1999年6月25日，德国联邦议会决定修建这个纪念碑，并聘请建筑师彼得·埃森曼来设计，一个联

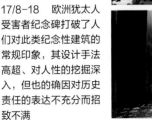

图8-15/8-16/8-17/8-18　欧洲犹太人受害者纪念碑打破了人们对此类纪念性建筑的常规印象，其设计手法高超、对人性的挖掘深入，但也的确因对历史责任的表达不充分而招致不满

图8-3　柏林的欧洲犹太人受害者纪念碑

邦基金会负责项目运行。

项目占地1.9万平方米，被2 711块"石碑"混凝土块所覆盖，安置在一个倾斜的网格状地块中。每一个石碑2.38米长、0.95米宽，高度从0.2-4.7米不等。这些石碑成排布置，54行南北排开，87排东西排布，但角度稍稍有些偏斜。地下的展示空间中保有大约300万个集中营犹太幸存者的姓名，这些名字来自以色列犹太人大屠杀纪念馆。纪念碑作为一个焦点，联系着城乡散布的各个集中营纪念碑。此处的纪念碑为游客们提供了一个中心参考点，是德国各处纪念性场地的中心点，所有这些纪念场所，保留着人们对这段历史的永久记忆。（图8-3）

根据埃森曼项目过程中的记录，纪念碑形式的采用是为了营造一种不稳定的、令人困惑的气氛，整个雕塑群的建造目的是表达一种想象中的、已丧失人类理性的命令系统。这个设计展示了一种纪念性概念的激进途径，埃森曼这么做的一个重要原因在于，他认为常规的纪念碑的数字和设计并没有象征意义。纪念碑唤起人们对那些未能被掩埋的、被扔进无名坑的受害者经历的联想。纪念碑的网格可以有双重解读：从形式层面上讲，可以理解为周边街道场地的延伸；从象征意义上讲，是唤起一种令人不安的感觉，似乎那个纪律严苛的、由行政命令操纵的杀人机器还在转动。德国议会主席沃尔夫冈·蒂尔泽（Wolfgang Thierse）说，这个纪念碑能让人们感受到孤独、无助和绝望，这使得参观者置身其间难以逃离"凡人的恐惧"。许多参观者在描述置身其间的感受时说，巨大的混凝土块将街道的嘈杂声和柏林街景隔绝在外，置身其中，人们常常感到孤独恐惧……

许多评论家认为，"语意不明"的石柱令人不安。混凝土块并没有提供大屠杀的细节或参考。批评家们对纪念碑缺乏信息这一点提出了疑问。"设计并没有说明是谁实施了谋杀以及为什么——也没有对'希特勒政权统治下的德国'有任何说明，这种暧昧不清着实令人不安。""装置并没有提示谁应该被记住，没有铭文。参观者只能徒劳地寻找被谋杀者的名字、大卫之星或其他犹太符号。"该工程所遭受的最大批评在于：纪念馆不足以应对越来越多的大屠杀否认者。"在该国纪念犹太人大屠杀的主要地点，没有提到这一点。是将受害者与他们的屠杀者分离开来，将道德因素从历史事件中分离出来。"评论家说，纪念馆假定人们知道大屠杀的事实。"把责任减少到一个人人都知道的心照不宣的事实"是遗忘之路的第一步。批评家们还担心纪念碑会成为新纳粹运动的朝圣之地。近年来，随着右翼组织和思想的兴起，纪念碑的神圣性及其对极端主义团体的保护再次引发了人们的恐惧。

欧洲犹太人受害者纪念碑设计的艺术成就无疑已极为超然，仅就其对人性阴暗面挖掘的深度和极具震撼感的艺术表现力，在当今全世界的此类纪念性建筑中，恐怕未有出其右者。然而可能也正因其艺术上的完整性，让整个建筑应承担的历史观念塑造和历史责任认定的义务，显得过于疲弱。从较浅近的层面看，这在某种程度上并未能真正完成主办单位的设计要求；从更深远的层面看，建筑师对建筑艺术的承诺热情远超过其对历史和社会的承诺。这的确令人担忧！（图8-15/8-16/8-17/8-18）

思想理论

如果梳理一下埃森曼庞杂的言说，我们可以把他那些高深的理论分为两大部分。一部分是将哲学和语言学的理论引入建筑，为解构建筑提供了理论的依据；另一部分则是把数学等其他领域的知识作为自己某个作品设计的引发点。

受雅克·德里达（Jacques Derrida，见附录60）等解构主义者的影响，埃森曼开始质疑现代主义传统，其中最主要的是质疑现代主义秩序所根植的基础。埃森曼反抗的对象是传统性，这里的传统性不能理解为古老的或古典的。建筑的传统性是指社会系统性对某一状态（包括形与意）先觉性的肯定并固定其主导地位。埃森曼认为，设计的过程就是要排除个人和文化的因素，建筑形式只是一套符号，是由建筑自身的逻辑关系演变而来，他强调建筑是一个过程而非结果。埃森曼曾谈到："我的每个作品都在非常狂热地探求什么是建筑、建筑与社会是什么样的关系、建筑象征着什么以及建筑功能是什么，因为这些问题都是建筑应该解决的问题。"

埃森曼将诺曼·乔姆斯基（Avram Noam Chomsky，见附录62）的生成语法，作为自己思想的语言模型来加以采用。语言依据有限的规则可以反映无限的事项，乔姆斯基的语言创造理论提出了"变形生成语法"。这种"语法"，承载着将规则提取出来并体系化的任务。乔姆斯基的生成语法模型，将焦点对准了语言结构与语言能力所具有的主体知识，从而生成无限的文本。乔姆斯基的理论被认为是沿袭了索绪尔的语言体系和运用语言的概念，但与索绪尔无视语言传达功能、将作为传达单位的文本从"运用语言"的规定中排除出去的方法不同，乔姆斯基将文本的生成视为重要事项提炼出来。这一理论落实到埃森曼的建筑语言中，就是刻意地将建筑室内的纯几何关系的生成过程在建筑上反映出来。他以梁、柱、墙作为单词、句子和段落，发展了一套独特的由点到网络的建筑语言。

进入20世纪80年代后，埃森曼又尝试着从拓扑几何学、麦卡托网格（Mercator grid）等不同领域中借用大量的理论术语，将它们引入自己的建筑作品中。在柏林集合住宅中，他使用了麦卡托网格，将它作为通向考古发掘物的手段。在圣地亚哥项目中，他试图让建筑讨论不在场的问题，以非传统的造型寻求表达意义的其他途径，而不做可见的东西。在法兰克福生物中心的设计过程中，他运用了DNA在蛋白质合成过程中的三种机制：复制、转录、翻译，来作为建筑布局的主要构思。

小结

埃森曼致力于建筑观念上的革新，1967年创立并担任建筑与城市研究院（IAUS）的院长和《反对派》杂志的编辑。正如那本杂志的名称所表明的，他一直是建筑学界的反对派。虽然1982年，学院和杂志都走到了它们事业的终点，但埃森曼的建筑实验似乎并未受到什么影响。它既是一种主观的冥想，又是在符合建筑学规律的范畴内所作的脚踏实地的尝试。虽然20世纪90年代之后他的作品很少建成竣工，但并不表示他的设计都是空中楼阁，毕竟埃森曼方案的建造成本与甲方预期间的差距恐怕难以弥合。他的后期设计确实令人费解，更何况他的设计总是在探索身体与灵魂的新空间，还热衷于依靠电脑软件制造出各种复杂的造型，效果图也以表达概念为第一目标，所以其作品虽然在学界获奖不断，在商业上却并不受宠。

他的专业工作经常被称为形式主义、解构主义，后来是后现代主义或极端现代主义。一种特定可见的破碎形式在他的许多作品中都可见，并成为一群折中建筑师群体极具可识别性的特征，这个群体给自己贴的标签是"解构主义"，并以此为名在纽约现代艺术博物馆举办了一次展览。

彼得·埃森曼被称作两极分化的人物。1972年，柯林·罗（Colin Rowe，见附录52）批评道："（埃森曼）的作品追求形体的欧洲现代主义的具体形式而不是乌托邦社会理想。"如果说一般人对埃森曼的指责主要集中于他的建筑的艺术性和实用性之间更倾向于前者，从而易让投资人和使用者心生不满，那么柯林·罗的批评才真正切中要害。同时还有人补充道："埃森曼对文艺复兴时期的理解也仅仅是形式上的引用。"当然这种明显的"偏差"，一方面可能是埃森曼的建筑常被诟病的原因，另一方面这可能恰恰是埃森曼刻意营造的效果，因为他追求"解放"建筑形式，"由于没有足够的图像材料去说明传统的组织形式，所以我正在寻找如何定义空间概念的方式，在可以转移的情况下进行一定的定位关系。这就是我一直试图做的事，去转移目标，并将目标定义为有概念的建筑"。

　　不过平心而论，若说埃森曼对与环境融合之事完全排斥，恐怕有失公允。上文中介绍的DAAP项目和加利西亚文化城、欧洲犹太人受害者纪念碑……其实都通过网格布局和造型呼应的手法而力图与环境融合。但其表现方式和观念表达的"高冷范儿"极易招致某些人的不满，当然也更吸引另一些人的关注。

　　尽管一直遭到方方面面的非议，彼得·埃森曼在国际先锋建筑学界中的地位却无人撼动。

场地精神的追逐者

阿尔瓦罗·西扎·维埃拉

Álvaro Siza Vieira，1933-

阿尔瓦罗·西扎·维埃拉（建筑师们常常只亲切地称呼其名字）是葡萄牙著名建筑师，他的作品具有强烈的一致性和丰富的思想。他的设计不仅限于建筑学科领域，还涉及绘画、雕塑、园林、景观、城市规划等诸多学科领域，其影响日趋广泛和深远。

　　西扎十分尊重建筑所处环境的特性，即所谓"场所精神"。他认为，新的建筑应该归属或融入该地区的传统。他曾写道："新因素的加入通常会与

图9-1　波尔图附近的海边泳池

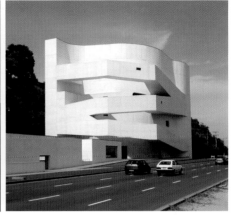

图9-2 马尔库德卡纳维斯的圣玛利亚教堂　　　　　　　　图9-3 巴西阿雷格里港的伊比利·卡马乔基金会博物馆

现有状况产生尖锐对立和剧烈碰撞……我们努力使'新'与'旧'发生千丝万缕的联系，使它们能和谐共处。"受到阿道夫·鲁斯（Adolf Loos，见附录21）等世纪初现代主义建筑大师们的影响，西扎的建筑也表现出摒弃装饰的倾向。他曾说："最使人不安的是建筑中的浪费现象，无论是用材还是用光。"所以，他力图用简洁的形式表现建筑内在的丰富性，这实质上是基于重视细部、重视建筑与人的亲和性基础之上的对建筑"简约"的追求。

西扎也反对忽视场地性格与建造过程的做法，认为场地建筑应被尊重并应延续本地的社会文化要义。他相信，建筑师的工作不是进行发明创造，而是通过建筑对社会文化进行诠释、延续和发展。他把建筑比作语言："必须明确，我们不能发明语言，就像我们不能发明生活方式一样。语言是逐渐演变、不断发展的，要适应现实生活、表达现实生活。"

生平简述

阿尔瓦罗·西扎出生于马托西纽什，这是临近葡萄牙波尔图市的一个沿海小镇。1955年，他毕业于波尔图大学美术学院（现为波尔图大学建筑学院）。他在1954年毕业前即已完成了自己的第一个建筑作品，也是在这一年，他在波尔图开创了自己的个人建筑设计事务所。1966-1969年，西扎在学校教书，1976年又回到了学校。后来，他成为哈佛大学设计研究生院，宾夕法尼亚大学、波哥大洛斯安第斯大学和瑞士洛桑联邦理工学院的客座教授。

西扎曾经这样描述他的最初的学习之路："我小时候就有一个梦想，想做一个雕塑家而不是建筑师。可是在当时的葡萄牙，雕塑家和艺术家是收入较少的职业，无法使家里的生活得到经济上的保障，因此父亲不让我当雕塑家。而我早就向往的波尔图美术学院（现为波尔图大学建筑学院）是巴黎美术学院系统的学校，该校有雕塑、绘画、建筑三个系。在同一年级中三个专业合班上课。当时，我考入的是雕塑专业。当我学到二年级时为了避免和父亲发生争吵，我便打算转入建筑专业。实际上通过三年的学习我已经非常喜欢建筑了。"从西扎自己的表述中不难发现，他的建筑生涯中洋溢着雕塑的氛围绝非偶然。

西扎和费尔南多·塔沃拉（Fernando Távora）都是波尔图大学建筑学院的指标性人物，两人都是这里的教师。两位建筑师在1955-1958年间曾一起工作。此外还有另一个合作建筑师艾德瓦尔多·苏托·德·莫拉（Eduardo Souto de Moura）。他们一起合作完成了1998年里斯本世界博览会的葡萄牙旗舰馆，2000年汉诺威德国世界博览会葡萄牙馆和2005年的蛇形馆。西扎的作品常被描述为"诗歌化的现代主义"；他还赞助出版了一本书，名为《路易斯·巴拉甘》，介绍墨西哥著名建筑师路易斯·巴拉甘（Luis Barragán，见附录39）的作品和思想。

在西扎的早期作品中，最为公众瞩目的是一个修建于20世纪60年代中期的公共游泳池及周边建筑（被称为海边泳池，图9-1/9-4/9-5/9-6）。此项目位于莱萨-达·帕尔梅拉，是波尔图北部的钓鱼小镇和避暑胜地。项目完成于1966年，两个游泳池（一个儿童泳池、一个成人泳池）、更衣室和咖啡馆被设置于天然岩层中，在此能一览无余地看到大海。1977年，随着葡萄牙的革命，埃武拉市政府委托西扎在城郊设计住宅。这是他为当地服务项目中的一个，此项目由全国住房协会主导，由1 200个低成本的住房单元组成，单层或者两层，都有院子，且成行布局。他还是重建希亚多区的团队成员之一，这里曾是里斯本的老城区的中心，可惜作品毁于1988年的大火。

他大多数最好的建筑都位于自己的家乡波尔图，包括波·诺瓦茶室（见后）、波尔图大学建筑学院（见后），塞拉维斯当代艺术博物馆（见后）。从20世纪70年代中期开始，西扎开始被邀请设计许多公共住宅和

图9-4/9-5/9-6 修建于20世纪60年代中期的海边泳池是西扎的早期作品

大学建筑等。1995-2009年，西扎一直与鲁道夫·芬斯特沃尔德（Rudolf Finsterwalder）合作，为赫姆布洛伊岛的建筑博物馆工作。后来，他开始协调修复位于佛得角一个岛上的古老村庄中的纪念碑和建筑遗产。

2014年7月，西扎宣布他将把自己绝大部分建筑文件捐献给位于蒙特利尔的加拿大建筑中心，目的是让这些材料"可与其他现代和当代建筑的作品相伴一处"，另外一些特殊项目的文件将捐给里斯本的古尔班基安基金会和波尔图的塞拉维斯基金会。

代表作品

波诺瓦茶室（Boa Nova Tea House/Leça da Palmeira）

波诺瓦茶室的设计方案是经从1956年市议会举办的一次竞赛中选出的，葡萄牙建筑师费尔南多·塔沃拉（Fernando Távora）最后胜出。当马托西纽什海滨悬崖上的建造地址被确定后，塔沃拉就把项目交给自己的学生和合作者阿尔瓦罗·西扎。这是西扎的最早一批建筑之一，餐厅位置距离建筑师长大的地方马托西纽什不远，因此他对这里的景观环境非常熟悉。20世纪60年代的葡萄牙，将建筑当作自然景观的一部分来处理的方式已成现实，在西扎1966年设计的海边泳池和这个项目中的位于大西洋边缘区的建筑景观也如此。为了达成最初的意图，建筑师必须对天气、潮汐、现有植物和岩石生态等有仔细分析，并理解建筑与街道和城市之间的关系。

整个建筑的体量与屋顶形式，如同是从满布岩石的海岬地段中生长出来；平面布局反映了建筑与地质结构相适应的处理方法；空间中多样的门窗开口设计，以不同的方式增强着室内与周边景观之间的联系；出挑很深的屋檐，把红木天花板延伸至室外，形成一个减弱当地强烈阳光的防护；加上覆

图9-7/9-8/9-9　波诺瓦茶室位于海边岩石上

盖暖红板瓦的单坡屋顶，木窗木板的装修，白色粉墙等源自地中海岸传统的建筑构造的运用……以上种种都无不体现了西扎对于葡萄牙乡土建筑传统的探求。

茶室建筑离主干道约300米，可从附近的一座公园、通过一系列平台和台阶而进入建筑。建筑的入口被一个很低的屋顶覆盖，场地中还有许多巨大的石头。这个建筑的长廊、弯弯曲曲的道路由白色石头铺就，旁边是绘有图画的混凝土墙，顺着这条路、海岸景观时而隐藏、时而出现，许多戏剧化的景观形象被依次展示出来。这个进入主景观的过程，非常类似于中国古典园林的造园手法。（图9-7/9-8/9-9）

朝西的餐厅和茶室被设置在岩石之上，由一个两层楼高的中庭和楼梯相连。主入口设在更高一层。厨房、储藏室和员工区在建筑物的后面是半沉式的，只有一扇狭窄的窗户。铺满彩色瓷砖的烟囱形似桅杆。建筑平面形似蝴蝶，两个主要空间都被美丽的海湾景色所环绕，外墙沿着自然地形而延伸。茶室房间有大窗户，居于裸露的混凝土基础之上；而餐厅是全玻璃幕墙的，室外有一个高台。在两个房间里，窗框都可以滑至地板以下，把长长的屋顶屋檐与天花板连在一起。这在夏天创造了一个惊人的效果，人们可以从餐厅直接走到海边，此时会让人产生错觉，仿佛建筑物已经消失了。

波尔图大学建筑学院（Faculty of Architecture of the University of Porto）

波尔图大学建筑学院是波尔图大学的14个学院之一。虽然波尔图大学的建筑课程植根于美术学院，但建筑学院也已独立20余年了。在这些年月中，现代主义运动在建筑学院兴起，以"波尔图学院派"的名称而广为人知，获得了其在全国，甚至世界的名望。建筑学院有两位非常杰出的校友，都获得了普里茨克建筑奖，他们是阿尔瓦罗·西扎和艾德瓦尔多·苏托·德·莫拉（Eduardo Souto de Moura）。

波尔图大学在本市为建筑学院另寻了一块土地建造新大楼。阿尔瓦罗·西扎被委托为新独立的建筑学院做建筑设计，这座新学院于1992年完工。（图9-10/9-11）

图9-10/9-11 波
尔图大学建筑学院

　　波尔图大学建筑学院位于一块三角形地块的西北角。整个建筑分为两翼，中间为一个带有花园的天井。建筑较矮的一侧正面朝向杜埃洛河，分为五栋小楼，其中四栋为五层高的相同样式建筑，作为办公室和教室使用。一个单层走廊连接起所有的小楼，整个综合建筑由地下通道相连建成。另一侧是包括行政管理办公室、一个展览室、大小不同的礼堂及一个图书馆。图书馆是整个综合建筑中最为庄严和壮观的部分。阅览室最独特的地方在于它有一个呈透明龙骨样式的大天窗，天窗照亮整个二层楼高的放满书架的阅览室。

加里西亚当代艺术中心（Galician Center for Contemporary Art）

　　当代艺术中心建设场地的东北向是一座依山而建的修道院，西南向散

图9-12/9-13 加利
西亚当代艺术中心与
周边环境彼此融合

落着城市住宅，西侧是一个地形起伏错落的公园，东侧紧邻着波那瓦公墓。西扎将建筑东侧外墙略微退后，与波那瓦公墓之间让出一定的空间；西侧则与城市街道紧邻。在两个长方形建筑的错动下，形成了若干个楔形空间，这与公园的曲折地形形成了呼应。内部流线也取曲折之态，最后汇聚于屋顶平台。这里可以展览雕塑作品，同时也可以眺望修道院和全城的景象。建筑外墙采用淡黄色花岗石，新材料的运用标志着新建筑的与众不同；另一方面，又唤起了人们对当地比比皆是的城市建筑的联想。

圣玛利亚教堂（Church of Santa Maria）

马尔库德卡纳维斯是波尔图地区的一个城市，位于葡萄牙北部。这里是卡门·米兰达（Carmen　Miranda）[1]的诞生地。极简主义在圣玛利亚教堂设计中更是表现得淋漓尽致。（图9-2/9-14/9-15）教堂的入口凹陷于两个高耸的简洁建筑体之间，超高尺度的门扇使得身临其境的人们顿时感受到了教堂的庄严肃穆；教堂的精神性集中体现于室内的用光，一侧的墙体呈弧形突出，倾斜地伸向圣徒们的头顶上方，而紧靠着天棚的三个大窗，则将圣洁而神秘的光线也由此从头顶播撒下来——这使人容易联想到勒·柯布西耶（Le Corbusier，见附录29）的名作朗香教堂（图9-16），它同样也采用了厚重墙体的塑性来操作光线——这面厚重的墙体使光线显得遥远而圣洁。这是传统

图9-14/9-15/9-16
圣玛利亚教堂的确与朗香教堂有相似之处

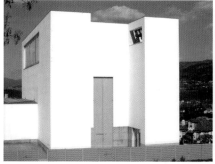

---

① 　卡门·米兰达（Carmen Miranda）出生于葡萄牙，幼年移居巴西，在巴西时曾是著名的歌星，1933年登上银幕，20世纪40年代初前往百老汇，后以卓越的歌舞才艺活跃于好莱坞。1955年突然患心脏病去世，遗体运回巴西，巴西为她举行了国葬。

的教堂模式，但其造型却是现代手法。

塞拉维斯当代艺术博物馆（Serralves Museum of Contemporary Art）

1991年3月，塞拉维斯基金会与阿尔瓦罗·西扎签署了一份协议，聘请他为博物馆做设计。项目所在地在20世纪30年代曾是一座私人宅邸，博物馆用地是塞拉维斯地产范围内的一块菜地。因为博物馆是基金会藏品的主要展示空间，且周边地块也由基金会所有，所以西扎的设计被要求除满足博物馆的建设常规外，还必须让建筑与周边景观融为一体。

1999年建筑落成时，共有1.3万平方米，包括一个当代艺术博物馆、一个公园、一座别墅，分别是当代建筑、现代主义建筑和装饰风格建筑的代表作品；2000年又增建了一个报告厅。自1999年博物馆举行开幕式以来，共有来自葡萄牙各地及全世界的共460万人来此参观。这使得塞拉维斯基金会成为葡萄牙博物馆基金会中的翘楚。塞拉维斯当代艺术博物馆也因此成为葡萄牙最负盛名的博物馆，室内展品通过与国际著名机构的合作而获得，让葡萄牙艺术家和外国艺术家的作品都有很好的展示环境。

整个建筑平面呈南北向的矩形，中心位置被一个天井庭院分为两翼，由此形成了一个U形结构，后来的加建部分和主建筑又形成了第二个天井庭院，最终整个建筑形成了L形结构。

博物馆展览和存储房间的艺术作品在第一至三层都有分布。最上层安排有咖啡厅和餐厅，有休憩空间和多功能厅，入口层有展览空间、书店，最底层有图书馆和报告厅。博物馆入口处设有接待区、衣帽间和信息查询区。紧邻接待台区的是一个方形中厅，经过这里就能进入各个空间。

在西扎设计的大多数建筑中，家具和配件也由建筑师设计，包括照明灯具、扶手、门把手和标识系统等。建筑的内装修材料包括硬木地板、石膏墙画和大理石踢脚板，休息室和一些潮湿空间中使用了大理石地板，饰面材料是石头和灰泥。

在这里，建筑并没有突出自己，而是注重与周围环境的融合。建筑师致力于让新建筑与原有景物相和谐，以减小新建筑的巨大体量。一条大致呈南

图9-17/9-18/9-19/9-20/9-21/9-22/9-23/9-24/9-25 塞拉维斯当代艺术博物馆的空间布局和游赏体验很容易让人联系起"移步换景"四个字

北方向的轴线成了这个工程的框架，这条轴线与现存的从前菜园中的路径一致。在建筑体型上，从主体建筑的南侧伸出不对称的两翼，在它们之间形成了一个庭院，而在北侧则由一个L形的体量和主体形成了另一个入口庭院。建筑外墙的顶部保持着一条连续的水平线，而底部则随着地形的轮廓由北到南下降了9米，这是与基地5.3%的坡度相对应的。

同时，为了达到与环境的进一步协调，这座新建筑的周围将开发一块融入原有景观的新的花园，将新建筑植入周围的自然环境之中。这项覆盖大约3公顷的景观工程，将保存基地中最珍贵的植物，只有不能放在建筑中的技术设备才被放置于该花园中。此工程包括容纳100个停车位的两层地下停车库。这些设施是服务于管理者、业主、贵宾和全体职员的。某些场合也会对外开放。

从这座建筑可以看出西扎的大多数建筑的一个造型特点：它们往往呈现出复杂雕塑有机形态。由于复杂的地形环境和城市肌理的影响，西扎的建筑在平面上往往不是简单的几何形，诸如矩形、圆形、三角形等，而是这些简单的几何形和连续的折线、有机曲线的综合——有点类似阿尔瓦·阿尔托（Hugo Alvar Henrik Aalto，见附录34）的建筑——而在三维尺度上其变化就更为丰富。按照参观游赏路线，空间的趣味性和情感体验将更丰富。

入口在基地北侧的一角（这里比较接近公路）。西扎对于入口经常采取这样的处理：尽管通道和入口十分明确，却通常是采取间接的方式才能到达。入口旁边设有一个接待室，一个信息台和衣帽间。沿着入口庭院长长的有遮阴的西面走廊走过去，穿过讲堂，便到达了门厅，在这里将人引入建筑主体的一角。从这里，你慢慢地被中心的光亮所吸引，这就是具有顶光的中心大厅。（再一次，这种处理手法很类似于中国古典园林入口处的处理方式！）

大厅采用双层天光采光，处于确定这座建筑的横向和纵向轴线的交汇处。这个空间以及邻近房间在开洞视觉上将这种轴对称性向外延伸到了所有主要的方向。除了作为几何上的中心，从大厅这里公众能到达博物馆的各种设施：入口层是展室、书店、礼品店；上面一层是自助餐厅和休息厅，下面一层则是图书馆和会堂。这里，大厅本质上的对称性逐渐显现出来。例如，为了到达第二层的咖啡厅和多功能厅，建筑采用了一个在大厅南墙中部开始的对称式的折板楼梯，然而，西面的折板被遮挡起来，以至于仿佛人通过一面墙走入一样。这样，人们的注意力则被集中于左手边的楼梯，以及向下通向图书馆休息厅的阶梯。建筑的内部采取一种轻松的几乎古典式的布局，这在某种程度上受到了原有建筑的影响。与早期的现代主义建筑不同，在这里我们可以看到建筑对于周围环境的尊重和为与之协调所作出的努力。

人们通过一个楼梯之间的入口到达主要的展室（和主入口处于同一层）。在博物馆室内，我们可以看到坡道、连续水平长窗的运用。事实上，这些也是西扎的作品中惯用的手法。在这里我们可以看到现代主义建筑大师勒·柯布西耶对西扎的影响。

展览空间被分割成几个不同尺度、比例、光线以及开有不同洞口的房间。这些房间被一条巨大的U形走廊连接起来。展览空间占据了入口层的大部分面积，在一翼还延伸到了地下一层。连接展室的门可以组成不同的参观路线，或组织单独的展览。展厅内部大部分的采光，都是自然光线通过天窗照射到悬浮的天花板上，这样光线又被反射到墙的顶端，经过多次反射，空间中就充满了柔和的自然光线。

思想传承

1932年以后，葡萄牙处于萨拉查的法西斯主义政权统治之下。萨拉查政权在其统治的前几年从风格和主题上都接受了现代主义，支持葡萄牙现代建筑的发展。然而1935年之后，人们逐渐认识到萨拉查政权文化政策的反动性质。由于对当时第三帝国的崇拜，在这一时期相继出现了一系列折中主义的模仿性作品和许多极为低能滞后的设计。这种状况引起了一些建筑师的强烈不满。1947年，爆发了关于葡萄牙建筑形式问题的辩论，对于在多样性中寻求对葡萄牙本土特殊性的重要阐释成了当时建筑师们的急切需求。

当西扎真正开始建筑学专业学习时（1952年），塔沃拉是西扎的老师。塔沃拉和他的同事通过对玛托西诺斯地区的调查和研究，深入了解了葡萄牙当地的乡土建筑，在葡萄牙现代建筑地方性的发展过程中起到了至关重要的作用。塔沃拉坚信，现代葡萄牙建筑的发展存在"第三条道路"，既不盲目排外也不绝对国际化，而是将现代性与地方性相结合。正是通过以非正式的讨论为基础的学习，西扎对于建筑产生了初步的认识，也逐渐了解并接受了塔沃拉的地方性传统与现代主义相结合的建筑道路和"建筑为人服务"的人本主义思想，从而奠定了自己一生建筑设计实践的基点。

1955-1958年，西扎在塔沃拉事务所工作，在塔沃拉的指导和引领下，他深入研究了葡萄牙当地的乡土建筑，系统了解了传统建筑的建筑形式建构方式、材料运用及环境处理方式。葡萄牙乡土建筑的固有传统中的实际经验——矮墙、伸展的平台、坡道之于地形的广泛适应性对西扎巧妙处理特定地形的方式具有决定性的影响。西扎的建筑作品洋溢着地方性建筑所特有的真实感及朴素感。而且他还努力将现代建筑技术与传统手工艺相结合，注重于传统的建筑材料（白色石灰抹灰、木材、铁等）的价值的再利用，从而从建筑的形式语言、建筑与环境的关系、建造技术等各方面走出了一条地方主义与现代主义相结合的建筑设计道路。

后现代主义在建筑学中包含的范围很广。建筑理论家肯尼思·弗兰普顿（Kenneth Frampton，见附录65）结合现象学理论，提出了批判的地域主义理论。他认为，传统建筑，特别是民俗建筑是针对特定地点而发展出来的建筑体系，具有功能结构和形式上的合理性，因此不能够简单地否定地方风格，因为地方风格是依地点、具体的地理情况和人文情况发展起来的。后现代主义中有部分人重视民俗建筑就是出于这个理论的考虑。

西扎还多次表示他的建筑与阿尔瓦·阿尔托设计的建筑具有天然的联系，不论在建筑观念还是在具体的建筑处理手法上，都如此。芬兰建筑大师阿尔瓦·阿尔托代表了与经典现代主义不同的方向，在强调功能、民主化的同时，更加注重人们心理需求，探索出了一条深具人文色彩的设计道路，奠定了现代斯堪的纳维亚设计风格的理论基础。他强调有机形态与功能主义、现代材料与传统材料、经典现代主义建筑美学与地方特色相结合的原则，使他的现代建筑具有与众不同的亲和力和人情味，也使其成为举足轻重的现代建筑大师。

西扎的建筑思想可以说是在地域上对现代主义的一种修正。肯尼思·弗兰普顿在《批判的地域主义：现代建筑与文化认同》一文中说道："……他（西扎）以阿尔托为自己的出发点，把他的建筑奠基在每一个特殊地形轮廓和地方肌理的精细质感之中。为此，他的作品都深刻地反映了波尔图地区的城市、土地和海景。另一重要因素是他对地方材料、手工艺品和阳光的微妙特征的偏爱，但是这种偏爱并没有使他放弃理性和现代技术而感情用事。……西扎的所有建筑都是精心地放置在其场地的地形之中。很明显，他的手法是触觉性和构筑性的，而不是视觉性和图案性的。"

小结

西扎的建筑艺术强调因地制宜，对于场地文脉的独特理解和表现形式，逐渐成为备受人们关注的焦点。在西扎的建筑作品中，往往是以地理学立场在场地风景中引入简单的几何学，以地区建筑的表现手法、形态方言和极少的几种惯用材料，创造出宁静、雕塑性的形态美学巧妙地楔入环境，以平实而生动的建筑形象和整体而丰富的建筑空间准确地诠释场所，求得建筑与自然、建筑与城市的微妙的均衡，进而反映现实生活，并支持现实生活。

从某种意义上讲，现代主义建筑风格和城市规划的失败，就在于对城市文脉的缺乏理解。过分强调了建筑本身，而忽视了建筑之间的联系。在现实设计中，不少建筑师把建筑设计当成自我表现的工具，这种不顾环境、不顾历史的做法，给城市带来损害。西扎建筑的突出特征是重视与地方文脉的结合，重视空间的变化，重视流线、视线的利用。

阿尔瓦罗·西扎是伴随着他的祖国葡萄牙从封闭走向开放而成长起来的建筑师。他的主要思想与理念，成形于20世纪50年代。战后的葡萄牙与芬兰存在着惊人的相似，建筑物质资源、现代生产运输方式严重匮乏，对于以前的建筑风格广泛质疑，本土的当代建筑的发展道路也存在着迷惘和困惑。随着国门的逐渐打开，葡萄牙在政治、经济、科技等各方面与世界的差距，对其建筑发展产生了强烈刺激力；而与此同时，那些根植于本土传统的文化诉求，在与全球化抑或是现代化浪潮的相互激荡中，更表达出前所未有的特色。

正是在上述时代背景之下，西扎早期建筑作品表现出对源于"地方"与"乡土"的形式敏锐，通过致力于用现代的手法演绎葡萄牙传统，西扎发展了他独特的空间技巧和建筑语言，为他随后的建筑创作积淀了力量。阿尔托的建筑作品无疑为此时的西扎及其他葡萄牙建筑师提供了一个可资借鉴的范例，指出了一条实际可行的道路——地方性传统与现代主义相结合的道路。

在吸收了现代主义建筑精髓的前提下，西扎的设计根植于葡萄牙本土的文化背景，着眼于对建筑本体问题（建筑与基地的关系、空间与使用、光线、材料与细部等）的冷静思考，从而开发出一种自然而真实的地区性建筑语言，创造出独特的建筑形象。1992年，西扎获得了"建筑界的最高荣誉"普利兹克建筑奖，从而得到了广泛的承认和关注，也开创了自身建筑事业的新的高峰。

西扎的建筑作品一贯展现出宁静的、雕塑造型的形态美学，散发出一种令人无法抗拒的吸引力。曾有评论家表示，从照片即能感受到西扎所设计的建筑物的立体感。确实，西扎的不少建筑随着地形起伏并与特定基地或自然特征的融合，流露出其特有的静谧感和雕塑感。

在中国建筑师眼中，西扎已经聪明地把几点看来矛盾的元素，极好地整合进了自己的作品中：（1）若仅从外表看，西扎的作品大多带有经典现代主义的造型特征，当然这种选择可能也与本地民居建筑的传统造型有关；（2）其作品又很好地体现了与本地环境和周边文化的交融，如塞拉维斯现代艺术博物馆；（3）为更好地满足使用要求又能与周边环境相融合，他选择了更多样宽松随机的空间连接和塑型，甚至应用了许多类似于中国园林手法的设计方式，如波诺瓦茶室的庭院入口和塞拉维斯当代艺术博物馆的建筑入口等。——利用所谓现代主义的造型，营造出后现代主义的空间，或许正是西扎的过人之处。

异类与典型

迈克尔·格雷夫斯

Michael Graves，1934–2015

现代设计教育熏陶下的正统建筑师和评论家们，都把空间看成是造就建筑美最重要的元素，也把对空间的掌控能力当做评价建筑师水平高下的重要标准——也许是最重要的。格雷夫斯曾因被认为不谙此道而难以一展所长，只得"纸上谈兵"。然而他的职业生涯如此具有戏剧性，谁曾想到补偿他那黯淡的20世纪70年代的是1980年以后的大放异彩。从其他建筑师的生涯可知，他们与后现代主义之间的关系更像是漫长旅途中的同行者，格雷夫斯却是"为你而生"的……后现代主义大行其道之时，格雷夫斯对几乎所有设计领域均有涉猎，他的许多作品都成为"后现代主义"设计的经典甚至标签。

迈克尔·格雷夫斯是"纽约五人组"的成员，也是意大利米兰的"孟菲斯小组"①的成员。他的许多建筑作品都体量巨大，最具影响力的便是波特兰大厦（见后）和丹佛公共图书馆（见后）。格雷夫斯为意大利家居用品制造商阿莱西（Alessi）设计的系列产品使其社会知名度不断提升。此后他还为美国的塔吉特百货公司（Target）和杰西潘尼公司（J. C. Penney）设计了一些价格较低的产品。

图10-1　格雷夫斯的成名作波特兰大厦

① 孟菲斯小组（Memphis Group），1981年创立于米兰的一个设计师和建筑师的联盟，创立者为意大利建筑师埃托·索特萨斯（Ettore Sottsass）。1981–1987年，这个团体创作了许多后现代家具、纺织品、陶瓷、玻璃和金属等作品，且常与塑料材质混用。"孟菲斯"的设计都尽力去表现各种富于个性化的文化内涵，从天真滑稽直到怪诞、离奇等不同情趣；在色彩上常常故意打破配色规律，喜欢用一些明快、风趣、彩度高的明亮色调，特别是粉红、粉绿等艳俗的色彩。孟菲斯派对世界范围的设计界影响较为广泛，在产品设计、商品包装、服装设计等方面尤甚。索特萨斯认为，设计就是设计一种生活方式，因而设计没有确定性，只有可能性；没有永恒，只有瞬间。

图10-2　格雷夫斯设计的天鹅酒店极具个人特征和
迪士尼世界的魔幻色彩

图10-3　丹佛公共图书馆的建成说明格雷夫斯的风
格也能为公共文化类建筑所接受

格雷夫斯被认定为"新都市主义""新古典主义"和"后现代主义"建筑师，其作品对这三种设计运动都有深远影响。

生平简述

迈克尔·格雷夫斯1943年出生于美国印第安纳州的印第安纳波利斯。1958年，他在辛辛那提大学获得建筑学学士学位并成为兄弟会成员；1959年，获得哈佛大学设计研究院的硕士学位；1960年，赢得罗马奖学金，并在随后两年中在意大利罗马的美国学院学习。

格雷夫斯1962年回到美国后就一直在普林斯顿大学任教，1972年成为该校教授，同时他也在加利福尼亚大学任教；1964年，他又在此地成立了设计事务所（Michael Graves & Associates）。自那时起，他的生活和工作重心一直在新泽西普林斯顿和纽约两地，从未离开。

自2003年起，格雷夫斯因脊髓感染导致腰部麻痹而不得不依靠轮椅，但仍未停止创作。2015年春季，他在普林斯顿的家中去世，享年80岁。

格雷夫斯的创作轨迹，就是一个从现代主义不断转向后现代主义和新都市主义的过程。波特兰大厦是他的标签式作品，也是后现代建筑的"标签"之一，有时甚至被看作是后现代建筑的第一座重要建筑。

"纽约五人组"

1962年，格雷夫斯应聘到普林斯顿大学执教时只有28岁，此时彼得·埃森曼（Peter Eisenman，见本书第8章）也被普林斯顿聘来任教。二人是好朋友，此前在罗马时已认识。埃森曼从罗马回美后便在柯林·罗（Colin Rowe，见附录52）手下研究意大利理性主义理论。于是格雷夫斯也与罗相识，二人都受到罗的很大影响。年轻的格雷夫斯和埃森曼合伙参加了一系列设计竞赛，并赢得了一份10万美元的规划研究项目资助款，于是他们用这笔钱请来了一批著名学者来普林斯顿作访问教授，其中还包括肯尼思·弗兰普顿（Kenneth Frampton，见附录65）。这些大师的相继到访终于惊动了大学校长，他亲自约见了两位年轻的教师/建筑师。直至此时，格雷夫斯才知道原来校长也毕业于罗马的美国学院，当然年纪比他们大得多。

20世纪60年代的美国处于社会大变革中，年轻人开始奉行一套与其父辈截然不同的价值观，学生们常参加一些政治抗议活动，尤其反对越战和任何形式的战争。在这十年间，发生了一系列改变美国甚至世界历史和文化观念的事情，如人权运动、性解放、嬉皮士、反文化运动、猪湾事件和美古导弹危机、美国出兵多米尼加、肯尼迪总统遇刺、马丁·路德·金遇刺、1968年的"五月风暴"、1969年的"阿波罗"登月……

与风风火火的时代运动相比，当时美国建筑界仍固守所谓的正统观念，建筑界的整体气氛沉闷压抑。格雷夫斯和埃森曼二人对现状极为不满，于是他们通过聚会的方式，吸引了二三十位建筑师和评论家一起讨论建筑问题。正是这一过程孕育了后来的"纽约五人组"（New York Five）。这个小组的成立纯属偶然：1969年，时任纽约现代博物馆的馆长德雷克斯勒和柯林·罗正在试图对近现代建筑进行重新深入研究，而这些年轻的建筑师对柯布西耶二三十年代的白色住宅很感兴趣。之后，他们在1972年出版了《五位建筑师》（*Five Architects*），1975年牛津大学出版社再版，影响更大。

这五位建筑师试图效忠于一种纯粹的现代主义建筑形式，这是他们研究20世纪20-30年代柯布西耶作品的重要原因，然而仔细分析他们的作品会发现，他们每个人的理解和设计手法都非常不同。将其称为"××组"其实是为了更好地应对社会和学术环境，据说这还得益于菲利普·约翰逊（Philip

Johnson，见本书第1章）的指导。

此后，事情又有了戏剧性的变化。在1973年5月的建筑师论坛上，他们的书引发了强烈的指责，于是两拨儿建筑师的论文分别被收录进了论文集《五对五》（*Five on Five*）。论战的一方是被约翰逊认可的五位建筑师，另一方的五位建筑师分别是罗马尔多·朱尔格拉（Romaldo Giurgola，见附录54）、艾伦·格林伯格（Allan Greenberg，见附录75）、查尔斯·摩尔（CharlesMoore，见本书第3章）、杰奎琳·T.罗伯逊（JaquelinT.Robertson）和罗伯特·亚瑟·莫尔顿·斯特恩（Robert Arthur Morton Stern，见附录79）。这些人后来被称为"灰色五人组"，用来区分（或者对抗）格雷夫斯及其伙伴们的"白色五人组"。"灰色组"认为"白色组"主张的纯粹的现代主义美学将导致建筑师们对实际场地的具体情况、空间功能需求和使用者日常生活的漠视。"灰色组"的观点获得了费城建筑师罗伯特·文丘里（Robert Venturi，见本书第2章）的认可，并引发了人们对本土建筑、新古典主义建筑和后现代主义的研究兴趣。

这次发生在美国建筑界中的论战，值得今天中国建筑界和设计界仔细研究。正是经历了这一过程，美国建筑师群体在精神上渐趋独立，最终摆脱了欧洲观念的影响。自此以后的美国建筑设计界呈现了风格多样、异彩纷呈的态势。经历了这一阶段，美国建筑界方且成为众多最新建筑思想和建筑设计成果的"原产地"，而改革开放之后的中国建筑界其实首先看到的就是经过此次思想洗礼过后的"美国版"的建筑史和设计哲学。后来的各种建筑思想和流派（如后现代主义、新都市主义、解构主义等）的出现和繁荣，都得益于这一时期由建筑师、教授、学者、艺术策展人、文化编辑等共同"演绎"的文化事件。

五人组成员之后的职业经历，或许是我们观察这一时期美国建筑发展的窗口：（1）约翰·海杜克（John Quentin Hejduk，见附录64）是五人中的最年长者，也被认为是五人中的大学问家，他描绘了美国建筑发展的蓝图。自20世纪50年代中期起，他以诗人和理论家的身份从事工作。（2）查尔斯·格瓦德梅（Charles Gwathmey，见附录74）以多产的设计成就而闻名，当然其合伙人罗伯特·西格尔（Robert Siegel）在此间也功不可没。应强调的是，格瓦德梅的作品保留了纯粹的现代主义风格。（3）理查德·迈耶（Richard Meier，见本书第11章）也是多产的建筑师，而他的创作过程就是从"五人组"的起点开始持续改进，追求更加纯粹的形式；所以可以说迈耶的建筑保留了最为纯粹的现代主义美学，可被称为"新柯布西耶"风格。（4）彼得·埃森曼（Peter Eisenman，见本书第8章）是五人中最能自如地游走在设计实践和理论表述间的建筑师。不过他的这个做法也招致反感，并常被归类于"解构主义"。（5）格雷夫斯则彻底叛离了五人组最初追求的"现代主义"。他最早否认了自己与其他四人的关系，之后他成为著名的"后现代主义"建筑师。回过头来看，他的作品趣味更接近于当年的"灰色组"。

有趣的是，20世纪70年代晚期至20世纪80年代早期，"白色五人组"的彼得·埃森曼和"灰色五人组"的杰奎琳·T.罗伯逊还成了合伙人，虽然他们二人的设计委托工作是分开进行的。

代表作品

斯奈德曼住宅（Snyderman House）

斯奈德曼住宅是一个壮观的、众所周知的家庭住宅，位于印第安纳州的韦恩堡。1972年，由迈克尔·格雷夫斯为斯奈德曼夫妇——桑福德和乔伊设计。作为晚期现代主义的"巡回演出"，斯奈德曼住宅在建筑界和大众媒体中都享有很高声誉，这是格雷夫斯富有想象力和复杂工作的极好例子。它是印第安纳州哥伦布市的现代主义建筑的象征，格雷夫斯后来的汗塞尔曼住宅与之一脉相承。

1980年，马丁·富勒在格雷夫斯的作品概览中写道："斯奈德曼住宅位于迈克尔·格雷夫斯职业生涯的中心。这是他迄今为止完成的最大的建筑，但其意义并不在于大小。这是过渡时期的工作，建筑中的过渡性作品比其他艺术形式要难得多，这是因为建筑艺术品花费了如此长的时间才产生的。斯奈德曼住宅设计始于1972年，五年后方竣工，跨越了迈克尔·格雷夫斯建筑创作的两个阶段。这座房子是白色的，外部框架看起来像个笼子，这是格雷夫斯的第一个典型风格建筑。纯粹的灰色的墙面，起伏的立面——相对小

图10-4 非常遗憾，斯奈德曼住宅在2002年被烧毁

面积的玻璃，这一切更是他目前的项目特点。在这个立体主义的建筑中，较大的空间体量和较小面积的大片玻璃，纯粹的灰色墙面和起伏的赤土色立面，所有这些都是格雷夫斯建筑风格的典型语言。这是格雷夫斯的早期作品，他后来的作品仿佛都被困在里面了，一直在挣扎摆脱束缚。从格雷夫斯作品的形式和色彩中，我们都可以看到其他建筑师的影响，如其早期作品受到约翰·海杜克的影响，后来又受到其他建筑师的影响（如理查德·迈耶1975年建造的新哈莫尼镇"神庙"——访客中心）。这些都更确保了斯奈德曼住宅成为20世纪70年代的重要建筑作品。"

事实上，格雷夫斯在设计斯奈德曼住宅时，还属"白色五人组"的成员。这一时期的他尚未准确找到适合自己的艺术语言。不过，这座大胆着色的斯奈德曼住宅已经预示着格雷夫斯正在远离他的早期生涯中对现代主义的片面理解，此时他仍被看作是"纽约五人组"中的成员之一。格雷夫斯在斯奈德曼住宅之后迅速发展出了一种更具标志性的建筑式样，通过有意识地在历史和文化建筑中寻找与现代建筑元素的相似之处，进而发展出一种在两者间建立联系的设计手法。

不幸的是，2002年7月30日，斯奈德曼住宅被烧毁了，怀疑是人为纵火。斯奈德曼夫妇在此居住了25年以后，在1999年将其卖给了当地的土地开发商约瑟夫·沙利文和威廉·斯威夫特，他们本来就计划要将这座建筑拆掉，用以发展一个更大的地产项目。韦恩堡政府官员在当地保护团体的压力下阻止了开发，一个非营利组织试图从开发商那里筹集资金购买房屋和周围土地，事情一直议而不决，开发商便听任建筑日渐荒废。2002年，那场诡异的大火最终使这座难得的"过渡性作品"化为灰烬，也为开发项目扫清了障碍。（图10-4）

波特兰大厦（Portland Building）

波特兰市政厅大厦简称波特兰大厦，位于俄勒冈州波特兰市西南第五大道1120号，是一座15层高的市政办公楼。这座建筑紧邻波特兰市政厅，于1982年正式投入使用，共耗资2 900万美元。波特兰大厦刚一落成即被认为是建筑史上独具开创性的一座建筑，2011年它被列入美国"国家史迹名录"。（图10-1/10-5/10-6）

波特兰大厦给人的第一印象既不像充斥世界的冷冰冰的火柴盒式现代建筑，也不同于法国凡尔赛宫那样繁琐的古典主义建筑。它的平面方正，并进行了多种的立面划分，配以色彩和装饰。建筑的底部是三层厚实的基座，其上12层高的主体，大面积的墙面是象牙白的色泽，上面开着深蓝色的方窗。正立面中央第11-14层是一个巨大的楔形，楔形之下是镶着蓝色镜面玻璃的巨大墙面，玻璃上的棕红色竖条纹形成某种超常尺度的柱子的意象。柱子之上，正面是一对凸出于建筑表面的一层楼高的装饰构件，而在两侧的柱头之上则是一横条亮丽的深蓝色装饰。

波特兰大厦使用各种表面材料和颜色、小窗户，包括极为突出的繁复装饰，恰与当时常见的普通办公楼形式形成鲜明对比，这使之成为后现代建筑的一个典型符号。这是第一座主要的后现代建筑，在菲利普·约翰逊设计的电报电话大楼竣工之前投入使用。它的设计被描述为对20世纪初建立起来的现代主义设计原则的拒绝。格雷夫斯的设计是在一个大型设计比赛中被选出的，约翰逊是这个评选委员会的三名成员之一①。

图10-5/10-6　波特兰大厦室外环境和室内大厅

---

① 据说，在约翰逊把建筑师贡纳·伯克茨从建筑师清单中去掉后，格雷夫斯才被加入竞赛建筑师名单中。而伯克茨被去掉的原因是他的设计后现代意味不够。伯克茨后来设计了底特律艺术学院南翼的加建部分，但2007年，这一建筑又被格雷夫斯重新设计了。

当时的波特兰市市长弗兰克·伊万西和许多人一样，都认为被普遍应用在大型办公建筑的现代主义风格已经开始使一些美国城市的市区景观非常"无聊"，很难让他们的新大楼脱颖而出。建筑师领域的反应则颇为复杂：许多人批评这个设计，而另一些人则欣然接受。建筑大师菲利普·约翰逊高度赞扬这个设计，认为它大胆采用各种古典装饰，特别是广泛采用古典主义基本设计语汇，使大楼的设计得以摆脱国际主义的一元化限制。

除了风格问题外，建筑完工后不久就出现了许多结构性缺陷。这座建筑的缺点是在那里工作的公务员们通过幽默诙谐的语言表达出来的：他们认为这座建筑造价太过低廉因此难以在此工作。1990年，建筑完成后仅八年，大堂和食堂就需要改造了。2005年，俄勒冈大学提出要在此进行一项试验：为西北地区测试阔叶林区建筑的吸水能力。新建的屋顶有助于建筑物保温隔热和有效利用雨水和径流排出。2006年起，波特兰大厦的屋顶被改造为"绿色屋顶"。

波特兰大厦遭受着大量的水渗漏和结构问题。2014年，一些城市专员表示应该将其拆除，他们中还有一人称之为"白象"，不过每次都至少有一名专员反对这一提议。迈克尔·格雷夫斯强烈反对拆除。2015年，市政府还考虑再花费1.75亿美元全面整修这座大楼。2016年7月，整修改造计划终于得以推进，市议会选择了一个承包商并设定了最高1.4亿美元的造价额度。但这笔费用中并不包括非建设费用，如整修期间为1 300名政府公务员另外租赁办公空间等，预计这笔费用高达5 500万美元。

虽然被看作是第一座重要的后现代建筑，波特兰大厦的后现代设计手法其实并不如格雷夫斯后来的许多建筑那么游刃有余。从许多角度看上去，它都更像是给一座毫无特色的、方方正正的国际风格建筑包上了一层漂亮的包装纸。然而在后现代语汇中，"包装纸"的形容既是明喻也是暗喻。后现代建筑作品和理念的传播，在极大程度上依赖国际传播——书籍、杂志、电视，后来是互联网……另一方面，后现代建筑盛行之时，也正是全球化时代来临之际。——它们可能互为因果或互为表里。无论如何，自从波特兰大厦问世以来，建筑的"平面形象"（便于传播）已经变得比"空间体验"（较为难得）更重要，于是建筑设计正渐渐地从空间的艺术转化为传播学艺术。

这一点恐怕是约翰逊和格雷夫斯都始料未及的。

胡玛纳公司大楼（Humana Building）

胡玛纳大楼是胡玛纳公司的总部所在地，建于1985年，位于肯塔基州路易斯维尔市的西大街上。这座26层高的办公楼因其典型的后现代风格而闻名。建筑于1982年10月动工，1985年5月竣工。（图10-7/10-8/10-9）

胡玛纳大楼顶部的几层楼都有一个倾斜的金字塔样式，但每一个面的金字塔各有不同。这个造型被当地人形象地称为"牛奶盒"。建筑外部的粉红色花岗岩也令人印象深刻。北立面的凉廊为向老街区的建筑致敬而设置，与原来主大街上的店面非常协调。凉廊露天的部分还有一个巨大的喷泉。1987年，美国建筑师协会授予胡玛纳公司大楼国家荣誉奖，《时代》杂志把它列为20世纪80年代最好的十座建筑之一。

图10-7/10-8/10-9　胡玛纳公司大楼四个方向立面各不相同，看上去像个"牛奶盒"

伯班克迪士尼大厦（Team Disney Building）

美国至少有四座建筑（其他国家有两座）都冠以"迪士尼团队"的名称。每一座建筑都是迪士尼公司重要部门的行政总部所在地。

自1991年以来，位于加利福尼亚伯班克市的迪士尼团队大楼被迪士尼总部所占据。董事会主席兼首席执行官鲍勃·伊格尔和他手下的几位公司高级官员均在此办公。建筑位于伯班克迪士尼工作室园区的西侧角落，阿拉米达大街西侧和布埃纳维斯塔街南侧的交角处。2006年1月，它被正式更名为"迈克尔·艾斯纳大厦"，以纪念公司的前首席执行官迈克尔·艾斯纳。

图10-10/10-11 伯班克迪士尼大
厦正立面上七个小矮人的装饰，很
容易让人联想到雅典卫城上伊瑞克
提翁神庙的女神像

　　迈克尔·格雷夫斯的设计灵感来自迪士尼的早期动画片
《白雪公主》，他选取七个小矮人的形象用在建筑立面上，这
是其最具识别性的特点。大楼前面的"迪士尼传奇广场"中收
藏了许多"迪士尼传奇"中著名人物的手印和签名，以及合作
伙伴的雕像。

　　主入口立面上的七个小矮人雕像，自然也是"迪士尼"
与"后现代"的典型手法。顶部是一个明显被压缩了的希腊山
花造型，下部并未见明显的柱式支撑，而与毫无个性的常规建
筑无甚差异，而中间新增出来的"小矮人装饰层"打破了神庙
的崇高感，又让人联想到雅典卫城伊瑞克提翁神庙的女神像
（图10-10/10-11）。更进一步分析我们还能发现，若除去顶部

图10-12/10-13/10-14 路易斯·亨利·沙利文（Louis Henry Sullivan，见附录16）的许多作品都在檐口下有丰富处理，这是一种极为典型的"美国式"高层公共建筑立面形式

山花部分，中下部的建筑其实与美国新艺术运动风格的公共建筑檐口部分的处理方式颇为雷同（图10-12/10-13/10-14）。

迪士尼世界海豚酒店和天鹅酒店（Dolphin Resort, Swan Resort，Walt Disney World）

由迈克尔·格雷夫斯设计的迪士尼世界海豚酒店是一个度假酒店，位于佛罗里达州博韦湖的沃尔特·迪士尼世界度假村中，居于未来世界和迪士尼的好莱坞影城及未来迪士尼的海滨度假区之间。它于1990年6月1日开业，它与姊妹酒店——迪士尼世界天鹅酒店（也由格雷夫斯设计，图10-2）离得很近，两者间由一条穿过泻湖的、两侧长满棕榈树的走道相连。天鹅和海豚酒店是迪士尼度假村的一部分，度假村的客人可以享受到迪士尼度假酒店的特殊优惠。

海豚酒店和天鹅酒店有着相似的设计元素，但每一幢建筑都有着独特的外貌。海豚酒店的中部有一个78米高的大三角塔，两侧是完全对称的12层长方体，长方体两翼、面向天鹅酒店的一侧，共有四幢九层高的翼楼。每一侧的屋顶都装饰着17米高的海豚雕像。在海豚酒店的主立面上有一个绿松石色的香蕉叶图案，在天鹅酒店上也有类似的波浪图案。

图10-15/10-16 海豚酒店居中有一个巨大的三角塔形，海豚形象为特殊设计，高17米

海豚酒店顶部的雕像不是哺乳动物海豚，而是一种航海海豚的程式化版本，是旧世界航海地图上常用的符号。这些动物的造型是经过特殊设计的，以罗马的海神喷泉为基础。（图10-15/10-16）

天鹅酒店的主要结构是一个12层、稍稍起拱的长方体，两侧各有一个七层高的翼楼，在海豚酒店的一侧，建筑顶部有两座14米高的天鹅雕像。彩色正立面上装饰着绿松石色的波浪，与海豚酒店立面上的香蕉叶图案相呼应。（图10-17/10-18/10-19）

20世纪80年代末，迪士尼公司发现许多酒店生意被那些能举办大型会议和活动的酒店抢走，所以首席执行官迈克尔·艾斯纳决定在未来世界附近建造一个会议型酒店。蒂什曼集团——迪士尼未来世界的承办方也希望在迪士

图10-17 海豚酒店和天鹅酒店相对而设

图10-18/10-19 海豚酒店和天鹅酒店建筑立面上有主题不同但色彩一致的图案

图10-20/10-21/10-22/10-23 令人惊讶的是，迪士尼邮局的立面看上去像个谷仓，但其细部和内部空间居然很像意大利文艺复兴时期的建筑

尼拥有自己的酒店——声称迪士尼未来世界的项目给了他们经营迪士尼产业的特权。于是迪士尼和蒂什曼共同开发了天鹅和海豚酒店。

应该说从20世纪50年代第一个迪士尼乐园的修建开始，迪士尼就已经不再（至少不仅）是一个文化品牌，而主要是个地产品牌了。在海豚酒店和大鹅酒店的建设项目中，迪士尼的文化形象其实早已成为地产和资本的陪衬，但迪士尼那狂欢式的景观和建筑式样让人们完全忽略了这个真实世界，而投入到动画场景的虚幻想象中。格雷夫斯在处理这种戏剧化的、梦幻般的、夸张的设计语汇时，游刃有余、信手拈来。这也难怪艾斯纳此后又聘请格雷夫斯为迪士尼做了许多其他项目的设计，如迪士尼邮局（图10-20/10-21/10-22/10-23/10-24）等。

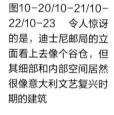

图10-24 在这个小小的迪士尼邮局中清晰可见文艺复兴早期佛罗伦萨建筑师菲利波·布鲁内莱斯基（Filippo Brunelleschi，见附录1）作品的痕迹

丹佛公共图书馆（Denver Public Library）

　　丹佛公共图书馆位于科罗拉多州丹佛市，是该市公共图书馆系统的一部分。该系统包括位于市中心金三角区的丹佛中央图书馆及25个分支机构和两个流动图书馆。这座图书馆最初由城市图书馆馆长约翰·科顿·达纳于1889年6月在丹佛的一所中学建立。1910年，图书馆终于拥有了自己的建筑，一座希腊复兴风格的建筑，由慈善家安德鲁·卡内基（Andrew Carnegie）赞助，位于市区中心公园中。1913-1920年，卡内基还负责完成了图书馆的前八个分部的建设。（图10-3/10-25/10-26/10-27/10-28/10-29）

　　20世纪50年代，丹佛市委托建筑师伯纳姆·霍伊特（Burnham Hoyt，见附录28）在百老汇和西大街第14号建造了一个新的中央图书馆，于1955年对外开放。此建筑在1990年时被列入"国家史迹名录"。20世纪90年代，丹佛市民投票同意发行9160万美元公债，用于中央图书馆加建工程。设计由迈克尔·格雷夫斯和丹佛本地设计公司克利普·科卢西·詹克斯·杜布瓦合作完成。建筑总面积5万平方米，于1995年对外开放。

图10-25/10-26/10-27/10-28/10-29 丹佛中央图书馆已被列入"国家史迹名录"，1995 年加建的部分由格雷夫斯设计

印第安纳波利斯艺术中心（Indianapolis Art Center）

印第安纳波利斯艺术中心是美国印第安纳州印第安纳波利斯市的一个艺术中心。中心成立于1934年，由大萧条时期的工程项目管理机构印第安纳波利斯艺术联盟在怀特里弗成立。它具有很好的艺术展览厅、艺术班教学室和工作室、一个图书馆以及一个艺术公园。

艺术中心建筑面积3 700平方米，由印第安纳出生的建筑师迈克尔·格雷夫斯设计。格雷夫斯高中时的一个同班同学——乔伊斯·萨默斯是艺术中心的主任。格雷夫斯因此而被赋予了完全的信任，可在600万美元的建造预算中完全施展他的创造力。项目资金是从鲁斯·利里公司主导的一项竞赛筹集而得的，包括利里公司的捐赠和其他企业和公民组织的资金。工程施工完全由印第安纳波利斯本地的希尔-塞克斯顿公司承担。

艺术中心项目的第一阶段于1994年10月开始，1995年8月完成；主要工作是建设一个有225个座位的粉刷建筑、艺术画廊和六个艺术工作室。原大

图10-30/10-31/10-32/10-33/10-34/10-35/10-36 印第安纳波利斯艺术中心建筑设计独具韵味、细节丰富、环境宜人，增加了工业化外观，带给人们更大的可视性和更强有力的社会形象

厦拆除后，第二阶段工程于1996年5月31日正式开工。新的820万美元的设施将包括3个艺术画廊、13个艺术工作室、一个礼品店和一个礼堂。改建后的艺术中心比以前的建筑大4倍。艺术中心呈现出格雷夫斯的典型风格：建筑入口门廊有9.8米高的巨柱，巨大长方形和圆形窗户与立面对应位置的较小窗户形成呼应。墙面用桃红、赭红和蓝色涂料装饰。大楼后面的另一个门廊中，可以俯瞰怀特里弗和雕塑花园。

在这座建筑中，格雷夫斯并没有寻求建筑与印第安纳波利斯的关联性，而是借鉴了与旧金山或休斯敦街南部地区（曼哈顿纽约城艺术家的聚居地）的工作室艺术空间和翻新工业空间的工业外观。建筑的东面和西面都有烟囱——一个供图书馆使用，另一个供艺术家窑炉之用——增加了工业化外观和空间感。建筑完成后，萨默斯说："新建筑给了我们更大的可视性和更强有力的社会形象。"让"小建筑"拥有不容小觑的"庄重感"，是格雷夫斯建筑的常见特征，如前文介绍的迪士尼邮局。（图10-30/10-31/10-32/10-33/10-34/10-35/10-36）

全才设计师

格雷夫斯是个全才，除建筑设计之外，他还热衷于家具陈设，涉足日常用品、首饰、钟表及餐具设计，范围十分广泛。在美国，尤其在东海岸诸州，在钟表或服装店中，很容易看到格雷夫斯设计的物品出售，有耳环、电话机或是皮钱夹，都可能标明设计者是格雷夫斯。在迪士尼乐园中，几万平方米的旅馆以及旅馆中的一切，几乎全是他的作品。夸张点说，除了大炮、坦克和潜水艇之外，大部分的产品格雷夫斯都有涉足。

格雷夫斯为意大利阿莱西公司设计了一系列具有后现代特色的金属餐具，如1985年的水壶实用美观，获得了极大成功，被认为是一件经典的后现代主义作品。这把水壶具有一个最突出的特征——壶嘴处有一个小鸟形象，当壶里的水烧开时，小鸟会发出口哨声，非常逗趣。其实，会吹口哨的水壶最先是在1922年芝加哥家用产品交易会上展出的，是一位退休的纽约厨具销售商约瑟夫·布洛克在参观一家德国茶壶工厂时得到灵感而设计的。格雷夫斯的设计其实受到了布洛克作品的影响。他的水壶上有一条蓝色的拱形垫料，能够保护手不被金属把的热量烫伤；它的底部很宽，这样能够使水迅速烧开，上面的壶口也很宽，便于清洗。尽管起初制造商认为格雷夫斯7.5万美元的设计费过于昂贵，但当水壶的销量达到150万个时，所有怀疑都烟消云散，证明了引进格雷夫斯的设计是多么明智的一个决定。（图10-37/10-38/10-39）

图10-37/10-38/10-39
格雷夫斯设计领域广泛，而且大多有很好的市场反应，吹口哨的小鸟水壶一直是阿莱西公司的热卖产品

小结

格雷夫斯是一位热爱欧洲古典趣味，又深谙美国价值观的后现代建筑师。他并不是为了某种风格而创作，他只是试图找到适合自己的道路、适合自己的表达方式。从本质上讲，他本人就是一种"行走的美国后现代风格"。

格雷夫斯首先以一种色彩斑驳、构图稚拙的建筑绘画，而不是以其建筑设计作品在公众中获得了最初的声誉。有人认为，他的建筑创作是他的绘画作品的继续与发展，充满着色块的堆砌，犹如大笔涂抹的舞台布景。

在几乎所有介绍后现代建筑的书籍中，迈克尔·格雷夫斯和他的波特兰大厦都会占据重要版面。无论对建筑师本人、他的创作思想，还是各种设计成果，理论家们的评述都不胜枚举，我们在此不再赘述。值得注意的是，格雷夫斯的创作历程对今天的中国设计师来说，还有如下几个话题值得长久讨论：

第一，格雷夫斯设计的后现代风格建筑和各种产品，均具有鲜明的"美国烙印"。仅就代表典型的美国风格和美国趣味而言，他完全可以与路易斯·亨利·沙利文（Louis Henry Sullivan，见附录16）、弗兰克·劳埃德·赖特（Frank Lloyd Wright，见附录18）和菲利普·约翰逊（Philip Johnson，见本书第1章）相提并论。就设计风格来说，这四位建筑师分别代表的是美国装饰艺术、现代主义、国际风格转化及后现代时期的建筑式样；从社会发展背景来看，他们又分别对应着资本主义发展的上升期、成熟期、转型期和后资本主义时代。

第二，本书前文介绍的几位美国后现代主义建筑大师对当时占主流的所谓国际风格建筑都有不满，但他们给出的解决方案却各不相同，因此他们的作品也都带有清晰可辨的个人特征。甚至，他们对所谓后现代主义的态度也有微妙的差异，这在他们的作品中也有呈现：菲利普·约翰逊、查尔斯·摩尔（Charles Moore，见本书第3章）和迈克尔·格雷夫斯均"拥抱"后现代主义，只是约翰逊更像是历经沧桑的智叟、摩尔带有孩童般的天真，格雷夫斯的后现代却不是风格选择，而是生活方式……文丘里（夫妇）虽然一直在为后现代发声，也对商业文化符号多有研究，但相较于前三者而言，他们的作品总带有美国精英知识分子的哲思和冷静……

第三，建筑师们总是强调"用作品说话"，但建筑史未必支持这种说法。从文艺复兴时期的莱昂·巴蒂斯塔·阿尔伯蒂（Leon Battista Alberti，见附录2）、安德烈·帕拉迪奥（Andrea Palladio，见附录4）到新古典主义时期的艾蒂安·路易·布雷（Étienne-Louis Boullée，见附录6）、克劳德·尼古拉·勒杜（Claude-Nicolas Ledoux，见附录7）和托马斯·齐彭代尔（Thomas Chippendale，见附录5），再到近现代的沃尔特·格罗皮乌斯（Walter Adolph Georg Gropius，见附录24）和勒·柯布西耶（Le Corbusier，见附录29）等等，建筑师作品的推广总是伴随着其著述而展开的。在国际旅行和视频手段不甚发达的时代，建筑师们的著作便成为其职业声望在建筑界传播的最有效依据，因此早期的专业书插图中以"图纸"为主，手绘的平立剖面和效果图是主角。然而至少从格雷夫斯和纽约五人组开始①，建筑师的观点传播开始

---

① 其实，有据可查的、大规模采用图片形式展示建筑内外效果的尝试，始于法国路易十四时期。当时的建筑书籍主要是为了满足城市中产阶级的购房需要或了解上流社会生活方式之用。18-19世纪考古热之际，许多建筑发烧友会用这种方式来发表他们在古代建筑发掘中的发现和建筑复原效果。这些书也常成为新古典主义建筑师们的创作依据。新艺术运动时期，随着印刷业的快速发展，欧洲的设计杂志迅速增多，编辑们不再满足于只刊登"历史建筑"，他们对当代建筑的热忱可从这一时期的设计类刊物中窥得一斑。然而这一趋势并未持续下去，因为第一，新艺术运动的式微；第二，西方世界的设计中心从欧洲转向美国；第三，现代主义设计思想起先并不欢迎这一方式，或者反过来，由新艺术趣味把持的欧洲设计杂志起先并不看好现代主义设计。

更多地依赖图像印刷品；更重要的是，这些印刷品的传播性进而影响力甚至远远超过了建筑作品本身。这种现象恰恰成为安迪·沃霍尔（Andy Warhol，见附录60）作品和思想的绝佳注脚。而格雷夫斯这种有如水彩画色块堆砌般的设计风格恰与这一传播媒介相表里。格雷夫斯的成功可能源自建筑师的审时度势，但也许只是恰逢其时……

白派教父

理查德·迈耶

Richard Meier，1934–

理查德·迈耶是美国建筑师和抽象派艺术家，他娴熟运用几何形体与白色材料建造房屋的才能令人印象深刻，是现代建筑中白色派的重要代表，1984年获得普利兹克建筑奖。他设计了许多标志性建筑，包括巴塞罗那当代艺术博物馆（见后）和洛杉矶盖蒂中心（见后）等。

"一白到底"是迈耶的作品给我们的第一印象。尽管白色派的建筑作品未必是全白色，但就迈耶而言，"白色派"的称号却是名副其实的。在以色彩浓艳的墙、红黄蓝绿的管线、眼花缭乱的装饰为标志的种种设计时尚面前，他的白色建筑自有一种超凡脱俗的气派。

与"二战"后开始流行的暴露材料本色的设计相反，他做的白色光洁表面具有明显的非天然效果。这就是迈耶建筑的特点，也是他建筑的魅力所在——纯净。然而，纯净不等于单调。虽然迈耶建筑的许多局部素材来自现代建筑，但其整体却毫无枯燥乏味之感，反而因空间层次、光影变化和细部处理等的丰富性，而赋予建筑明显的雕塑味道，让建筑的内外景观层层铺排、渐次展开。

图11-1 印第安纳州新哈莫尼"神庙"

图11-2　盖蒂中心的仙人掌花园，背景为西洛杉矶　　　　图11-3　罗马千禧教堂

生平简述

　　理查德·迈耶1934年10月12日出生于美国新泽西州纽瓦克城的一个犹太家庭，父亲名叫杰罗姆·迈耶，在新泽西州的纽瓦克市做批发红酒和烈性酒的推销员。小迈耶是家中长子，他还有两个弟弟。迈耶成长于新泽西州的梅普尔伍德，从小便对建筑很感兴趣，高中毕业后，他进入康奈尔大学修习建筑设计。虽然当时美国的经济总量已稳居全球霸主，但在建筑文化的原创能力上还与欧洲有一定差距。因此，理查德·迈耶大学毕业后便抱着朝圣的心情，到欧洲大陆去探访欧洲传统建筑的根源，他曾拜访过勒·柯布西耶（Le Corbusier，见附录29）和阿尔瓦·阿尔托（Hugo Alvar Henrik Aalto，见附录34），向他们请教并畅谈建筑理念。这也对理查德·迈耶的建筑思想产生了相当大的影响。结束欧洲之行后，他先后在SOM①和马歇·布劳耶（Marcel Lajos Breuer，见附录38）事务所任职。1963年，迈耶结束了和布劳耶三年多的雇佣关系，并自行开业。

　　事务所成立初期，理查德·迈耶所接的都是室内修复一类的小案子。之后，他的父母要求他替他们设计一幢住宅，为此理查德·迈耶特地跑到赖特

①　SOM建筑设计事务所（Skidmore, Owings and Merrill）是1936年成立于美国的世界顶级设计事务所之一，工作领域涉及建筑设计、结构及土木工程、机械及电气工程、工程设计、城市设计和规划、室内设计、环境美术、战略研究、项目管理、古迹维护等方面。SOM在建筑技术与设计品质方面的贡献是20世纪世界建筑领域中最重要的成就之一。自成立以来，它已经在50多个国家完成了1万多个设计项目，包括办公大楼、银行和金融机构、政府建筑、医疗机构、宗教建筑、机场等。

所设计的流水别墅去体会那种水平的空间感，并试图将赖特那种室内的空间延伸到外部环境的手法，运用到自己设计上。但由于两者基地环境的条件并不相同，使理查德·迈耶饱受挫折。在失望之余，他便转而研究其他大师的作品，而勒·柯布西耶的许多观念却恰巧与他的想法相吻合，于是我们看到理查德·迈耶的早期作品明显带有柯布西耶作品的影子。

1967年的史密斯住宅（见后）是迈耶的成名作。这个设计表现出了他对自然环境的尊重。同时，对室内外光线的处理，理查德·迈耶也下了相当大的功夫：初升的日光准确地照入卧室中，轻柔的午后阳光则照射进起居空间，让人不免赞叹建筑师的用心。

1970年，理查德·迈耶和迈克尔·格雷夫斯（Micheal Grares，见本书第10章）、查尔斯·格瓦德梅（Charles Gwathmey，见附录74）、彼得·埃森曼（Peter Eisenmen，见本书第8章）及约翰·海杜克（John Quentin Hejduk，见附录64）等五人，由于理念相同，对于现代主义建筑的见解也相近，所以他们便一同将作品集结出书，人称"纽约五人组"（见本书第174-176页）。他们的作品有一个相同的特点——建筑物的外观多半是光滑且纯白，有着现代主义雕塑风格，因此他们亦被称为"白色派"（White）。

由于兴趣使然，理查德·迈耶对于"剪贴画"（Collage）也相当有研究，迈耶本人也认为自己从"剪贴画"受到了启示。在他的设计中，人们不时可看出他运用了许多如"把物象经解析再重组"的剪贴画手法。迈耶本人亦承认，在造型上他并没有作什么创新，他只不过将前人所曾使用的语汇加以重组，而产生某种新的意义罢了。

除了印第安纳州新哈莫尼"神庙"（见后）、乔治亚州亚特兰大赫埃艺术博物馆（见后），迈耶第一次赢得业界认同得益于他做的多个住宅设计。但即使如此，迈耶也是直到1997年洛杉矶的盖蒂中心（见后）建设完成之时，才作为主流建筑师而为大众所认知。

迈耶的建筑作品灵感主要来源于20世纪中前期的建筑师，特别是受到勒柯布西耶的重大影响——尤其是柯布西耶的早期作品。迈耶对柯布西耶理念的发展超过任何人，甚至超过柯布西耶自己。柯布西耶的萨伏伊别墅（Villa Savoye）和瑞士国家馆（Swiss Pavilion）对迈耶作品的影响痕迹非常明显。

除柯布西耶外，迈耶还向其他建筑师广泛学习，如路德维希·密斯·

凡·德·罗（Ludwig Mies van der Rohe，见附录26），弗兰克·劳埃德·赖特（Frank Lloyd Wright，见附录18）和路易斯·巴拉甘（Luis Barragán，见附录39）。白色建筑在建筑史上曾是多个标志性建筑的色彩，包括西班牙、意大利南部和地中海地区的教堂和墙面刷白的村庄。

2010年，康奈尔大学建立了一个新的教授职位，而且以迈耶的名字命名。为庆贺迈耶在公司工作50年，碧莎基金会在威尼斯举办了一个展览，名为"理查德·迈耶：建筑和设计"。

2007年，迈耶在纽约皇后区的长岛市设置了一个自己作品的收藏展览空间，之后向学生和旅行团预约开放。2014年，他在泽西城开办了玛娜当代文化中心，这是一座博物馆，拥有1.5万平方英尺的展览空间。于是迈耶把他一生中的诸多作品都移至此处展览或收藏。

代表作品

韦斯特贝斯艺术家社区（Westbeth Artists Community）

韦斯特贝斯艺术家社区位于纽约市，是一个非营利性住房和商业综合体，致力于为在纽约的艺术家和艺术团体提供负担得起的生活和工作场所。它包括纽约曼哈顿西村附近的西区、贝休恩、华盛顿和银行街等区域，艺术家社区的名字即来自"西区"（West）和"贝休恩"（Bethune）的组合。

它占据了原来的贝尔实验室大楼。1898-1966年，这里曾是贝尔电话实验室的总部，但在1968-1970年间被改造。这个改造过程由建筑师理查德·迈耶监督。这个中低收入出租房和商业房地产项目，在当时的世界上的此类项目中是规模最大的。

截至2009年，韦斯特贝斯社区的人口结构已经以老年人为主，包括许多原住户。它已自然发展成为一个"退休社区"，现有一位社会工作者专门服务这个社区。房客的孩子被允许接管他们父母的公寓，因此这里又是一个多代重叠的社区。由于申请进入此社区的人们需要一个10-12年的等待期，所以韦斯特贝斯社区在2007年就停止吸纳新的申请者进入等候清单，直至2016年时仍未重新开放。

韦斯特贝斯艺术家社区的建设，在迈耶的设计中并不常被提起，因为随着岁月的变迁，其居民成分甚至建筑样貌均已与建筑师的最初创作有极大不同。但其命运却最真实地反映了美国社会的变迁。这一经历对今天的中国人和中国设计师来说，弥足珍贵。

韦斯特贝斯艺术家社区的建设是美国工业建筑改造为艺术和住宅项目中的第一例。20世纪60年代中期，贝尔实验室大楼腾空后，此处空间如何利用成了大问题。一直到韦斯特贝斯项目启动之后的十年，利用来自卡普兰基金会和国家艺术理事会（后来的国家艺术基金会）种子基金的帮助和鼓励，一个由狄克逊·贝恩开发公司引导的雄心勃勃的改造计划得以实施，为艺术家们建造了384个居住—生活空间。（图11-4）

图11-4 贝尔实验室大楼后来变成了韦斯特贝斯艺术家社区（1936）

韦斯特贝斯艺术家社区由韦斯特贝斯住房发展基金有限公司来经营管理，纽约的一个非营利公司负责运转，董事会由无偿且自愿参加的董事们组成。通过小区住户委员会审查后，所有学科的艺术家都可以成为韦斯特贝斯社区的新租户。进入社区时，新住户必须满足一定的收入要求。截至2014年，住宅租户每月平均租金为800美元（包括电费），约占同类空间租金的三分之一至四分之一。

除了住宅部分，社区中还设有大大小小的商业场所、表演空间、排练场所和艺术家工作室。韦斯特贝斯社区是许多主要文化机构之家，包括"戏剧新学院""洛杉矶拜瑞斯剧团公司""玛莎·格雷厄姆当代舞蹈中心"和"众拜西赫托拉节"（Congregation Beit Simchat Torah）①。

图11-5 韦斯特贝斯艺术家社区内庭院

2009年12月8日，韦斯特贝斯艺术家社区成为美国"国家史迹名录"中的一员。对于这个历史还不足50年的社区，足见这一项目在当地的影响力。（图11-5/11-6）

---

① "众拜西赫托拉节"是纽约第一个，也是世界上最大的犹太教同性恋教堂，拥有超过800名成员。

图11-6 从屋顶看韦斯特贝斯艺术家社区

史密斯住宅（Frederick J. Smith House）

史密斯住宅位于康涅狄格州的达里恩市，1965年开始修建，1967年正式完成。从这里可以从南侧眺望康涅狄格海岸的长岛。

史密斯住宅的北面直接面对水体，有一个三层的玻璃外墙，提供一个开放的、辽阔的水畔景色，将完整的滨水景观引入室内。"建筑有一个明显的分层，能给人一种景观按序列展开的感觉。从建筑入口进入建筑，再到达海滩，这个'序列的动线'事实上形成了建筑的主要轴线。"迈耶写道："垂直于这条轴线，建筑中相交的平面成为对斜坡、树木、岩石和海岸线形成节奏的回应。"然而令人始料不及的是，建筑落成后不久，弗雷德里克和卡罗尔·史密斯夫妇就离婚了。卡罗尔再婚时，迈耶又被邀请来加建房屋。一个300平方英尺的加建部分与主卧套房相连。现在这所住宅已被转让给史密斯的儿子。

史密斯住宅已为我们展现出了成熟的迈耶风格。这座独立式住宅通体洁白，由明显的几何形体构成。在许多方面，如几何形态、坡道、色彩以及上下贯通的客厅等都延续了现代建筑的语言。但是迈耶独特的风格在于他丰富了建筑语汇，吸收了立体主义的精髓，将建筑与场地、环境有机地联系在一起。简言之，我们可以将史密斯住宅看成是欧洲现代主义建筑中早期住宅的"美国版"。相较于欧洲，美国的自然环境更开阔、社会习俗更开放，拥有更多新材料新工艺，所以对建筑室内外空间关系的要求更灵活，实施手段更多样，因此美国的住宅设计还可被视为柯布西耶式住宅的"升级版"。（图11-7/11-8/11-9）

在一片宜人的环境中，迈耶首先由基地的特征确定了住宅的轴线关系：入口从浓密的树林和岩石中进入，而主立面直接面向沙滩与大海。住宅本身以功能关系划分为实体的和开敞的两大部分，以区分家庭成员各自的私密生活空间与家庭的公共空间，而住宅的结构系统和空间组织系统正好也与之吻合。

住宅形成了清晰的形式逻辑关系：一条长坡道从丛林引向住宅，入口切入住宅实体部分，与住宅内部的水平走廊连接，水平走廊又在每个层面连接了两个成对角布局的楼梯，交通流线就这样将住宅私密与公共两部分空间有

图11-7/11-8/11-9　史密斯住宅已可见成熟的迈耶风格，住宅的开放性和建造自由度都比现代主义早期的欧洲中产阶级住宅更强

图11-10/11-11/11-12/11-13　道格拉斯住宅地形更陡峭，建筑以竖线条为主，室内外空间仍有很大通透性

机地结合在一起。

史密斯住宅是迈耶第一次被广泛认可的作品，是迈耶职业生涯中的重要一步。它在建造后不久就赢得了许多奖项。1968年，在建筑完成后一年即获得了美国建筑师协会颁发的国家荣誉奖、新英格兰奖、纽约奖和国家奖。2000年，它又获得了美国建筑师协会颁发的"二十五年奖"。

也许因为史密斯住宅非常别致、影响甚大，1973年，迈耶又修建了道格拉斯住宅（Douglas House）。这座住宅位于哈伯斯普林斯市的密歇根湖畔，设计建造前后共耗时三年。道格拉斯住宅所处地形明显比史密斯住宅更加陡峭，建筑造型便不如史密斯住宅那样平展疏朗，而必须以竖线条为主。当然，这一点既与柯布西耶的萨伏伊住宅不同，也与赖特的草原小屋不同。房子坐落在一个陡峭的斜坡上，共有四层可以俯瞰湖面。住宅的主入口从主路过来，位于顶层。房子的后墙面对湖面，大面积使用落地玻璃，能提供最大面积的湖面景观。建筑用钢筋混凝土建造，几乎通体全白。为了避免阳光遮挡或视线阻隔，楼梯被设置于建筑一角。当迈耶为吉姆和简·道格拉斯布置室内空间时，他既自己设计了一些家具，还选用了勒·柯布西耶和密斯·凡·德·罗设计的家具。（图11-10/11-11/11-12/11-13）

2007年，美国建筑师协会将道格拉斯住宅收入"美国150所最受欢迎建筑"清单；2016年，它也被列入"国家史迹名录"。

新哈莫尼 "神庙"（New Harmony's Atheneum）

这座建筑是印第安纳州新哈莫尼城的访客中心，"神庙"（Atheneum）的名字来源于古希腊的雅典神庙。1976年，由印第安纳波利斯莉莉基金会，在克兰奈特慈善信托基金会的帮助下，启动了该建设项目，并最终于1979年10月10日启用。（图11-1/11-14/11-15）

用"神庙"来暗示建筑在小镇中的地位和造型特征，非常具有后现代意味。建筑的功能定位和象征意义要求建筑设计必须同时满足：（1）建造造型必须能形成整体地块的视觉中心，但又应呈现出友好、开放的意味，能引导游客进入；（2）建筑内部应能很好地望向小镇内外，不仅可提供独特的视觉体验和心理感受，还能同时作为小镇参观的"序厅"来使用。

图11-14/11-15 新哈莫尼"神庙"既是小镇参观的"序厅",又是小镇的"观景台"

这个访客中心有多个功能,包括放映厅和展廊。其中展廊共有四个:第一个展廊为和声学砖砌教堂,比例为1:32;第二个展廊介绍新哈莫尼镇中的著名人物;第三个展廊中有一个1824年小镇的沙盘模型,比例为1:120;第四个展廊通常不对公众开放,其中摆放着理查德·迈耶自己设计的家具。

1979年,这个建筑刚一投入使用,迈耶就获得了进步建筑奖;1982年,还获得了美国建筑师协会的荣誉奖。2008年,这座建筑获得了美国建筑师协会著名的"二十五年奖",这个奖项每年最多仅有一座建筑获奖。建筑师彼得·埃森曼推荐了这个作品,并评价道:"这是一个非常纯粹的例子,彰显着迈耶许多作品中反复出现的主题——这是一个经典的'迈耶式'设计。"

亚特兰大赫埃艺术博物馆(High Museum of Art)

美国亚特兰大的赫埃艺术博物馆(也有称为高等艺术博物馆)是美国东南部地区的主要艺术博物馆。亚特兰大艺术协会最初成立于1905年。1926年,协会第一个永久的博物馆房屋来自赫埃家族的捐赠——这也是博物馆的得名原因——约瑟夫·麦迪逊·赫埃夫妇(Mrs. Joseph Madison High)捐赠了他们在桃树街的房子用以收集亚特兰大收藏家哈维迪(James Joseph Haverty)组建的中央美术馆展览中的一系列艺术品。哈维迪的许多藏品后来都是赫埃博物馆的长期陈列展的展品。赫埃博物馆2010年的参观者有50.9万人,位列全球博物馆的第95位。

图11-16/11-17/11-18/11-19
亚特兰大赫埃艺术博物馆极为光亮
的中庭本身即为独特的艺术品

1962年6月3日，在博物馆组织的一次旅行中，106位亚特兰大艺术赞助人死于法国巴黎奥利机场的一次飞机失事。包括机组人员和其他乘客在内，共130人丧生，这是当时历史上最严重的空难。许多亚特兰大著名家族的成员都遇难了，其中包括创办贝里学院的贝里家族成员。在巴黎访问期间，亚特兰大艺术赞助人在卢浮宫看到了绘画《惠斯勒的母亲》。1962年秋天，卢浮宫把《惠斯勒的母亲》这幅画送到了赫埃博物馆来展览，以此表达对亚特兰大民众的友好之意。为了纪念在1962年空难中遇难的艺术赞助者，为赫埃博物馆而设的亚特兰大纪念艺术中心被建立起来，法国政府还捐赠了一件名为"阴影"的罗丹雕塑作品。

1983年，理查德·迈耶为赫埃艺术博物馆设计的一幢面积为1.25万平方米的建筑落成。迈耶因这座建筑而获得了1984年度普利兹克建筑奖。博物馆的建造资金来自可口可乐的前总裁罗伯特·W.伍德拉夫提供的790万美元和博物馆自行筹集的2 000万美元。迈耶高度雕塑感的建筑被评价为拥有比大脑更美丽的东西。例如，由白色混凝土结构建造的大堂——在大楼中间的一个巨大中庭——几乎没有展览空间，贯通整个室内空间的柱子使得现代建筑的大型作品无法在此放置。中庭占据了四分之一圆，这被许多评论家视为极其奢侈的结构化空间。这座博物馆中仅有约3%的面积用于永久展览。而且，所谓的13.5万平方英尺仅为官方数据，真正能被博物馆使用的面积仅为5.2万平方英尺。（图11-16/11-17/11-18/11-19）

不过这种所谓"空间浪费"的说法，恐怕只是某些评论家的一厢情愿。对迈耶来说，他的建筑本身就是"艺术品"，通体明亮的中庭中随着天光云影的变化，带给参观者的是完全超越了博物馆物质界面的精神体验，好似进入了艺术的神殿和想象的天堂。

图11-20/11-21/11-22
法兰克福应用艺术博物馆与周边环境和建筑和谐共处

应用艺术博物馆（Museum Angewandte Kunst）

与赫埃博物馆差不多同时期完成的法兰克福应用艺术博物馆落成于1985年4月25日。这座博物馆方方正正的造型是为了与其旁边19世纪新古典主义风格的梅茨勒别墅相呼应。新建筑由三个长方体围绕着老建筑布局，形成L形平面，与梅茨勒别墅形成一个矩形小广场。别墅的尺寸为三块新建建筑的尺度提供了依据。在四个立体的中心是一个内部庭院，从那里可以进入博物馆主入口。在大楼的内部，一条行人坡道连接着光线充足的展览层。大窗户把博物馆的室内空间和室外环境极好地联系起来。（图11-20/11-21/11-22）

新哈莫尼"神庙"和应用艺术博物馆看起来分享着相似的空间组织方式、材料加工工艺，特别是二者都沉浸在白色光亮的建筑造型中。然而两者的定位和气质其实存在本质区别：前者表达了建筑作为场地主控者的敦厚大气，后者却展现了博物馆向周边环境致意的谦逊态度。

乌尔姆城市大厅（Stadthaus Ulm）

乌尔姆城市大厅是一个位于德国乌尔姆市中心的集合大厅和艺术展览中

图11-23 乌尔姆城市大厅鸟瞰

图11-24 乌尔姆城市大厅的入口正对乌尔姆市场

图11-25 以乌尔姆大教堂为背景的乌尔姆城市大厅

心。建筑完成后已成为国际化的城市地标，鼓励艺术、市民和文化之间的交融。建筑就坐落在著名的乌尔姆大教堂脚下，新旧两座建筑互相形成对比，是对原有晚期哥特式建筑及区块文化的有趣补充，形成别有风情的城市景观。

乌尔姆城市大厅所在地曾经有一所存在了几个世纪的拉丁语学校。学校在1878年时被拆除，因为乌尔姆大教堂落成后，需要更多、更好的视角让人们可以自由欣赏教堂的尖塔。从那时起，乌尔姆大教堂前的广场应如何设计一直是人们激烈争论的话题。在长达105年的时间中，先后举办了17次设计竞赛，吸引了诸多方案的参与引发了众多专家的评论。

直到1986年，理查德·迈耶的设计才被选中。随之进行的就是整个城市的讨论和听证会。1987年，市民全民投票通过了这一设计。即使如此，建设工程也直到1991年才真正开始。1993年，建造完工，新建筑向公众开放。不过此时仍有人对这座建筑持怀疑态度，因为觉得它不适合大教堂。这种情况在类似项目中并不罕见。

乌尔姆城市大厅总面积为3600平方米，室内各功能空间高低不同、错落有致。开放式楼梯能将建筑的所有四层连接起来，提供了一系列开放的、能把外部环境带入室内景观的框架视图。在建筑首层弯曲的接待台之后，安排了许多公共服务设施。较低的楼层中布置了常设展，展览主题是大教堂广场的人类学和历史学研究成果。不过这个常设展与室外空间能很好地互动。由内而外，可见来来往往的路人成为不断变化的景观；建筑内部特殊的结构关系和展示内容，也可让广场中的人由外向内看到观展人群的活动影像。

建筑的所有方面都与周围环境有关，严格线性和轻轻弯曲的形态形成对比，达成了建筑和艺术之间的共生关系。另外，屋顶的缓坡遵循了相邻建筑的建筑语言。

　　乌尔姆城市大厅可用作音乐厅、演讲厅、公共论坛和会议地点。展览的重点是当代艺术、摄影，以及建筑和环境规划等。乌尔姆城市大厅还特别为年轻人和初出茅庐的艺术家们提供了一个展示平台。一年一度的"现代音乐节"让这里成为一批音乐爱好者的朝觐之地，以及另一群体享受嘉年华的好去处。这些高水平的公共文化活动区由市民行为而进入了公共舆论领域，成为城市公共生活不断更新、日渐丰富的重要话题。（图11-23/11-24/11-25）

　　今天的乌尔姆城市大厅成为乌尔姆市中心复兴项目的核心内容。

巴塞罗那当代艺术博物馆（Barcelona Museum of Contemporary Art, MACBA）

　　1959年，艺术评论家亚历山大·西里奇·皮尼塞尔（Alexandre Cirici Pellicer）组织当代艺术家群体，通过23个展览来展示艺术家们的作品，并希望能在巴塞罗那建设一个新的当代艺术博物馆——巴塞罗那当代艺术博物馆。但直到1986年，巴塞罗那市议会才推荐了理查德·迈耶。1987年，巴塞罗那的艺术博物馆基金会成立。1988年，基金会联合加泰罗尼亚政府和巴塞罗那市议会，又成立了巴塞罗那的艺术博物馆财团，以进一步推动博物馆建设项目。博物馆财团在这一年的晚些时候正式委托迈耶来设计这座博物馆。起初博物馆计划在1992年的巴塞罗那奥运会期间开幕，但项目还是拖到了1995年才开始对外开放。

图11-26/11-27/11-28　巴塞罗那当代艺术博物馆是迈耶的代表作之一

2014年，博物馆又获得了额外的地块，包括一个教堂、两个大厅，共计2.15万平方英尺，而且天使广场也被纳入进来了。博物馆一直在用这个教堂来组织演出或其他一些活动，此次市政府把整个历史街区都租给了博物馆，而且未指明用途。

迈耶欣然接受了这项非常艰巨的任务。当时的建筑并未考虑艺术品的收藏需求，就是说迈耶在做建筑设计时，并不确切知道博物馆中要展览哪些作品，甚至还需要自行斟酌是否应按照常规设计出收藏空间或常设展区等。但无论如何，在天使广场上建造博物馆的选择正好与迈耶希望能在巴塞罗那老城区进行建设的想法相一致，而且还能让拉瓦尔地区旧貌换新颜。当地媒体将这个博物馆称作是古老建筑和狭窄街道间的"一颗珍珠"。项目的最终成果让甲乙双方都很满意。

新建筑离巴塞罗那城市中心的哥特建筑只距离几个街区。建筑为矩形，长120米，宽35米。长边面南，大量的自然光线照亮建筑内部的画廊。博物馆有三个展厅，而且可以被进一步分为稍小的五个展厅，其中的一个还是塔形的。工程费共计3500万美元。

盖蒂中心（Getty Center）

盖蒂中心位于加州洛杉矶，是盖蒂博物馆、校园及盖蒂信托公司合而为一的综合体项目。1954年，最初的盖蒂博物馆坐落于太平洋海崖的保罗·盖蒂住宅，是他在自己的住宅旁加建的一个侧翼。20世纪70年代，盖蒂修建了一个意大利式样的别墅，他便把自己的藏品放入其中，这样收藏条件提升了许多。这个博物馆于1974年对外开放。1976年盖蒂去世后，他的全部作品就都被捐给了盖蒂信托基金会，并用做筹备博物馆之用。这个建筑后来更名为"盖蒂别墅"。然而，收藏作品数量增加太快，盖蒂别墅很快又容纳不下了。

为了给诸多艺术品另找个合适的收藏展示空间，基金会想找一个更接近洛杉矶的位置。1983年，基金会花费了2500万美元购置了这块地，位于第405号州际公路旁的圣塔莫妮卡山脉上，总占地110英亩（45公顷），其中校园为24英亩（9.7公顷）；场地周边有600英亩（240公顷）的自然保护

图11-30 展馆间的台地望向展览馆和大厅

图11-29 左边圆形是盖蒂研究所，顶端两幢
建筑物是盖蒂信托基金办公室，其他是博物馆
部分

图11-31 盖蒂博物馆的内部庭院

地。小山顶部海拔900英尺（270米），天气好的时候，从这里不仅可以看到洛杉矶的天际线，还能看到圣贝纳迪诺山，向东能看到圣盖博山，往西可看到太平洋。

　　基金会当然很重视此项目，认真遴选过多位著名建筑师。经过委员会的多轮考察和抉择，美国的理查德·迈耶、英国的詹姆斯·斯特林（James Stirling，见本书第4章）、日本的桢文彦（Fumihiko Maki，见附录57）进入最后的"三人名单"。在1984年举行的国际建筑设计竞赛当中，理查德·迈耶最终获得了盖蒂中心的设计权。

　　建造过程耗时费力，直到1997年12月16日，盖蒂中心才最终对外开放，耗资共超过13亿美元。盖蒂中心开放后，盖蒂别墅就关闭了，并进行大规模改造和装修，后于2006年1月28日重新开放。此后，盖蒂别墅和盖蒂中心的收藏和展览内容各有侧重：盖蒂别墅致力于收藏古希腊、古罗马和伊特鲁里亚艺术品，盖蒂中心收藏了许多20世纪前的欧洲绘画（包括梵高的《鸢尾花》）、素描、手绘、雕塑和装饰艺术品等，还有19-20世纪以来的美国、亚洲和欧洲的照片。盖蒂中心博物馆的室外收藏有装置艺术家罗伯特·埃尔文（Robert Irwin）的作品，分别摆放在露台、花园和大型中央花园中。盖蒂中心的园区中还有盖蒂研究学院、盖蒂文物保护中心、盖蒂基金会和J.保罗·盖蒂信托基金会。

洛杉矶位于地中海式气候带，盖蒂中心的博物馆中又收藏了许多欧洲当代艺术品；同时盖蒂中心位于圣塔莫妮卡山脉上，离第405号州际公路很近，于是迈耶聪明地叠加了两套景观轴线，利用意大利台地园的造景手法，营造出以西班牙、法国和意大利园林风格为代表的地中海风格的景观空间。采用两套轴网的做法——分别与洛杉矶，以及旁边的高速公路相协调——在后现代建筑和景观营造中并不陌生，毕竟这在迈耶的表兄彼得·埃森曼（Peter Eisenman, 见本书第8章）的韦克斯纳视觉艺术中心即有清晰的体现。（图11-2/11-29/11-30/11-31/11-32/11-33/11-34/11-35/11-36）

在谈及设计构思时，迈耶表示其设计灵感来源于意大利文艺复兴式的山地别墅，将建筑融于台地、退台、花园和庭院之中；建筑材料的选用也要追求与不朽的经典之作——雅典卫城联系，盖蒂中心的石料即来自雅典卫城的

图11-32 展览馆

图11-33 中心庭院内的喷泉

图11-34 从盖蒂博物馆俯瞰中央花园

图11-35 从到达广场的主入口往北看

图11-36 盖蒂中心为依山就势建造的建筑群，从附近眺望盖蒂中心的东楼、北楼和大礼堂错落有致

石料采集地。建筑大量运用了框景手法，把周围的环境——海洋、高速路、洛杉矶城和山脉等均引入设计空间，而花园则利用植物的种类和花色创造出独一无二的乡土特质。通过植物构成色彩、光影、香味和形式的变化序列和韵律，与建筑浑然一体。

迈耶利用了两个自然形成的山脊（两山脊形成22.5°的夹角），两组建筑和构筑物沿着这两条轴线铺开。这种布局方式直接定义了校园中的空间形式。沿着其中的一条轴线布置了美术馆画廊，沿另一条轴线布置了行政办公建筑。迈耶通过建造两条校园的视觉线索来强调两个颇具竞争性的建筑群体块。主要轴线为南北向，从直升飞机的停机坪起，然后是礼堂和北部建筑之间的一条狭窄走道，继续过去就是通向有轨电车站的电梯亭，穿过圆形大厅，经过展览场馆的墙体和支撑柱子，最后到了西部展厅旁的斜坡和中央花园。而东西向的轴线开始于盖蒂研究院的学者们所用翼楼的边缘，从中央花园到盖蒂研究院之间的步行道，穿过中央花园的杜鹃花池，通过中央花园和西部展览馆之间的步道，最后到达西部展馆的北墙和南部与东部展馆之间的庭院。整个建筑群采用了"分散式"布局方式，建筑面积达8.8万平方米。

展馆由一系列的大、中、小型展厅组成，连廊、内院穿插其间，人们可以将其理解为一幢大建筑，也可以理解为一系列小建筑的组合。这样迈耶有效地解决了博物馆的功能问题：防止博物馆经常出现的参观疲劳症。各展厅由天桥、楼梯和过廊相连接，空间的转换自然而流畅，观众在看完一个厅后，可以间歇地回到室外环境中，让身心得到调整。同时缩小了建筑的尺度，使人们感到亲切，也可避免破坏原有的自然环境，留出更多的外部空间，增加户外活动，符合洛杉矶的气候条件。

1997年，迈耶设计的盖蒂中心被美国《时代》周刊评为三项最佳博物馆建筑设计（盖蒂中心、比尔巴鄂古根海姆博物馆、日本美浦博物馆）之一。其中，盖蒂中心是规模最大的，被认为是比较典雅的高技派建筑，是20世纪后期西方城市文化的象征。

千禧教堂（Jubilee Church）

千禧教堂的正式名称为"仁慈的圣父教会"（Chiesa di Dio Padre Misericordioso），是罗马天主教堂，也是罗马托特莱斯特的社区中心，可供托特莱斯特社区的8 000位教众服务，因此也被看成是托特莱斯特区的"社会重生"项目。理查德·迈耶称之为"罗马教区千禧年计划王冠上的珍珠"。（图11-37/11-38/11-39/11-40）

迈耶参加了这座教堂设计的国际竞赛，击败了众多大师级对手才最终胜出，其中包括弗兰克·盖里（Frank Gehry，见本书第5章）、圣地亚哥·卡拉特拉瓦（Santiago Calatrava Valls，见附录90）和安藤忠雄（Tadao Ando，见本书第15章）等。

教堂所在地距离罗马市中心6英里，附近是一片20世纪70年代修建的中低收入居民住宅楼以及一座公共花园。教堂建筑面积108 414平方英尺（约10 000平方米），包括教堂和社区中心，两者之间用四层高的中庭连接。教堂用地被分成四个主要部分：一为选区，包括教会和社区中心；二为东北露台；三为西北休憩庭院；四为西侧公园。

整个建筑的造型颇似船形，教堂南侧的三个预制混凝土曲面墙体形成最具特色的形态，这些曲面都是同一球心的球体的局部，由300多片预制的灰白色混凝土板制成。三座大型的混凝土预制的翘壳高度从56英尺逐步上升到88英尺，看上去像白色风帆。迈耶说他已经将由曲面产生的热峰值降至最低，混凝土巨大热容体墙能有效阻热，这样能更好地控制室内温度，而且能减少能源损耗。墙体材料中还含有二氧化钛，能保持墙面色彩一直保持白色，因为据说"当二氧化钛吸收阳光中的紫外线时，能够形成非常强烈的反应，能够把混凝土表面的污染物分解掉，对汽车尾气尤为有效"。

"墙面"在这栋建筑里占有决定性的因素,并具有许多功能。从空间上来说,这些墙以极简的方式区隔内外,并于内部分隔出了礼拜室。这三面墙高耸入云的线条强而有力地展现了哥特式教堂的垂直风格,靠近内侧的两面墙隔出的不稳定的方形空间也令人联想到传统的哥特式圣殿。天主教廷更相信这三座墙是"圣父、圣子、圣灵"三位一体的象征——虽然迈耶本人予以否认。

　　这座引人注目的教堂,外观上仍具传统教堂予人的那份崇高和令人敬畏之意,然而,在这一片只有一般公寓的郊区里,并不会显得过于夸大或让人感到畏惧不可亲近。由于三面墙各是三个半径相等的球面的部分,前来礼拜的民众会惊讶地发现,自己正置身在三个大小相同、虚幻又彼此交叉的

图11-37/11-38/11-39/11-40　千禧教堂内外空间保持了迈耶设计一贯的雕塑感和光亮度

巨大球体中。当身处其间，教徒会强烈地感觉到他们正在被一种伟大力量的臂膀环绕着。北侧的活动中心却是严谨的方形混凝土构造体。就像迈耶自己形容的："圆形象征圆满，意在表现天穹。方形则展现大地，也是理性的象征。"

投入使用后，人们发现教堂最大的败笔恐怕在于音响效果。不过迈耶说他其实非常注重音效问题，极力避免使用麦克风或扩音器，但教区工作人员却随意加装了音响设备，导致在这样一个幽静的地方，神职人员及朗诵者的声音听起来却像从廉价广播里传出的一样，严重破坏了教堂本应有的神秘感和崇高感。迈耶批评道："我们有许多问题是由于原本的设定被恣意更改，被来自各方的礼物替换。"

2003年10月26日，千禧教堂在罗马正式开放。这座地标性的建筑很快成为教堂设计的一个典范。迈耶是历史上第一位受委托建造天主教教堂的犹太建筑师，据信这源自教皇增进天主教与犹太教间和平的信念。迈耶自己也说："我认为能被挑选上是一个莫大的光荣。""这对教廷与犹太人间的历史而言是和平的象征，因此是很重大的责任。"

小结

白色，对理查德·迈耶来说，早已是一种信仰。迈耶一直认为，白色包含了所有的颜色，有力地表现出大自然中的所有色彩，是一种可扩展的颜色，而不是一种有限的颜色。他相信：白色创造了一种中性的表面，在这个表面上会出现空间感，并增强人们对空间的结构感和序列感。迈耶说："白色是一种极好的色彩，能将建筑和当地的环境很好地分隔开。像瓷器有完美的界面一样，白色也能使建筑在灰暗的天空中显示出其独特的风格特征。雪白是我作品中的一个最大的特征，用它可以阐明建筑学理念并强调视觉影像的功能。白色也是在光与影、空旷与实体展示中最好的鉴赏，因此从传统意义上说，白色是纯洁、透明和完美的象征。"

通过对迈耶作品的分析，可有进一步的发现：

第一，迈耶的作品以"顺应自然"的理论为基础，表面材料常用白色，以绿色的自然景物衬托，使人觉得清新脱俗，他还善于利用白色表达建筑本身与周围环境的和谐关系。在建筑内部，他运用垂直空间和天然光线在建筑上的反射达到富于光影的效果，他以新的观点解释旧的建筑，并重新组合几何空间。这种做法其实并不新鲜，意大利台地园中以绿色高树篱为背景的白色大理石雕像，可被视为迈耶这一手法的原型。考虑到迈耶对自己作品的雕塑化处理，这种相似性恐怕是有意为之的。

第二，前文已多次提及，迈耶的建筑受柯布西耶和南欧的白色传统住宅影响甚大，但人们却似乎忘记了，同为白色建筑，迈耶的作品与前两者都明显不同。为何三者看来如此不同？最重要之处在于迈耶的白色建筑呈现出典型的"工业化"特征，从材料的切割到安装方式，处处体现了这一点。既然可以工业化预制、安装结构和装饰构件，那么迈耶自然可以建造大型的、功能复杂的建筑综合体。而沿袭地中海民居，甚至柯布西耶萨伏伊别墅的修建方式，恐怕都很难做到这一点。因其独特的工业基础和产业规模，迈耶的白派建筑自然而然地呈现出鲜明的"美国特色"，虽然迈耶主观上未必有此追求。

第三，即使抛开色彩因素，迈耶在处理建筑内空间及室内外景观丰富度上，也是高手。他的建筑通常开放多变，带有雕塑感，通过大面积落地窗将自然景观和天光云影引入室内，也能让室内公共空间为街道景观创造新内容……

20世纪80-90年代，迈耶的"白派建筑"蜚声国际。这一时期，正是美国经济、文化最为强大、乐观和繁荣的时代，没有恐怖袭击、没有金融风暴、没有互联网科技对传统产业的挑战……博物馆等文化空间的体验者仍可通过经典空间美学——光影、色彩、节奏、通透——来感知世界、享受生活。此时，迈耶的白色建筑无疑承载着美国当代文化最为华彩的乐章！

大张旗鼓的高技派

诺曼·福斯特爵士

Sir. Norman Foster，1935–

诺曼·福斯特是英国最多产的建筑师，他的设计公司福斯特和合伙人（Foster and Partners）是享誉世界的高技派建筑设计公司。1994年，他获得了美国建筑师学会金奖；1999年，获得普利兹克建筑奖；2007年，获得林恩·比德尔关于"高层建筑和城市栖息地"的终身成就奖，用以表彰他在高层建筑发展方面的贡献；2009年，福斯特被授予艺术领域的阿斯图里亚斯王子奖。

诺曼·福斯特特别强调人类与自然的共存，反对将两者看成是对抗关系，强调要从过去的文化形态中吸取经验和教训，提倡那些适合人类生活形态需要的建筑方式。

生平简述

福斯特1935年6月1日出生于英国柴郡的斯托克波特，是罗伯特·福斯

图12-1 香港汇丰银行

图12-2 法兰克福商业银行大厦

图12-3 德国国会大
厦的玻璃穹顶

特和莉莲·史密斯的儿子。出生后不久,福斯特一家搬到了曼彻斯特。福斯特的父母非常勤劳,当诺曼还是个孩子时,父母因为工作沉重而无暇他顾,只能把孩子交给邻居或其他家庭成员来照顾。小诺曼进入了伯纳格文法学校(男校)。1999年,在英国《卫报》的一篇专访中,福斯特说他在学校总是因显得"不同"而被欺负,他便在书籍的海洋中寻求安慰。他回忆自己早年间总是会担心自己行为不当而引发尴尬,于是常沉默寡言。

福斯特将曼彻斯特形容为"世界工作坊"和"伟大城市的化身"。因为父亲罗伯特·福斯特在特拉福德公园的大都会威克斯①公司工作,这使得福斯特很早就对工程和设计感兴趣。福斯特说这是他想从事建造房屋工作的开始。他还特别喜欢研究航空器,这个兴趣保持至今;他还喜欢火车,乘坐火车望向窗外的田园街道总能让他想起孩童时代。

福斯特16岁辍学,听从父亲的劝说参加了曼彻斯特市政厅的培训生计划。1951年,福斯特通过了考试成为曼彻斯特市政厅(图12-4)一名财务主

---

① 大都会威克斯(Metropolitan-Vickers, Metrovick, or Metrovicks)是英国重型电气工程公司,20世纪50年代以前被称为英国西屋电气公司。该公司出品的工业电气设备非常多样化,包括发电机、汽轮机、开关设备、变压器、电子设备和铁路牵引设备等,是世界上第一台商用晶体管计算机和英国第一个轴流式喷气发动机的制造商。公司位于特拉福德公园的工厂,在20世纪的大多数时间内都是英国和世界上最大和最重要的重型工程设施之一。

图12-4 阿尔弗雷德·沃特豪斯（Alfred Waterhouse，见附录13）设计的曼彻斯特市政厅（Manchester Town Hall），福斯特曾在这里任职低级文员

管的办公室助理。工作地点是一个具有维多利亚女王时代特色的标志性建筑，这将他带入了维多利亚女王时代特有的建筑及工艺环境之中，使他不止有机会在现场观摩这座盛大建筑的总体效果，并且还有机会注意到光线使用和扶手设计等细节内容。当时他有个同事，被称为柯布先生，这位柯布先生的儿子在大学学习建筑设计，这就引发了福斯特开始考虑是否应把建筑设计作为自己的终身职业。在曼城财务主管办公室工作结束后，1953年，他进入英国皇家空军。这是由他对飞行器的热情而驱动的一次职业转向。

从空军退役回到曼彻斯特后，福斯特不再想听从父母的意愿，而试图跳出自己的工人阶级身份，从一个更广阔的视角来思考自己的未来。他找到了一份工作，为一个当地的建筑师事务所的合同经理做助理。这家事务所的名字是"约翰·贝尔肖和合伙人"（John Bearshaw and Partners）。设计公司的专业人员建议福斯特说，如果他想成为一个建筑师，必须先准备一份作品图集，包括效果图和施工图，可以采用贝尔肖的项目为基础。贝尔肖对福斯特的作品图集印象深刻，就提拔年轻的福斯特到绘图部工作。这一工作后来被福斯特描述为他人生的一个重要转折点。

1956年21岁时，福斯特终于进入曼彻斯特大学建筑与城市规划学院学习。福斯特因为没有机会享受生活补贴，所以找了许多兼职来支付学费和生活费，他做过冰激凌推销员、夜店保镖、在面包店上夜班做煎饼等。他将这些工作经验当成自修过程，还不断到当地图书馆学习。福斯特对许多建筑师的作品都感兴趣，特别是弗兰克·劳埃德·赖特（Frank Lloyd Wright，见附录18）、路德维希·密斯·凡·德·罗（Ludwig Mies van der Rohe，见附录26）、勒·柯布西耶（Le Corbusier，见附录29）和奥斯卡·尼迈耶（Oscar Niemeyer，见附录46）等人。

1961年在曼彻斯特完成学业后，福斯特获得了耶鲁大学建筑学院的一个特殊课程奖学金，诺曼·福斯特今天的许多方面都起源于他在美国读研究生那段时间。在耶鲁期间，他碰到了自己未来的合伙人理查德·罗杰斯（Richard George Rogers，见附录71），随后他获得了硕士研究生学位。在美国的一年，小文森特·约瑟夫·史卡利（Vincent Joseph Scully Jr.，见附录53）一直鼓励福斯特和罗杰斯。1963年回到英国后，福斯特建立了建筑事务所，名为"四人团"（Team 4），成员有福斯特、罗杰斯、乔琪和温蒂·奇斯曼姐妹（Georgie and Wendy Cheesman）。四人中只有乔琪通过了英国皇家建筑师协会的执业资格考试，这才使得这个四人小组能合法开业。他们的第一件作品就是为人熟知的阿波罗17登月舱。康沃尔郡的设计开拓了生态建筑的理念，这一建筑的特色体现在它的天窗画廊和一个有山水画的屋顶，他们以此建筑设计获得了英国皇家建筑师协会的一个奖项。

1965年，四人小组在斯文顿设计了一家3万平方英尺（约2800平方米）的工厂，这一工程获得了国际性赞誉。后来，这个四人小团体的成员走上了不同道路，福斯特和温蒂·奇斯曼成立了福斯特联盟（Foster Associates），1967年更名为"福斯特和合伙人"（Foster and Partners）。此后这个公司与美国建筑师理查德·巴克敏斯特·富勒（Richard Buckminster Fuller，见附录33）有很长时间的合作，直到富勒1983年去世才结束。

代表作品

威利斯办公大楼（Willis Faber and Dumas Headquarters）

福斯特和合伙人公司在英国的突破性建筑是位于伊普斯维奇的威利

图12-5 威利斯办公大楼及其屋顶花园鸟瞰，紧邻它的老建筑就是"一神论信徒聚会所"

图12-6 威利斯办公大楼的玻璃幕墙成为周边街道上的装饰艺术风格建筑的最佳展示屏

图12-7 玻璃幕墙上的紧固件细节

斯·法博和杜马总部大楼，现为"韦莱韬睿惠悦咨询公司"。大楼修建于1970-1975年间，共三层，均为开放式办公空间，最多可同时供1 300名工作人员使用。这座建筑的位置恰恰夹在几个路口的交汇处，已被列入一级建筑名单的"一神论信徒聚会所"就在其旁边，是伊普斯维奇镇现存的最古老建筑。几十年过去了，今天人们可以看到镇上最古老的建筑和里程碑式的威利斯大楼并列而立，它们都是镇上的"一级保护建筑名单"中的成员。

　　威利斯大楼的客户是一个家族运营的保险公司，项目的目标是在工作空间中努力恢复社区意识。福斯特在开放空间成为流行趋势的很长时间以前，即在威利斯大楼中创造了开放的布局方式。在一个公共设施并不充分的小镇中，屋顶花园、25米长的游泳池①和健身房，都有效地提升了公司1 200名员工

---

① "建筑最初完成时的游泳池是为了供员工午休时享用，但现已被掩盖，空间被用于布置更多的办公室。

的生活品质。

建筑外立面全部用玻璃材料建造，透过玻璃可以让人们看到玻璃外的中世纪街景，形成一种戏剧化场景。有趣的是，福斯特选择的890号深色烟熏玻璃幕墙并不透明，室外无法看到室内，但走在街道上的行人能非常清晰地看到从建筑幕墙上反射出来的小镇街景，这使得威利斯办公大楼成为曼彻斯特装饰艺术运动的展示墙面。建筑的中心是由混凝土杠了组成的网格，柱间距14米，共同支撑着悬臂混凝土楼板。中央自动扶梯通往天台餐厅，四周为全景化的屋顶花园。（图12-5/12-6/12-7）

这是诺曼·福斯特早期建筑之一，也是他自己最喜欢的建筑之一，如今已被视为"高技派"的一件标志性作品，曼彻斯特的《每日建筑快报》评价为，这是福斯特对自己年轻时代生活的回应。1991年，威利斯办公大楼成为被授予英国一级保护建筑地位的、历史最短的建筑。

香港汇丰银行（HSBC Building）

汇丰银行主楼是香港汇丰银行有限公司总部大厦，今天是伦敦汇丰银行控股的全资子公司。大楼在皇后像广场的南部，临近旧市政厅所在地。旧汇丰银行总部大厦建于1935年，为了建造现在的建筑而拆掉了。

从概念的形成到建筑的完成，汇丰银行的建成共花了七年时间（1978-1985年）。大楼总高180米，共47层，地下4层。由于项目建造时间很紧张，建筑遵循模块化设计，大楼能按期完工很大程度上依赖于在世界各地生产完成的预制零部件。例如，五个预制钢构模块，在英国格拉斯哥附近的史葛罗根造船厂生产完成，再船运至香港；玻璃、铝包层和地板来自美国，而服务模块由日本提供……整个建筑共耗费3万吨钢和4 500吨铝，是当时全球最昂贵的建筑，共花费约6.68亿美元。（图12-1）

汇丰银行大楼投入使用多年以来，有三大特点令人印象深刻：

第一，建筑的地面层与城市街道完全贯通，人们可以自由行走穿行。银行大楼常见的那种敦实坚固、不可侵犯的隔绝感完全不存在。这既是对香港热带气候的一种回应，也是福斯特一直倡导的建筑与周围环境良好协调观念的体现。

第二，大楼的节能方法在当时的世界上也是顶级的。自然阳光是建筑物内部照明的主要来源。中庭顶部有一排巨大的镜子，可以将自然光反射进中庭和地下广场。此外，外墙上的遮阳板能阻止阳光直接进入建筑物，并减少热量的增加。海水还能代替淡水作为空调系统的冷却剂。

第三，该建筑也是为数不多的没有用贯穿上下的电梯作为主要交通工具的建筑之一；相反，每部电梯只集中解决几层的交通问题，楼层间由自动扶梯相连。

第四，整个建筑被当作一个复杂的"机械装备"来处理，甚至所有的地板都是由轻质活动板制成，地板下面是电力、电信和空调系统的综合网络。这种设计是为了让计算机终端等设备被快速安装。据说，这种做法是因为汇丰银行的拥有者对香港回归后的经济前景不乐观，一旦香港经济崩盘，整个建筑可以被逐件拆开、运回英国后再被组装起来。无论如何，汇丰银行的建造让中国建筑师第一次了解何为"工业化生产"的建筑，而银行大楼历经几次加建和改造，至今仍留在香港。

这座建筑以其高水平的透明度而为人们所熟知，3 500位员工在此能看到太平山和维多利亚港。福斯特很感谢能主持这一工程，他后来说，如果他们的公司当时没能获得这个项目机会就很可能倒闭了。

尼姆卡里艺术中心和弗雷尤斯中等职业学校（Carré d'Art, Nîmes & Lycée Albert Camus, Fréjus）

在法国南部普罗旺斯地区有两座小城，西边的叫尼姆，东边的叫弗雷尤斯。两座小城与名城马赛大致位于同一纬度，并分列其两侧，距马赛的直线距离均约100公里。诺曼·福斯特的两件别致的作品就分别落户于这两座小城：尼姆的卡里艺术中心和弗雷尤斯的中等职业学校。如果我们细细品味这两个看似毫不相关的项目，竟会发现许多相同之处。

第一，两者均是福斯特事务所通过竞赛而获得设计权。卡里艺术中心源于1984年由尼姆市长发起的一场设计竞赛。在此次竞赛中，福斯特一举击败了包括弗兰克·盖里（Frank Gehry，见本书第5章）、西萨·佩里（César Pelli，见附录58）、让·努维尔（Jean Nouvel，见附录85）等世界顶级大师在内的诸多对手。而弗雷尤斯中等职业学校的设计竞赛（1991年）虽没有如此隆重，但胜利也是来之不易。

其二，两者均在1993年竣工，艺术中心几经周折，前后历时近十年才完工，这给设计师提供了一个"精雕细刻"的好机会。职业学校则为了适应小城镇迅速发展的要求，在设计任务书中就明确提出"建设周期短，造价适中"的要求，这个项目总共用时两年半。

其三，两者所在地区有着相同的气候条件，都位于法国南部，同属地中海气候，受亚热带高气压影响，冬季温和湿润，夏季却炎热干燥，全年日照长，降水少湿度小。因此，如何对付炎热干燥的夏季成为建筑师面临的棘手问题，诺曼·福斯特在注重建筑与城市文脉和自然环境相协调的同时，还根据当地的气候条件，在建筑采光与遮阳、自然通风等技术环节上作出了积极的尝试，也为以后完成法兰克福商业银行大厦（见后）、德国国会大厦（见后）等具有世界影响的作品奠定了坚实的基础。

尼姆是一座历史文化名城，曾是古罗马的地区行政中心，城内有世界上保存最完好的古罗马卡里神庙（Maison Carrée，图12-8），艺术中心就建在距神庙仅咫尺之遥的19世纪歌剧院的废墟上。艺术中心和神庙被一条以法国

图12-8　尼姆城中建造于古罗马时期的卡里神庙

文学家维克多·雨果的名字命名的城市道路相分隔，路的尽端是尼姆的另外一处古迹：古罗马竞技场的遗址。在如此浓郁的传统文化氛围中，如何处理好新旧建筑之间、建筑与城市之间的关系，使其融入历史性街区，便成为设计成败的关键。

福斯特向我们证实了"现代建筑同样可以和旧的历史环境相融合，而不是一种折中的产物"。在材料选择和细部处理上，建筑师显现出一如既往的执著，大胆选用了最新颖、最现代的材料，采取最为简洁的细部处理，使人又一次领略到现代建筑的真正风采。

艺术中心坐落于高高的石头基座上，前部是开敞的柱廊，由5根17米高的纤维钢柱支撑；侧墙平整光洁，显得优雅而匀称，外露的素混凝土柱与不同透明度的玻璃组合在一起，仿佛一扇巨大的日式屏风，给人一种若隐若现、若即若离的感觉。艺术中心像一座浮于海面的冰山，大部分藏于地下（地下5层，地上4层），其中包括电影院、报告厅及服务、储存空间。整座建筑虽然规模宏大，但尺度上却显得谦恭而细腻，与古老的街区融为一体，充分表达出建筑师对历史传统的尊重。地上部分则围绕5层高的中央室内庭院，将各类用房沿周边布置：艺术画廊位于顶层，通过采光天窗可以最大限度地获得展览所需的自然光；画廊下面是图书馆、档案馆和各类办公用房；一个咖啡厅与屋顶露天平台相连，游客可以在休息的同时，从全新的视点领略那座有2 000年历史的卡里神庙的雄姿。

艺术中心洁白的颜色于轻描淡写之中将建筑的热量降至最低，轻质的铝合金百叶天篷遮挡住夏季的直射阳光，而将柔和的漫反射光线引向室内庭院。最为特别的是，为了使地下部分也能获得自然光，室内庭院的地板和楼梯踏步均使用透明强化玻璃材料，那充满温情的光线能够一直向下延伸。"好似在某个北方寒冷气候条件下生活了很长时间的人一样，太阳对我有着巨大的吸引力。同样，在阳光充足的气候环境下，我寻找阴蔽也是为了发现和利用阳光。"福斯特在获得自然光线和遮阳这一对矛盾中找到一个平衡点。

在卡里神庙和艺术中心之间，原本是一个杂乱的停车场。为了使新旧建筑取得心灵上的进一步沟通，福斯特重新为整个地段做了环境设计。他将局部城市道路重新优化，迁走停车场，取而代之的是一个铺装精美的下沉式广场，用作露天茶座等公共交往场所。一时间，原本枯燥乏味的停车场变为尼

图12-9/12-10 卡里
艺术中心、艺术广场及
墙面西部

姆市的一道亮丽的风景，游客和市民络绎不绝。神庙、广场和艺术中心，形成有机的整体。

卡里艺术中心得到行家们的普遍赞许，就连平日对"高技派"牢骚满腹的查尔斯·詹克斯（Charles Alexander Jencks，见附录80）也不得不承认艺术中心"几乎做到了各要素之间的完美结合"。如果说从建筑艺术的角度来看，福斯特递交了一份令人满意的答卷；那么从建筑技术的角度分析，艺术中心的设计就更加令人叹为观止。（图12-9/12-10）

在尼姆九年的历程使福斯特与法国南部结下了不解之缘，常年生活在阴雨霏霏的"雾都"的建筑师对地中海明媚的阳光充满了渴求。因此，当弗雷尤斯中等职业学校进入他的视野时，尼姆的"经验"起到了关键的作用。

同尼姆的艺术中心一样，为了最大限度地获得良好的朝向和滨海景观，福斯特将可以容纳900人的学校一字排开，沿东西向轴线设置一条长长的室内走廊，形成一条带有中庭和天窗的"街道"，使之成为学生课余的交往场所，所有教室则沿轴线依次排列。建筑向阳的一侧设计了一组精美的银色遮阳板，将夏季的酷热挡在室外。阳光透过缝隙投下点点光斑，犹如一曲动人的旋律。建筑周边的绿化也考虑得十分细致，高大的阔叶乔木在夏季可以起到遮阳的作用，同时又不会阻隔冬季温暖的阳光。最有意思的是，福斯特选取了与建筑屋顶形状相呼应的树种，让人领略到现代建筑也同样可以与优美的自然环境相融合。

在弗雷尤斯中等学校的建设中，福斯特利用"烟囱效应"的做法引人注意，这个办法使热空气通过中庭从"街"顶的天窗排出，新鲜的室外空气再通过窗户进入房间，达到自然通风的目的。此外，在屋面的结构上建筑师也颇动了些脑筋，他借鉴传统阿拉伯建筑的做法，在混凝土屋面的结构层和防水层之间设有通透的空腔，这样既降低了屋面的导热系数，又有利于加速自然通风。屋面所用的混凝土也采用了当地出产的一种高热容的材料，来进一步增加屋面的热惰性，福斯特的这一尝试仅仅是应用在功能最简单的建筑中，利用最基本的空气动力学原理。作为"高技派"的福斯特恐怕并非所谓高技派的信徒，而是试图充分了解其基本原理，再利用高科技来强化或优化这些基本原理。

一年之后，在大量计算机模拟分析的基础上，福斯特将法兰克福商业银行大厦（1992-1997年）设计成为带有螺旋上升的室外平台花园的通透的风塔，实现了在大型办公建筑中，借助一定的机械手段来达到自然通风的目的，成了节能办公建筑的典范。法兰克福商业银行大厦也被誉为"第一座生态性高层塔楼"。此后在德国国会大厦的设计中，福斯特对"风"的把握则显得更加游刃有余，他将基本原理应用于高度复杂的建筑中，并将通风系统融入建筑造型艺术中——作为整个国会大厦视觉精华的玻璃穹顶恰恰是通风系统的排风口。

法兰克福商业银行大厦（Commerzbank Tower）

法兰克福商业银行大厦位于法兰克福内城区，1994年动工，耗时3年方才建成。大厦提供了12.1万平方米的办公空间，是一座56层、259米高的摩天大楼，塔顶装有信号灯的天线尖顶使塔的总高度达300.1米。它是法兰克福最高的建筑物，也是德国最高的建筑物。从1997年落成到2003年，它一直是欧洲最高的建筑。

20世纪90年代早期，当修建商业银行的计划刚刚启动时，法兰克福由绿党和自由民主党共同执政，他们鼓励商业银行建造一座"绿色"的摩天大楼，于是这座世界上第一个生态摩天楼得以建成。商业银行大厦的外形为60米宽的等边三角形，中间有三角形的中庭。9个不同层的中庭向三角形中的一个边开放，形成巨大的空中花园。这些开放的区域允许更多的自然光进入建筑中，减少了人工照明量。同时，它确保了在另外两个面的办公室随时可以看到城市景观或空中花园。除了设置"空中花园"，还采用了环保技术来

图12-11/12-12/12-13 法兰克福商业银行大厦天际线醒目，大厦内的"空中花园"引人注目

减少供暖和制冷所耗费的能源。为了消除在空中花园里支撑柱子的需要，这座大楼是用钢建造的，而放弃了常规的（更便宜的）混凝土。这是德国第一座用钢材作结构主材的摩天大楼。（图12-11/12-12/12-13）

德国国会大厦（Reichstag Restoration）

德国国会大厦原为一个历史遗迹，为德意志帝国的日常议事大厅。它于1894年被启用，直到1933年因一场大火而严重受损才停用。"二战"后，该建筑被弃用，民主德国的议会被放到了东柏林的共和国宫，而联邦德国的议

图12-14/12-15/12-16 改造后的德国国会大厦已成为柏林的新地标

会则被迁往波恩。（图12-3/12-14/12-15/12-16）

这座毁坏的建筑在20世纪60年代曾进行了安全加固和部分翻新。1990年10月3日，两德统一，许多政要参加了国会大厦举行的活动，包括赫尔姆特·科尔总理、里夏德·冯·魏茨泽克、前总理维利·勃兰特和其他许多人。1992年，诺曼·福斯特赢得了建筑改造的设计竞赛。他获胜时的方案与最终的实施方案大不相同，原设计中并不包括后来的穹顶。

1999年，重建工程完成。当年的4月19日，是德国联邦议院第一次正式使用国会大厦。现在，国会大厦在德国最受欢迎的参观景点中排名第二，尤其因其巨大的玻璃穹顶，形成柏林上空一个令人印象深刻的景观造型。在灯光闪耀的夜晚，这里更是吸引游客的好地方。

在重建之前，除外墙之外的所有构件都被移除了，甚至包括鲍姆加滕（Paul Baumgarten）在20世纪60年代所作的所有更改。尊重建筑的历史性是建筑师们必须遵循的规约，所以历史事件的遗迹必须保持在可见状态。其中包括1945年4-5月苏联士兵在攻克柏林后留下的涂鸦，不过，通过与俄罗斯外交官达成协议，那些带有种族主义或性别歧视主题的涂鸦被删除了。

穹顶通过事先登记可向游客开放。在这座德国最大的玻璃穹顶下，人们能360°地观赏周边的柏林城市景观。下面的议会主厅（辩论厅）也可以从穹顶内部看到，从上面的自然光照射到议会大厅的地板上。一个巨大的遮阳板通过电子手段能跟踪太阳的运动，阻挡直射的太阳光。这就使穹顶总能将漫射光引入室内，但却能有效避免阳光直射导致的眩光或引发温室效应、导致能源损耗。

福斯特在改造项目中增加玻璃穹顶的做法很聪明：一来是对历史事件和传统建筑造型的回应，二来又能满足采光和观光等现实功能性要求，三来还能用高科技手段弱化那些因国会大厦的历史而引发的不良联想。

伦敦市政厅（Greater London Authority Building/London City Hall）

市政厅是大伦敦管理局的总部，由伦敦市长和伦敦议会组成。它位于索思沃克，在伦敦塔桥附近的泰晤士河南岸。2002年7月，它在大伦敦当局成立两年后建造完成。市政厅的建造地点原来是一个码头服务区，总建造成本为4 300万英镑。该建筑不属于大伦敦管理局，仅是出租给政府，为期25年。2011年6月，市长鲍里斯·约翰逊宣布，在2012年的伦敦奥运会期间，这座大楼将被称为"伦敦之家"。（图12-17/12-18/12-19）

该大楼有一个不寻常的、类似球状的外形，据称是为了减少表面面积和提高能源效率，但是大面积的玻璃表面导致能源损耗很可能已经超过了其造型优势。尽管该建筑声称"展示了一个可持续的、几乎无污染的公共建筑的潜力"，但能源使用的测量结果显示该建筑在能源使用方面的效率相当低，2012年的"显示能源性能证书"将其评级为D级。或许正因为其能源利用率远不及建筑师当初宣称的那么好，于是就有许多人拿它的造型来开玩笑，比如将它比喻成黑武士达斯·维德（Darth Vader）的头盔、畸形的鸡蛋、土鳖虫等；前伦敦市长肯·利文斯通称它为"玻璃睾丸"，而他的继任者鲍里斯·约翰逊则礼貌得多，称其为"玻璃性腺"和"洋葱"。

福斯特根据在柏林的国会大厦中的设计经验，设计了一个500米的螺旋

图12-17/12-18/12-19 伦敦市政厅的造型是为最大限度地节能，但实际效果不佳，于是建筑则因其造型而饱受攻击

走道上升到建筑物的顶部。在第十层楼的顶部是一个展览和会议空间，还有一个偶尔向公众开放的观景平台，被称为"伦敦的客厅"。沿着走道能看到建筑物内部的各种不同景观，并用以象征透明度；类似的装置在德国国会大厦建筑中也曾使用。2006年，伦敦气候变化机构宣布将在这里安装太阳能光伏电池。

会议室位于螺旋楼梯的底部。大会成员的座位和桌子以圆形形式排列，没有明确的"领导位置"，主席、理事会主席或市长等均可在此就座。阶梯式座椅位于房间的一侧，供参观者和观察员使用。

伦敦千禧桥（Millennium Bridge）

千禧桥，正式名称为"伦敦千年桥"，是伦敦泰晤士河上的行人用钢

图12-20/12-21/12-22 伦敦千禧桥不仅要满足功能要求还必须成为泰晤士河两岸的景观重心

质吊桥，能够将河岸与伦敦市连接起来。它位于南华桥和黑衣修士铁路桥之间。工程于1998年开始建造，于2000年6月开始启用。（图12-20/12-21/12-22）

桥的南端是河岸画廊和泰特美术馆，而桥的北端紧邻圣保罗市大教堂下方的伦敦城市学校。从桥面上可以直接看到圣保罗大教堂的南立面。

该桥的设计来自1996年由索思沃克委员会和皇家建筑师协会举办的设计竞赛。得奖作品是一个名为"光之刃"创新设计，提交方是奥雅纳集团、福斯特和合作伙伴安东尼·卡罗爵士。由于桥梁的位置特殊，所以不仅有限高要求，还必须成为泰晤士河上的重要景观。该桥的悬挂设计有低于甲板水平的支持电缆，提供了一个浅层剖面。该桥有两个桥墩，由3个主要部分组成，由北向南，分别长81米、144米和108米，总结构长度为325米，铝甲板宽4米。8根悬索被拉紧，以2 000吨的拉力将桥墩固定在两边河岸上，足以支撑桥上5 000人的荷载要求。

该桥的施工开始于1998年底，主要工作开始于1999年4月28日，于2000年6月10日开放，比计划晚了2个月。工程总价为1 820万英镑，比预算多了

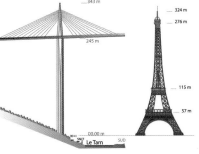

图12-23/12-24 米约高架桥的一个P2桥墩是法国最高的构筑物，比埃菲尔铁塔还高

图12-25/12-26 涂上深红色的西阿斯塔桥被形象地称为"瑞典香肠"

220万英镑。

千禧桥被称为"摇摇晃晃的桥",因为在其上行走,人们常感到意外的摇晃。意外的横向振动(共振结构响应)导致大桥于2000年6月12日关闭,进行改造。人们试图限制过桥的人数,但没能抑制振动。这座桥被关闭了将近两年,同时进行了结构修改以消除晃动之感。2002年,大桥再次开放。

与其他建筑师不同,福斯特的桥梁设计作品还不少,如米约高架桥(The Millau Viaduct)和西阿斯塔桥(Western Arsta Bridge)。

米约高架桥横跨在法国南部靠近米约的塔恩河河谷上,是一座斜拉桥。桅杆顶端的结构高度在343米之上。由福斯特和法国著名的工程师和桥梁专家米歇尔·维洛日(Michel Virlogeux)合作设计,在桥梁的路面板与地面之间有270米高差。米约高架桥的建造费用约为4亿欧元。它于2004年12月14日正式落成,于12月16日通车。该桥获得了2006届国际桥梁与结构工程协会优秀结构奖。(图12-23/12-24)

西阿斯塔桥位于瑞典斯德哥尔摩城中心,是两座平行的铁路桥。西侧的新桥用混凝土建造,由诺曼·福斯特爵士设计,长833米、宽19.5米,2005年举行了通车典礼。

新桥的宽度是旧桥的2倍,从而允许靠近铁路的高架通道的建设,新桥梁的支柱虽然更加苗条,但承重能力大为提高。在进行了多年的激烈辩论后,福斯特的桥被涂上了传统的深红色,因而这座桥被批评者们戏称为"瑞典香肠"。(图12-25/12-26)

圣玛莉艾克斯30号大楼/瑞士再保险伦敦总部
（30 St Mary Axe/Swiss Re London Headquarters）

圣玛莉艾克斯30号大楼（俗称"小黄瓜"，之前是瑞士再保险大厦），是伦敦主要金融区的一个商业摩天大厦。建筑坐落在波罗的海交易所旧址，原为船舶航运销售市场、航运信息及航运商会的总部。

1992年4月10日，爱尔兰共和军引爆了靠近交易所的炸弹，对这座历史建筑和邻近建筑物造成了大面积破坏。英国文物局曾强烈要求任何重建都必须将波罗的海交易所的老门面完全复原，后来发现破坏比当初想象的要严重得多，他们不再坚持完全恢复，但还是反对重建。波罗的海交易所和海运商会在1995年时将这片土地出售给了特拉法格置业公司。1996年，特拉法格置业公司为新建筑提供了设计方案。但方案与伦敦市的城市规模完全不匹配，而且预估会对伦敦的城市机场和希思罗机场的航班造成干扰，因此这个计划被搁置。

福斯特的设计是建立在海外交易所旧址上的一座全新建筑。大楼始建

图12-27/12-28/12-29　不同视角看到的"小黄瓜"

于2001年，于2003年12月完工，并于2004年4月28日开幕。它有41层、180米高，是伦敦市最被广泛认可的当代建筑。"小黄瓜"的绰号至少自1999年即开始使用了。（图12-27/12-28/12-29）

2005年4月，媒体报道说，建筑上部三分之二处有一块玻璃掉到了下面的广场地面上。广场随后被封锁了，但大楼仍然开放。为了保护游客，一个临时覆盖人行道的掩体被修建起来，一直延伸到广场的建筑接待处。

自建成以来，该建筑获得了多项建筑奖。2004年10月，建筑师荣获皇家建筑师协会的斯特林建筑大奖，这是斯特林奖的评审历史上评委会第一次意见完全一致；2005年12月，《世界建筑设计》杂志在全球最大的建筑设计事务所中作了一份调查，"小黄瓜"被评为世界上最受欢迎的新建筑。

德累斯顿火车站（Dresden Hauptbahnh of Reconstruction）

德累斯顿火车站是在德累斯顿的最大的客运站。1898年，它代替了以前的萨克森波希米亚国家铁路车站，并被设定为城市的中环火车站。在两个不同等级的轨道和终点站之间的岛上的车站建筑是独一无二的。这座建筑以其带有特氟龙外套的玻璃纤维薄膜屋顶而闻名。在21世纪初的车站综合整理规划中，这种半透明的屋顶设计能让更多的光线到达大堂，使其比以前更明亮。

整修后的车站落成典礼于2006年11月10日晚上在大堂穹顶下举行，这一年恰逢庆祝建城800周年。开幕式意味着旅游业的重大障碍已经扫除。到2006

图12-30　车站的新特氟龙顶

图12-31　改造后的东侧的主入口

图12-32　改造后的皇家展馆

年11月为止，修复的费用约为2.5亿欧元。在这一数额中，8 500万欧元花在了薄膜屋顶上，5 500万欧元用于入口处的建筑上。2007年12月，新设计的轨道网大部分都被启用了，1号月台直到2008年底才投入使用。此外，南大厅外的两条货运列车也被重建了。但到直到2014年，改造项目仍没最终完成。

车站建筑面向西北—东南方向，沿纵轴分为三个火车棚形成的三个大厅，屋顶有引人注目的拱形屋顶。门厅位于东侧，中央大厅最大，位于另两个大厅的中间，平面近方形。面对联邦公路第170号的前院是主要入口处。这条路与穿过另外两个大厅的铁路大致成直角，并位于其下方。

车站建筑的正门是一个大的圆形门窗拱门的一部分。这个入口被安装于占据正面中心的庞大宏伟的前庭。另外有一尊莎索尼亚的雕像，是萨克森精神的物化，这种设置是介于科学和技术之间的寓言。入口建筑的两个入口和两侧的钟楼都显示了车站与历史主义建筑风格的联系，这是德累斯顿萨克森王国建筑的典型形式。

三组月台大厅占地宽60米、长186米。屋顶的铁拱结构高达32米，宽59米。火车棚的跨度为31米或32米，宽19米。屋顶的尺寸在蒸汽时代是必要的，因为这个高度利于把烟吹走。

车站的特色是翻新屋顶。先前的玻璃框被0.7毫米厚的玻璃纤维薄膜所取代，这些薄膜在拱形大厅之间被拉伸。该膜具有双面特氟龙涂层，厚度为0.1毫米，并且可以自清洁。这是历史上第一次用这种新材料来处理历史建筑。设计使用寿命为50年，该膜可以抵抗拉力高达约150千牛/米。它可以由受过训练的人员带安全带走过。（图12-30/12-31/12-32/12-33/12-34/12-35/12-36）

这种膜在白天基本上是半透明的，晚上反射出大厅的光线，外面的结构似乎是银色的。隔膜之间的狭缝在大厅拱门上开着，形成总共67个天窗。屋顶面积约3.3万平方米（其中2.9万平方米由玻璃纤维膜制成），占地面积约2.45万平方米。福斯特的团队认为项目设计所采用的材料相对容易安装，重量轻，维护成本低（可自清洁）。根据德国联邦铁路规格，因为屋顶的"帐篷结构"使得空间系统的冷却并不是必须的，即使在明亮的阳光下也如此。

车站改造计划始于1997年，最初设想的是建一个覆盖外平台的完整天篷，但这一构想在2000年时被否决了。取而代之的方案是，把两个外侧屋顶延长200米，用薄膜屋顶向外面平台的东面延伸。修复工作是在2001年2月至

图12-33　改造后的主厅

图12-34　入口大厅的东翼

图12-36　清晨时恢复光亮后的主厅

图12-35　装修后的南厅

2006年7月期间进行的。在两个外厅安装了800吨材料，1 600多吨材料安装在中央大厅。2001年5月15日，工人们开始拆除旧玻璃屋顶。一些旧钢梁被重新利用，一些新的被插入作为抵御风力的大厅拱门中。二级结构被安装在横梁上。共安装了10万多枚螺钉，其中一些还取代了历史上的拱门上的铆钉。还安装了服务电梯。

不过在使用中，这种隔膜材料似乎有些麻烦。经历过恶劣的天气，薄膜屋顶已经损坏好几次了——例如在2010年至2011年的冬季，屋顶就形成了8米宽的裂缝。

小结

我们今天所谓的"高技派"，大致起源于20世纪60年代。当时的"阿波罗"登月计划等一系列科学技术成功，使得"技术乐观主义"的思想发展到了顶峰。福斯特被视为"高技派"建筑师的灵魂人物，也是公认的"花钱高手"，因为他在建筑中用到的许多技术与我们所能接受的"适用技术"还相去甚远。

外界对福斯特的这种评价自有其合理的一面，但也有过于强求的一面。且不说现实世界中是否真的存在所谓严格的"高技派建筑师群体"，即使在建筑设计领域内部，每一位建筑师的人生经历、个人兴趣、艺术风格均有不同，很难一概而论。我们若想中肯地评价福斯特的"高技派设计"，其实应还原到建筑师经历及其创作的真实状态。

前文已述，诺曼·福斯特出身于工人阶级家庭，自幼喜好各种工程技术产品，对飞行器、火车等大型的复杂设备机具尤为偏好。这恐怕直接导致了如下三个结果：

第一，福斯特投身建筑领域之时，整个西方世界都沉浸在"技术乐观主义"的氛围中，这位拥有人生理想的年轻人也便自然而然地接受了富勒的观点，支持富勒的人类与自然协调共存而不是互相抵触的哲学观。社会、文化、技术和自然的诸元素作为维持人类生存的因子在福斯特的作品中得以均衡考虑。人们可以感受到其作品中对环境的重视，而生态观念正是福斯特在环境方面塑造的重点。福斯特与富勒的合作一直延续到富勒辞世，恐怕是二人间亦师亦友关系的最佳体现。

第二，当美国的后现代主义建筑师们正在试图通过理论、文化、美学建构等途径，向欧洲影响深厚的美国国际风格宣战时，福斯特早已聪明地找到了自己的位置。作为英国建筑师，他不需要、也不可能挑战欧洲大陆的经典现代主义；若像美国建筑师那样在风格与造型方面做文章，恐怕根本找不到自己的职业发展出路，也绝非福斯特时代建筑业的发展趋势。

第三，坦率说，相较于前文所述的几位建筑师，福斯特的家庭背景和专业基础尚不足以支持他成为一位思想家式的建筑师；更何况英国与美国的情形不同，其自由资本主义的市场规模远不及美国，而学术理论体系的严谨性又超过美国，所以通过自己擅长的且不断更新成长的高技术来开拓自己的职业生涯，也是现实选择。

其实，从他的多次声明中看来，福斯特似乎并不喜欢"高技派"这个标签，他认为自己的作品具有远远超越形式表层的内涵。事实上，如果我们仔细赏析一下他的作品，尤其是它们构思的过程，就会发现"高技派"这种称呼确实是过于表面了。面对"高技派"的帽子，他曾不无讥讽地说道："我热衷于采用'高技术'，因为在相当长的时间里，我还没有见过与'高技术'无关的东西。如果非要我找出'非高技'的话，那大概就是在建筑师们被从工程建设中排除之后，或在建筑师们变成风格主义，变成到处卖弄稀奇古怪的各式风格的陈词滥调的装饰设计师的危险之时！"

纵观福斯特的作品可以发现他的技术观点是基于实用性的。一方面，他的很多作品采用常规的材料特别是本土材料，这可在他的许多住宅作品中看到混凝土与砖墙等地方材料与地方工艺的表现力；另一方面，他所采用的许多高新技术措施是在经济、实用的前提下的应用。如汇丰银行所采用的结构形式和建筑理念形成了建筑办公空间的巨大灵活性，适应银行业务的高速发展，节约了建筑空间划分的经济投资，具有高投入高产出的经济效益。

诺曼·福斯特和伦佐·皮亚诺（Renzo Piano，见本书第13章）在高技术的使用上，都非常乐观，也都不是为技术而技术，而是用高技术更好地解决设计问题，表达文化理念。相比较而言，福斯特的作品更具社会性、城市性和攻击性，皮亚诺的作品更具文学性、乡村感和审美性……

高科技与人情味

伦佐·皮亚诺

Renzo Piano，1937–

伦佐·皮亚诺是意大利建筑师和工程师，于1989年荣获英国皇家建筑学会金奖，1998年荣获普利兹克建筑奖，并于2008年荣获美国建筑师协会金奖，是为数不多的囊括三项国际建筑界最高奖项的建筑师。皮亚诺荣获普利兹克建筑奖时，评审团将皮亚诺与米开朗基罗和达·芬奇相比，并称赞他"重新定义了现代和后现代建筑"。

　　皮亚诺注重建筑艺术、技术以及建筑周围环境的结合。他的建筑思想严谨而抒情，在对传统的继承和改造方面，大胆创新、勇于突破。在他的作品中，广泛地体现着各种技术、各种材料和各种思维方式的碰撞，这些活跃的散点式的思维方式是一个真正的具有洞察力的大师和他所率领的团队所要奉献给全人类的礼物。他重视材料的运用，对材料有着特殊的敏感，他更重视技术对材料性能的进一步发掘，经他手使用的材料都被发挥到了材料性能的极致。这种敏感，既来自其工匠世家的家学和传统，也来自他的天性和勤

图13-1　皮亚诺和罗杰斯合作的成名作——巴黎蓬皮杜艺术中心

图13-2 努美阿的吉巴
欧文化中心最为鲜明地
体现了皮亚诺的设计哲
学和才华

图13-3 建设中的伦敦
中央圣吉尔斯综合楼

奋。皮亚诺十分重视设计师技能的发挥，不仅仅是徒手制图技能，还有计算机操作技能，更重要的是他重视实际动手的模型制作能力。他工作室中的模型车间更是集中体现其重视动手能力和空间思维能力的实际场所。皮亚诺的作品范围跨度很大，从博物馆、教堂到酒店、写字楼、住宅、影剧院、音乐厅以及空港和大桥等，均有涉猎。

生平简述

伦佐·皮亚诺1937年9月14日出生于意大利热那亚的一个建造商家庭。他的祖父成立了一个建筑企业，然后在皮亚诺父亲卡尔洛·皮亚诺及其三个兄弟的手中发扬光大，成立了弗拉泰利·皮亚诺公司（Fratelli Piano）。公司在"二战"以后非常繁荣，建造房屋、工厂，也出售建筑材料。当他的父亲退休后，其职位由皮亚诺的哥哥埃尔曼诺（Ermanno）接管。兄弟二人的专业学习似乎就是为了完成家族生意：埃尔曼诺在热那亚学习工程技术，伦佐在米兰理工大学学习建筑设计。1964年，在导师朱塞佩·安德鲁斯的指导下，伦佐以一篇有关模数协调的论文而获得学位，这时的他已开始实验轻型结构和基本遮蔽结构。

1965-1968年，皮亚诺在米兰理工大学任教。在此过程中，他因为在两位国际化建筑师的事务所工作而开阔了自己的视野并提升了技术能力：一位是费城的现代主义建筑师路易斯·康（Louis Kahn，见附录36），另一位是在伦敦工作的波兰工程师齐格蒙特·斯坦利斯劳·马考夫斯基（Zygmunt

Stanlislaw Makaovski）。

1968年，他完成了他的第一个建筑——热那亚管厂，厂房屋顶是用钢和增强聚酯建造。同年，他为在米兰三年展的一个小亭子建造了一个巧妙的连续膜。

1970年，他获得了第一个国际委托项目：为日本大阪举行的第70届世博会设计建造意大利工业馆。他与自己的兄弟埃尔曼诺及家族企业合作，共同完成了这座建筑。这座建筑重量很轻，原材料由钢和增强聚酯组成，看起来既有艺术性又有工业性。

这座意大利工业馆深受英国建筑师理查德·罗杰斯（Richard George Rogers，见附录71）的喜爱。1971年，两人决定合伙开设自己的设计公司"皮亚诺和罗杰斯"。他们的合作持续了六年（1971-1977年）。他们的第一个项目是意大利的B&B行政大楼，这是一家意大利家具公司，位于科莫市。设计以悬挂式集装箱和开放式承重结构为特色，外部加热管道和水管喷涂以明亮的颜色（蓝、红、黄）。这些非同寻常的特点引起了建筑界的极大关注，并影响了为蓬皮杜中心选择设计师的评议团。1971年，一个工程商建议皮亚诺与罗杰斯合作参加巴黎的蓬皮杜中心的国际设计竞赛，他们最终赢得了这个竞赛并使得蓬皮杜艺术中心（见后）成了巴黎公认的标志性建筑之一。自蓬皮杜艺术中心项目之后，皮亚诺在日本、德国、意大利和法国大量的商业、公共建设项目及博物馆设计为他赢得了广泛的国际声誉。

1978-1980年，皮亚诺与工程师彼得·莱斯（Peter Rice）形成伙伴关系。1981年，皮亚诺成立了伦佐·皮亚诺建筑设计事务所（Renzo Piano Building Workshop，RPW）。2017年，事务所在巴黎、热那亚和纽约的工作室里有150个合作者。2004年，他成为伦佐·皮亚诺基金会的领袖，致力于提升建筑学专业的水平。

文化与狂想

蓬皮杜艺术中心（Centre Pompidou）

1971年，34岁的皮亚诺和38岁的理查德·罗杰斯，与意大利建筑师吉安弗朗哥·弗兰奇尼（Gianfranco Franchini）合作与美国和欧洲的众多重要建筑事务所竞争，最后获得了著名项目的设计委托——蓬皮杜艺术中心，这是20世纪法国新的国家艺术博物馆。当时的二人都名不见经传，在博物馆或其他主要建筑类别中尚无建树。《纽约时报》宣称，他们的设计"把建筑世界翻了个底儿朝天"。用更文学化的语言描述：这个建筑把内部结构暴露在外了。从这个新的博物馆外部，可以看到明显的建筑物的框架结构，供热和空调管线被涂以光亮的色彩。自动扶梯被安放在一个透明的圆管中，在建筑表面可以看到其成斜线布局。建筑获得了惊人的成功，彻底改变了巴黎马莱区的商业和文化气质，这也使得皮亚诺成为最广为人知的建筑师之一。（图13-1/13-4/13-5/13-6）

媒体将这种风格描述为"高科技"风格，但这种提法后来被皮亚诺所否认。对于"波堡"（Beaubourg）①，他是这样说的："是一架快乐的城市机器，像是一个从儒勒·凡尔纳小说中跑出来的巨大生物，或是一个停泊在船坞里的奇怪船舶……这是一种双重挑衅：既是对传统学院派的挑战，也是对当代技术图景的模仿。仅将其理解为'高技派'显然是错误的。"

图13-4/13-5/13-6
巴黎蓬皮杜艺术中心前的文化广场颇具巴黎艺术趣味，建筑外部可见的交通、电气、设备等内容被处理得极具图案装饰效果

---

① "波堡"意为"美丽之城"，是人们对蓬皮杜艺术中心的昵称。

皮亚诺和罗杰斯的蓬皮杜艺术中心应属典型的"后现代建筑"，无论是其趣味还是手法，都如此。但这座建筑显然与之前几位美国建筑师的后现代建筑式样有明显差异，这种差异来自何处呢？西欧和美国在进入"现代主义"和"后现代主义"的道路不尽相同、发展动力也不甚一致。形象地说，经典现代主义建筑其实是个典型的"原发性"的欧洲风格，而典型的后现代主义建筑却基本可算是"原发性"的美国风格了。这与两者建筑业的发展程度、建筑理论和设计哲学的发展水平，特别是他们各自的工业基础和经济背景等都有关。随着20世纪60年代后期至20世纪80年代前期后现代理论在美国建筑领域声誉日隆，自20世纪70年代中后期开始西欧的经济水平和社会生活也发展到新高度，一个普遍富足乐观的社会，自然呼吁新建筑形式的出现。

皮亚诺的设计并未像美国后现代建筑那样，对古典建筑语汇进行后现代"拼贴"，而是从一开始就直奔主题：将通常应被建筑"包裹"在内的"物什儿"全部平摊在外，并用现代主义以来的视觉设计手法，将这些非同寻常的主题"梳理"成具识别的形式语言。我们其实说不清这是对现代科技的"揶揄""反讽"还是"吹捧"……皮亚诺和罗杰斯的这件作品观念超前、手法老道、充满了时代的开放与乐观气息。蓬皮杜艺术中心至今仍是巴黎市民乐于逗留之处，也是巴黎艺术品位的鲜活展示场地。

吉巴欧文化中心（Jean-Marie Tjibaou Cultural Centre）

吉巴欧文化中心位于新喀里多尼亚的首都努美阿，是皮亚诺最不同寻常的作品之一，也是一个政治妥协的产物。新喀里多尼亚自1853年成为法属殖民地之后，当地的卡纳克人就与外来统治者之间冲突不断。随后紧邻的斐济等国相继独立，卡纳克人在民族领袖吉巴欧（Jean-Marie Tjibaou）的率领下，掀起了一次次以振兴卡纳克本土文化为宗旨的独立浪潮。由于新喀里多尼亚具有丰厚的旅游和矿产资源（世界第三大镍矿产地），法国政府不愿放弃该属地，于是1988年双方达成妥协的协议，推迟独立，并共同成立"卡纳克文化发展委员会"（ADCK），旨在振兴卡纳克文化，其中的一项重要内容就是由法国政府斥资兴建一座卡纳克文化中心。

1991年，在法国政府为此项目举办的国际招标竞赛中，皮亚诺从170多个方案中夺魁。文化中心最终于1998年5月4日——吉巴欧遇刺身亡后的第九年落成。由于吉巴欧在发展卡纳克文化中的特殊功绩，文化中心以其姓氏命名。

该项目采用传统和现代材料相结合的手法，把当地木材、玻璃和铝材很好地结合使用。这座建筑复合体位于潟湖中的狭窄半岛上，潟湖中有盛行风。皮亚诺设计了一系列弯曲的木制屏风，高度从9米到28米不等，用以保护文化中心建筑的结构。然后是三个"村庄形态"的结构：一个供欢迎访客和展览展示之用，一个为礼堂和媒体中心，还有一个主要是服务功能。弯曲的木制亭子，显然受到了当地建筑的形式启发；有双层木质的"皮肤"来抵御天气，但也让阳光照射进来。一些建筑——特别是高耸的接待中心——有

图13-7/13-8/13-9/13-10/13-11 吉巴欧的"棚屋/容器"设计独具特色

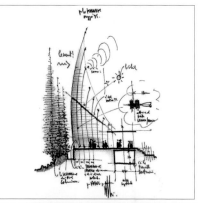

着弯曲的墙壁和木制的尖顶，在当地的文化背景下，形成了明显的后现代主义特征。（图13-2）

吉巴欧的场所具有地理上的"两面性"：东面是南太平洋扑面而来的强劲海风和陡峭的地形；西面则是宁静的礁湖，舒缓的坡地和树木鸟鸣。两者被皮亚诺完全映射到最终的建筑中。

文化中心贯穿南北的一条室内"通廊"，表现的正是这样的乡土村落景象。"通廊"的东面是10个棚屋，被称为"容器"的竖向空间。这些"容器"共有三种尺寸：3个28米高，3个22米高和4个20米高的空间被打散形成三组"村落"，功能分别是永久展厅与咖啡厅、媒体图书馆、会议与青少年中心。"通廊"的西侧是临时展厅，400座的表演中心和办公用房。皮亚诺从对棚屋的研究中，提取出"编织"的构筑模式，并加以新的阐释。（图13-7/13-8/13-9/13-10/13-11）

最终的"棚屋／容器"具有两层皮：外皮是模仿棚屋"编织"而成的木肋结构。为了抵抗南太平洋的强风和获得耐久性，木材选用了中非的桑科树，这种砍伐后仍带有油性的材料也易于弯曲。内层则是钢与玻璃百叶，体现了皮亚诺一贯所追求的通透性。这样在弯曲的外皮和竖直的内皮之间，形成被动式通风系统，是海风和室内空气流"之间"的过渡。内层百叶窗（包括"通廊"两侧的百叶窗）都是机械自动控制的，随着风力的变化，百叶自下而上地自动开合，以调节室温与通风。整个系统，包括"容器"东高西低的剖面设计，都经过无数次电脑模拟和实验。

被称为"有机高技"（Organic High-tech）代表的皮亚诺，在吉巴欧文化中心，展现的是一种高技术与本土文化、高技术与高情感的结合。按他本人的话就是："用我们的餐具喝他们的汤。"

对卡纳克本土文化传统的展现，是皮亚诺创作的出发点。他认为，艺术往往要借鉴已有的价值，建筑也不能无视历史、传统和语境（context），但他在设计中最担心的又是坠入对地方民俗的简单模仿和媚俗（kitsch）之中。在地区文化和现代化、全球性和地方性"之间"，皮亚诺所追求的是"记忆与忘却之间的平衡"。要达到这种平衡，不仅需要建筑师对特殊地方文化背景有充分的认识和体验，更需要建筑师具有普遍性的价值观、方法论和技术手段。

优雅的工业化

IBM移动展览馆（The IBM Traveling Pavilion）

20世纪80年代中期，皮亚诺和他的公司采用了最先进的技术，实施了各种各样的项目，但与蓬皮杜艺术中心相反，这些建筑的造型色彩等都尽可能谨慎。他们的IBM移动展览馆就是一个例子，它是皮亚诺与莱斯合作设计的，是一个轻便的通道形博物馆。它由一系列木框架支撑的聚碳酸酯构成，可以用卡车运输。随着IBM公司的移动展要求而架设，在各种活动、展览完成后拆卸移走即可。由于要方便拆装，所以这个移动房屋的造型不得太复杂，只需满足基本功能即可；但太过乏味的庞大构筑物显然无法达到商业

图13-12/13-13/13-14/13-15　IBM移动展厅设计合理、细节丰富

图13-16/13-17/13-18 皮亚诺的公司新总部位于一系列台地上，工作室中有多个实验制作工房

目标，也不易与周边环境相协调。而这个细节丰富的，由聚碳酸酯透明材质、原木和金属等材料搭建起来的房屋则很好地解决了问题。（图13-12/13-13/13-14/13-15）

20世纪90年代，他设计了自己公司的新总部。建筑坐落在一系列台地上，好像悬浮在城市以西的地中海上。进出工作室时必须乘坐八座的缆车上山或下山。从这里我们可以看到一个用"工业化"手段打造的意大利工匠世家的"精品店"，其对细节的考究处理，在IBM移动展览馆中其实已清晰可见。（图13-16/13-17/13-18）

音乐公园音乐厅（Auditorium du Parco Della Musica）

音乐公园是一个音乐场所的综合体建筑，位于罗马。公园有三座剧院，最大的有2800个座位，建成后成为当时欧洲最大的交响音乐厅。皮亚诺承认，他室内设计的灵感来自汉斯·夏隆（Bernhard Hans Henry Scharoun，见附录32）设计的柏林爱乐乐团演奏厅中围绕着管弦乐团的葡萄藤式座椅。三个音乐厅的顶部及外形，看上去很像"风化了的犰狳状金属外壳"（《纽约时代》的评论家山姆·卢贝尔语），不过鸟瞰效果更像是三只巨大的鼠标。虽然建筑造型的照片看起来很可怕，但身临其境时实物看起来其实非常可

爱。剧场室内装修时使用了木头、织物等材料，形成了典型的皮亚诺式的优雅风格。（图13-19/13-20/13-21）

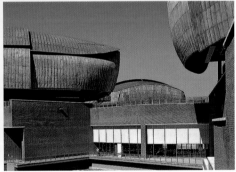

图13-19/13-20/13-21 罗马的音乐公园音乐厅造型有趣、细节丰富

加州科学馆整治扩建（California Academy of Sciences Renovation and Extension）

1989年，旧博物馆建筑被地震损坏，加州科学馆的受托人决定重建位于旧金山的金门公园内的场馆：包括水族馆、天文馆以及自然历史博物馆。皮亚诺被告知，建筑综合体应被安置"在一个屋檐下，有点像一个村庄"。建成后加州科学馆屋顶占地1.5公顷，覆盖着植被，与周围的公园相融合。建筑的立面也与公园的其他地标建筑融合在一起。三个穹顶放置在高高的屋顶天

图13-22/13-23/13-24/13-25/13-26　加州科学馆充分体现了皮亚诺在"高科技"和"人情味"之间的游刃有余

花板上，自然光通过圆形舷窗照进屋内；它们包含着入口大厅、植物园和天文馆。皮亚诺的设计被《纽约时报》描述为一个"在野蛮时代里伟大艺术的教化功能带给我们安慰"。（图13-22/13-23/13-24/13-25/13-26）

大阪关西国际机场（Kansai International Airport）

1988年，皮亚诺和莱西赢得了建造日本大阪新机场项目的国际竞赛，新机场将建在日本大阪港的人工岛上。机场非常长，约1.7公里；但造型非常低调，要能确保塔台中的管制员总能看到跑道上的飞机。日本列岛经常发生地震，需要特殊的建筑技术；皮亚诺设计的建筑结构被安装在液压接头上，地震时结构可产生柔性位移以抵抗地震的破坏力。长而弯曲的屋顶由8.2万块不锈钢板覆盖而成，并能反射阳光。拱门支撑83米长，给人一种开放伸展的感觉。（图13-27/13-28）

图13-27/13-28 大阪关西国际机场内部

皮亚诺式的博物馆

休斯敦梅尼尔收藏博物馆（Menil Collection）

1977年，皮亚诺结束了与罗杰斯的合作，并开始与工程师彼得·莱斯（Peter Rice）的合作，莱斯之前也曾协助皮亚诺设计蓬皮杜艺术中心。他们把设计事务所设在了热那亚。他们的第一个项目是把奥特朗托老港从工业区

图13-29/13-30/13-31 得克萨斯州休斯敦的梅尼尔收藏博物馆已可见皮亚诺式博物馆的典型特征

改造为一个商业及旅游景点，这是都市复兴计划的一部分。在这个计划中，他们的第一个主要建筑是梅尼尔收藏博物馆，为艺术收藏家多米尼克·德·梅尼尔服务。业主对这幢大楼的主要要求是最大限度地利用室内自然光。皮亚诺写道："奇怪的是，梅尼尔博物馆以其宁静、平和与慎重，显得比蓬皮杜艺术中心更现代。"梅尼尔收藏博物馆的建筑以其简洁的灰色和白色的立方体形式，形成与蓬皮杜艺术中心完全相反的风格。技术革新并不在立面上表现出来，而是在包含高科技技术又造型收敛的百叶窗、屏幕和空调系统中展现出来。因此，在这座建筑中，既能保证日光最大限度地进入室内，又能防止得克萨斯强烈的热和光对室内参观者和藏品造成伤害。（图13-29/13-30/13-31）

瑞士巴塞尔贝乐基金会（Fondation Beyeler）

贝乐基金会是一家位于瑞士里恩的私人艺术博物馆，临近巴塞尔，为拜尔勒·厄恩斯特先生的艺术收藏品而建。这座建筑与弗兰克·盖里的毕尔巴鄂古根海姆博物馆同年建成，它们在气质和趣味上完全相反。贝乐基金会建筑应创始人的要求而设计，用白色的墙壁、浅色的木地板和自然光来营造宁静安详的氛围。用来建造与周边道路相隔的隔墙石材来自巴塔哥尼亚，这种石材还被用于博物馆的不同部位。（图13-32/13-33）

图13-32/13-33
瑞士巴塞尔贝乐基
金会是一家私人艺
术博物馆

保罗·克利中心美术馆（Zentrum Paul Klee）

瑞士的保罗·克利中心美术馆位于伯尔尼附近，保罗·克利的系列博物馆每座都与其他的非常不同。这在很大程度上是为了不让光线损害了保罗·克利那脆弱的绘画作品。这座保罗·克利中心美术馆坐落在瑞士乡村的起伏山坡上。建筑的总体造型是对山坡地形的回应，而其起伏的结构又受到造船

图13-34 保罗·克利
中心美术馆的波浪造型

学和船身外壳形状的启发。换句话说，这是一个有趣的造型联想过程：从起伏的山形到波动的海浪，然后再用典型的船舶造型语言来完成设计，又能很好地满足保罗·克利中心美术馆的造型和功能要求。（图13-34）

洛杉矶县立艺术博物馆（Los Angeles County Museum of Art/BCAM and Resnick Pavilion）

洛杉矶县立艺术博物馆现包括布罗德当代艺术馆和赖斯尼克展馆两大部分。

布洛德当代艺术馆是董事会董事伊里·布洛德夫妇在1995年捐资5 600万美元扩建的。当时洛杉矶艺术博物馆场地越来越不够用，需要扩大展场。

加建部分有5 574平方米，外墙材料为奶油色的意大利洞石，与老的博物

图13-35/13-36/13-37/13-38/13-39 洛杉矶郡立艺术博物馆既可见皮亚诺式博物馆的典型特征，还依稀可辨蓬皮杜艺术中心的色彩和结构特点

馆建筑群非常协调，但明显增加了独特的皮亚诺式特征；屋顶上有鳍状的白色百叶窗能避免阳光直射建筑室内。主楼正面外有红色自动扶梯，另一个立面上还有一座被红色电缆悬挂在外的楼梯，这种色彩、构造、功能的细节设计很容易让人联想到蓬皮杜艺术中心。

建筑北侧的赖斯尼克展馆有4 180平方米，意大利洞石覆盖的墙面分别向东西向延伸，玻璃墙面则沿着南北向伸展，有垂直玻璃百叶窗的屋顶向天空敞开。

绝大多数美术馆对光线的要求都较苛刻，非直射的自然天光通常能让艺术品达到最佳艺术表现力，特别是能避免某些材料或介质的艺术品被强光伤害。然而，由于自然光的强度、亮度以及入射角度都无时不在变化之中，如何保证光线对艺术藏品照射的限度，又能满足观众观赏画作时所需要的亮度和角度，确是一个需要仔细考量的问题。布罗德当代美术馆建筑屋顶上那排锯齿状的结构，会让人联想起这是一栋工业厂房建筑，其实那是一排面向北边、每片面积约为790平方米的灰白色反射板，与地面成45°排列。照射在反射板上的光线，经过反射，穿过面朝南面、与地面垂直的机械卷帘，卷帘视天气情况可以拉起或放下，以控制入射光线的明亮程度，光线再经过展厅天花板上安装的PVB透明塑胶板，几乎将所有紫外线全部过滤干净后，才引入室内。这样的设计，既能充分利用南加州灿烂的阳光，又避免了自然光直接射入展馆而对藏品造成损害。（图13-35/13-36/13-37/13-38/13-39）

伦佐·皮亚诺用自己娴熟的工业建筑手法，用四周的钢柱顶起巨大的屋顶，而整个展馆内部是一个无柱展厅，走进去非常宽敞开阔，加上阳光的引入，给人一种置身户外的自然感觉。对当代艺术品来说，是一个极为理想的展示空间。后来完成的赖斯尼克展馆也用相似的方法进行设计，同样具有这样的空间宽敞、光线充沛的特点。这种处理方式还保证了整个展馆外立面和建筑造型上的一致性，让整个馆区形成一种低调内敛的文化气质。

阿斯楚普·费恩利现代艺术博物馆（Astrup Fearnley Museum of Modern Art）

挪威旨在重振奥斯陆西南部的老港和工业区，为此在这里建造了一个博

图13-40/13-41/13-42 挪威奥斯陆的阿斯楚普·费恩利现代艺术博物馆尺度巨大、细节丰富，有明显的皮亚诺式风格特征

物馆和办公区，这等于在风景如画的峡湾边缘提供了一个新的、引人注目的旅游目的地。阿斯楚普·费恩利现代艺术博物馆有三座建筑，包括两座博物馆和一栋办公楼，三者共享一个玻璃屋顶，占地6 000平方米。建筑材料包括钢和木梁，一条运河和走道连接起博物馆与附近正在开发的另一个地区，而博物馆和人行道提供了观看峡湾和奥斯陆中心的独特视角。与安尼施·卡普尔作品的雕塑公园，路易斯·布尔乔亚和其他著名的雕塑家的作品被放置在博物馆和水面之间。运河一侧的博物馆建筑保留永久展品，而另一侧的建筑则用作临时展览。建筑外墙并没有用玻璃，而是用斯堪的纳维亚风格的传统建材精心制作的面板。阿斯楚普·费恩利现代艺术博物馆的整体风格和构造细部，让我们看到自蓬皮杜艺术中心、IBM移动展览馆即已定型的皮亚诺式风格。

肯贝尔艺术博物馆扩建（Kimbell Art Museum extension）

在得克萨斯州沃思堡市的肯贝尔艺术博物馆扩建项目对皮亚诺来说有独特意义，建筑的原设计者是现代主义大师路易斯·康（图13-43/13-44）。年轻时代的皮亚诺曾为康工作过几年。新画廊占地7 595平方米，比康设计的部分（11 148平方米）小得多，造价1.35亿美元。

皮亚诺成功地保持了康的建筑约60米的绿色空间，新旧建筑之间的喷泉塑造了宁静的庭院空间。这片草地上共有320棵树，其中有47棵榆树被移植过来，用以恢复1972年博物馆初建时候的样子。同时，主入口会新栽52棵冬青树，当得克萨斯州的阳光撒下，博物馆室内会有微妙的光线效果。皮亚诺的新展馆仍沿用了混凝土材料的使用，但却选用了白色混凝土，与康的素混凝土区别开来。这个新展馆也利用了康的长条窗设计语言，使建筑有着飘浮的屋顶，于是室内可以从屋顶和墙之间的缝隙捕捉到自然光。新展馆建设用的混凝土也是精心配置的，力图达到肯贝尔艺术博物馆的审美标准。混凝土光滑的纹理与玻璃外表和道格拉斯冷杉相配合，十分精彩。

新馆里面有三个画廊，用来作巡回展场。增建项目还包括一个用于音乐会的礼堂和一个教育中心，里面有教室、工作室、图书馆、艺术品库房、准备区和其他一些配套房间，如办公室、保安室等。展馆的绿化屋顶可以上人，且大大降低能源消耗，而东翼玻璃屋顶的PVC电池可以为建筑提供能源，北侧的百叶窗也可以减少照明用电。其他的一些可持续措施包括地热采暖、低耗能LED照明、高效的开窗方式（防止热损耗和过度暴晒）、高效进气系统和卫浴设施等。（图13-45/13-46/13-47/13-48）

皮亚诺认为："我们的建筑通过高度、规模和总体规划与康的建筑相呼

图13-43/13-44　路易斯·康设计的肯贝尔艺术博物馆的室内外造型

图13-45/13-46/13-47/13-48 皮亚诺设计的肯贝尔博物馆构造细节，在贝乐基金会和加州科学馆等项目中亦可见

应，但我们的建筑具有更透明、更开放的特点。轻而谨慎，创造出了旧建筑和新建筑的对话。"皮亚诺的建筑体现了更多的精细技术，充分调动多种构件、装配集成为一个小小的建筑奇迹。在其几乎不可能的光滑墙壁和钛处理的混凝土方柱上，皮亚诺给我们的建筑立面展现出"坚韧的完美主义"。

惠特尼美国艺术博物馆（Whitney Museum of American Art）

惠特尼美国艺术博物馆决定从麦迪逊大道的原建筑①迁到一个新地址——曼哈顿甘斯沃尔特和华盛顿街的交角处。这里曾是肉类包装厂占据的街区，紧邻高压线、河边公路和公园。

20世纪90年代，惠特尼博物馆的扩建设计最早倾向于雷姆·库哈斯（Rem Koolhaas，见本书第17章）的设计。但这个方案来势汹汹，几乎能把布劳耶的老建筑完全压倒。更重要的是，库哈斯的建造方案非常昂贵，总造价2亿美元。1997年突然出现的全球经济衰退，使得惠特尼博物馆不得不对库哈斯的方案作了重新考虑。但因库哈斯坚决不让步，董事会只得另想办法，皮亚诺便顺理成章地成为他们的新选择——皮亚诺的设计总是既引人注

---

① 惠特尼美国艺术博物馆老馆落成于1966年，由马歇·布劳耶（Marcel Lajos Breuer，见附录38）设计，是粗野主义的经典作品。

图13-49/13-50/13-51/13-52/13-53/15-54　纽约的惠特尼美国艺术博物馆的空间趣味、构造方式等带有清晰可辨的皮亚诺式特征

目、优雅大方、设计前卫，却又不张牙舞爪，并且都切实可行，对预算控制良好。皮亚诺的方案造价是7 000多万美元，只是库哈斯方案造价的1/3。（图13-49/13-50/13-51/13-52/13-53/13-54）

方案是一个九层楼高的金属盒子，具有不对称的"工业化"外观，又能与周边建筑融为一体。用玻璃通道把新建筑与布劳耶的老博物馆相连。除了内部的画廊外，它还有一个1 207平方米的露天展览空间，被布置在一个室外平台上。这个平台用钢、混凝土和石头建造而成，还包括从回收厂里回收的松木和其他材料。

小结

皮亚诺的建筑设计，和精密的结构工程是分不开的，他长期和爱尔兰工程师彼得·莱斯合作，建立起一种非常有成效的长期合作关系。除了他出道、出名的巴黎蓬皮杜艺术中心是高科技派里程碑作品之外，多年来，皮亚诺并没有再"发明"什么标新立异的风格流派，但这种建筑设计与工程技术的密切结合却成了他的所有设计的重要特征。另一个对皮亚诺的设计起到重

大影响作用的因素是在他的设计团队中，总是聚集着多元性的顾问人员、营造人员和技术人员，因而他的每一个设计作品都会展示出不同的面貌，以不同的方式满足了不同使用者、不同地区文脉的不同要求。正如意大利建筑评论家玛西莫·狄尼（Massimo Dini）所指出的，皮亚诺的建筑是一种结合，尝试着创造出对比，但又抹平了那些分歧和藩篱，他的建筑并不迎合潮流，你很难将他的作品按现成的流派分类。

在他的设计中，通过对每个细节处理的精益求精所表现出来的完美和优雅，又总是令人印象深刻。对于皮亚诺而言，高科技绝不仅仅是一种风格，而是渗透在建筑细节中、与建筑结构息息相关的不可或缺的设计元素。正如普利兹克建筑奖评委主席卡特·布朗评价的那样："皮亚诺善于驾驭技术，并且从来不让技术凌驾于他。对于材料和材料结合方式的高度敏感，以及如同手工艺人般灵敏的直觉，都使他的建筑具有一种少见的人情味。"

皮亚诺深知21世纪需要有新的建筑语汇，资源保护和节约能源显然是重要内容。2008年完成的加州科学馆就是一个很好的例子：该建筑90%的材料取自原有的建筑；所有的钢铁构件采用回收的旧钢材重新铸造而成；植物馆内安装了循环渗透型灌溉系统，可减少95%用于灌溉的能源，并大大减少耗水量；90%的展厅采用日光照明，只在展示和收藏动植物标本的空间安装空调；笼罩着中心大厅的一个巨大的玻璃天棚上装置着6万个太阳能转换电池，最高可提供21万度电能；同时还在部分屋顶上种植当地的植物，以加强屋顶隔热层的功能。这是北美大地上第一个真正意义上的"绿色"展览馆。看看这些数据，那些批评皮亚诺的设计过于四平八稳的人，或许并不真正理解皮亚诺的思想，他是在真心实意地为人类的资源和环境担忧，当然也力图为业主节省费用。——这既来自知识分子的自觉，也来自建造商家庭的本能。

皮亚诺从不沉迷于"高科技"，他骨子里的人情味和乐观优雅的生活趣味，是推动他的建筑设计不断前进、表达方式愈发多样的根本保证。建筑评论家彼得·布坎南（Peter Buchanan）曾经说过："皮亚诺的每一个作品都在寻求一种前沿科技与本地材料和本地传统之间的平衡，不论是处理与周围建筑的关系或是处理与当地城市文脉的关系方面，他总是表现出对当地文化传统的尊崇，正是这一特点，令皮亚诺真正成为一位全球化的建筑家。"

都市设计的狂热者

特里·法雷尔爵士

Sir Terry Farrell, 1939–

特里·法雷尔爵士是英国建筑师和都市设计师。1980年，当他与合伙人尼古拉斯·格雷姆肖（Nicholas Grimshaw，见附录81）合作15年后，法雷尔开办了自己的设计事务所。他在城市设计领域享有巨大声望，如美国中情六处总部大楼（见后）。1991年，他的事务所成为国际化公司，在香港开设了一个办公室。在亚洲，他的设计包括深圳的京基大楼，这是英国建筑师设计的最高建筑；还有广州火车南站（图14-3），它一度是亚洲最大的火车站。

因在英国建筑和规划领域成绩斐然，法雷尔于2013年受到英国文化部长艾德·瓦兹伊、通信和创意产业协会的邀请，并由此启动了"关于建筑和建成环境的法雷尔评论"项目，为英国建筑发展方向提供指导性意见。更可贵的是，与其他英国建筑师相比，特里·法雷尔的建筑更多地表达了一种对都市主义强烈而持久的热情。他迷恋城市，对城市结构是如何生成

图14-3　广州火车南站

并如何发挥其功能作用等问题有着深刻而内在的理解，这使得他的作品往往具有鲜明的个性。

他的设计哲学包含了抽象派式的拼贴手法，而非乌托邦式的幻想。他的方案内容丰富、豪放、大方，并以人性的价值观为基础。自20世纪60年代中期参加建筑实践以来，创造出清晰表达多元意义、包容多种角色的建筑，使之能成为复杂的"都市主义"的一部分，一直是法雷尔在建筑创作和城市设计中所追求的目标和乐趣。这种具有扩张力的设计方法使得他设计的建筑总像是对城市和人相互作用的礼赞，表达出他将密集的都市看作是人类栖息的理想场所的强烈信念。当然这正是法雷尔建筑显得十分激进而不断招致争议的原因，也使得他偏离英国建筑的主流而形成自己的个人风格。

生平简述

特里·法雷尔1938年5月12日出生于柴郡塞尔布，少年时期搬到泰晤士河畔的纽卡斯尔，在那里他上过圣·卡基尔伯特语法学校，他毕业于纽卡斯尔大学。之后，法雷尔便奔赴美国继续深造，在宾夕法尼亚大学接受了良好的城市设计教育，当时的著名建筑师路易斯·康（Louis Kahn，见附录36）正是这里的负责人。这段经历对法雷尔职业生涯的影响最为深刻。当时的美国，现代艺术、尤其是波普艺术运动，造就了一个特点鲜明、激情澎湃的美国文化，许多作家和思想家对于技术和增长带来的城市生活巨变提出了无数问题。这促使当时的美国人对于建筑的本质也在更为基本的层面上进行了深入的思考。

理查德·巴克敏斯特·富勒（Richard Buckminster Fuller，见附录33）、路易斯·康和罗伯特·文丘里（Robert Venturi，见本书第2章）是对法雷尔影响最大的三位建筑师。富勒的激进、先锋色彩和特立独行给法雷尔极大的震撼。在英国，"挑战"这个词只有和团队联系在一起才有实现的可能。这影响到后来的法雷尔，使他对于挑战主流、游走于主流之外怀有极大兴趣。他从美国带回来的并不是美国式的处理问题的方式，而是对于艺术和建筑在更广阔的范围内的理解和欣赏。

20世纪50-60年代的英国，厚重、预制混凝土造就的粗野主义建筑颇为

图14-4/14-5 帕特诺斯特广场也被称为"主祷文广场",位于伦敦圣保罗大教堂脚下

流行。法雷尔认为,那本质上是反社会的,尤其是混凝土的住宅和学校无不体现出冷漠和令人厌恶的特征。

随着20世纪70年代"高技派"开始风靡英伦,在经历了一段时间的痴迷之后,法雷尔清醒了过来。他认为,高技术在逐渐变成主流的过程中也逐渐地商业化起来,从一种思考问题的方法、一种建筑工具逐渐地变为某种无聊的东西或商品贩卖的噱头,进而被那些忽视功能性的业主利用,来标榜自己的时尚。在与尼古拉斯·格雷姆肖合作的近15年中,法雷尔一直没有忘记自己的原则:那就是利用并发掘技术的潜力,以丰富对于城市文脉的理解,丰富对于建筑的使用方式。

早餐电视中心落成(见后)以后,使法雷尔的名字和"英国式的后现代主义"密切联系起来。然而他本人不喜欢这种贴标签的做法。1994年,在英国皇家建筑师协会的会长公开表示对于法雷尔的帕特诺斯特广场(Paternoster Square,图14-4/14-5)设计的反对时,他却因此而获得美国建筑师学会颁发的城市设计奖。

法雷尔在"都市主义"的路途上持续前进,设计了一系列引人注目的地标性建筑。20世纪90年代,他的眼光转向亚洲,在韩国、中国香港地区设计了一些规模宏大、功能复杂的综合性项目。坐落在香港中环山顶公园的凌霄阁(见后),标志着他的设计从体现文脉到积极创造文脉的转变,在用形式体现了东西方文化的融合的同时,也表达了香港文化的矛盾心理及其独特性。法雷尔的建筑、规划双重背景不断地为他带来这样一类的重要工程的委托任务,因为他怀有理解城市、真正创造城市的感情,并且理解总体规划对于城市的意义远远重要于单体的、纯粹的建筑。

代表作品

早餐电视中心（Breakfast Television Centre）

1981年3月，位于伦敦卡姆登镇（Camden Town）的一个20世纪60年代的旧汽车展厅计划被翻新为制作早餐电视节目的工作室。在方案征集过程中，特里·法雷尔爵士因其充满活力的后现代主义风格设计而赢得了设计委托。早餐电视中心的墙面上有四个突出的字母"TVAM"，面对摄政运河的屋顶边缘有一圈蛋杯造型，因此这座建筑也有"蛋杯房子"的绰号。这座电视节目制作工作室运转了十年，整个电视台都在这里制作节目，但1992年12月31日，早餐电视中心完成了它的历史使命。

1993年，这座建筑被卖给了MTV欧洲总部，电视台用不上的工作室便对外租赁。建筑上原有的"TVAM"四个字母被圆盘遮挡，但屋顶的蛋杯造型仍被保留下来。1999年4月15日，一场大火席卷了工作室，最后屋顶和首层严重受损，所幸外观基本无损。2011年，音乐电视网想改造这座建筑，主要是拆除一些工作室，用现代办公空间代替它们。面对摄政运河的一侧，被粉刷成灰色而不是原来的蓝色，但建筑结构和蛋杯造型仍原样保留。2012-2013年，建筑物的前立面重建，工作室部分——最初的电视工作室——这一次被拆除了，取而代之的是一座崭新的玻璃顶的办公综合体。以前的工作室和办公室之间的庭院部分也被改建和重组，包括安装了一面绿墙。（图14-6/14-7）

图14-6　伦敦卡姆登镇MTV欧洲总部　　图14-7　前早餐电视中心，圆盘覆盖的筋膜是中心缩写的字母——TVAM

早餐电视中心是给法雷尔带来"后现代主义"声望的建筑作品，其造价低得令人难以置信，每平方英尺只有40英镑。1982年落成之初，就赢得了公众和评论家的极大关注——并不像我们后来以为的那样好评如潮，反而在建筑师和评论家中招致了相当多的反对意见，甚至来自世界其他地区的嘲笑。当时，流行杂志或专业刊物上随处可见的评价似乎在极大程度上忽视了法雷尔的折中主义才能。

在某些人看来这座建筑之所以显得有些"业余"，可能是由于它丰富而异想天开的特质。他们所斥责的是深入建筑骨髓的那种纯粹的愉悦——建筑师在设计的过程中非常快乐，这种愉悦在日渐保守和沉闷的英国简直就是一种罪过。在英国，信仰纯粹主义的建筑领导人物在1945年以来一直拒绝这种"快乐的"建筑。

早餐电视中心在三个更深的层次上其实是一幢颇为得宜的建筑：（1）这是为一个戏剧性质的企业所设计的舞台布景式的建筑，具有鲜明特色的室内设计能很好地强化设计意图中的戏剧意味。而且投入使用后的早餐电视中心的访谈节目，在录制时也的确常直接采用法雷尔的设计作为背景，这样的

图14-8　从卡姆登水闸看到的翻修后的早餐电视中心顶部的蛋杯造型

效果显然要比在那些刻意设计的小录音间里来得好。（2）虽然具有某些戏剧性的特点，但这并不妨碍文脉主义者最终认同并赞赏这座建筑。法雷尔花了大量的时间绘出街道立面的曲线，这体现在黑灰色陶砖饰面的混凝土砌块墙的走向上，像蛇一般划过霍利克里森特的街道转弯。而在沿河的立面处理时，法雷尔修复了原有的令人愉悦的锯齿状山墙，并将墙面刷成了明亮的河流的颜色，顶端则放上了尺度巨大的蛋杯。墙面上不时挑出小阳台和工作间，办公室里的工作人员可以在此欣赏摄政运河两岸优美的风光。（3）这座建筑显示了设计师在运用廉价材料时出色的想象力和智慧。法雷尔对于廉价材料的敏感和领会，使得他对材料的运用充满了智慧、活力和时尚感。虽然建筑的业主是那些衣食光鲜却没有多少内涵的媒体红人，法雷尔的建筑在表现业主的肤浅的同时，也表现了卡姆登城内年轻人的活力，尽管前者使用信用卡，后者只能在指甲缝里省钱，这两个世界之间不可逾越的深渊在这座建筑里巧妙地得到了融合。（图14-8）

早餐电视中心由三个界面构成，依次是沿街立面、室内（中庭）和沿河立面。每个界面的风格都很鲜明独立，却又互相协调，形成一个相当完整的建筑。沿街立面是一个巨大的日出象征物，提醒着过往者这里是早餐电视的制作中心。某种意义上说，这个立面是古典主义的内核穿上了工业化的外衣——这从彩色金属束带之间层层叠叠的波状金属饰面层中可以看出来。即使过往者没能及时领会巨大构架的含义，他也很难错过从立面两端延伸出来的立体的TVAM字样。

入口庭院的设计充分考虑到24小时交通的需要，在拥挤而狭窄的街道上，特地开辟了这一处可供上下出租车以及掉头的空间。漫步走过入口庭院，进门就可以看见孟菲斯式的接待台，后面便是具有好莱坞一般热闹气氛的双层中庭了。中庭的设计是一处引人入胜的室内空间，是后现代的巅峰之作。中庭内自东向西布置了地理位置上相对应的文化的象征物。每一个象征物同时也具有一定的功能属性。二楼的工作人员休闲时往下看，便可领略这一处色彩缤纷的环球冒险式的空间之旅。

中庭周边，一层空间的东南角是一些工作室，北部藏在貌似可旋转的石门（考虑到造价问题，这门既不能旋转也不是石质的）后面的是零售商业和邮局一类的辅助功能空间，对着运河有很好的景观。西北角是沐浴着运河凉风的小餐馆,装饰采用的是现代意大利式的浓重色彩。西部是大面积的停车空间,毕竟早餐电视的工作人员通常在地铁和公共汽车开始运营以前就开车到达了。第二层空间则是明亮开阔的办公场所。

这座建筑里到处都充满了耐人寻味的细部,正是这种对细部的关注体现了整个设计小组持之以恒的创作热情。同时它也告诉我们:一幢便宜的建筑并不一定是无趣的。——是的,有趣!英国的后现代建筑在这一点上似乎并不像美国后现代建筑那样,从一开始便充满了对文化逻辑和设计哲学的思考。法雷尔本人也并非要找到某种更适合英国或当下的建筑式样。他只是想用自己的方式表达自己的意愿而已。但在客观上,法雷尔的这个设计的确修饰、精简、锤炼了后现代的建筑语汇。尽管早餐电视中心并不像古典时期的建筑那样追求永恒,但它却精妙地把握住了这个喧嚣时代复杂而矛盾的精神本质。

凌霄阁(Peak Tower)

凌霄阁是一个商业休闲综合体,位于香港太平山顶旁的炉峰峡。它还是上山缆车的终点。凌霄阁和缆车终点站均由香港和上海的酒店集团所有,集娱乐设施、商店及餐厅于一体,除了售卖各式纪念品与工艺品的店铺外,亦设有娱乐设施与展馆。

新凌霄阁于1997年完工,共有7层,10 400平方米,顶部是个锅的形状,顶部的平面是一个观景平台。据说其独特的外形灵感来自"碗"和"拱手礼"的概念,并将两者结合而成。2005-2006年,凌霄阁曾经历过一轮改造,花了大约1亿美元。较低部分被以玻璃覆盖,自动扶梯的位置也改变了。改造后的凌霄阁有8层。

凌霄阁所在地海拔396米,比太平山低156米。因为建筑师力图寻求一种能突出作品但不会打破自然山形的建筑形式,因此选择了一个山形下降地段,且能控制建筑高度不高于海拔428米的位置。在这里的观景台能俯瞰维多利亚港两岸的香港景致,因此是香港的主要旅游景点之一。目前香港的流通货币中,汇丰银行及中国银行发行的20元纸币背面皆印有凌霄阁外观。(图14-9/14-10)

图14-9 从卢吉道望向
凌霄阁

14-10 香港中国银行
发行的港币，正面是贝
聿铭设计的中国银行总
部大楼、背面是凌霄阁

中情六处总部大楼（MI6 Headquarters Building/SIS Building）

　　沿着泰晤士河边的艾伯特大堤，靠近沃克斯霍尔大桥附近，中情六处总部大楼位于沃克斯霍尔85号，位于伦敦中心城区西南。

　　大楼原址上的19世纪沃克斯霍尔游戏花园，在1850年被毁后，此处又建了几座工业建筑，包括一个玻璃厂、一个醋厂和一个杜松子酒厂。考古发掘还发现了17世纪的烧制玻璃的窑炉遗址，驳船房屋和被叫作"葡萄藤"的小客栈，此外还发现了一段沿河墙的遗址。1983年，这一场地被一家房地产商所购买。1988年，撒切尔政府公开承认正在为中情六处寻找购买合适的办公楼建设场地。国家审计署最后评估出：支付1.3505亿英镑仅购买地皮和基础建设，或支付1.526亿英镑购买地皮、建筑和特殊服务设备。传言说这笔钱中

图14-1　英国伦敦中情六处总部办公大楼

图14-11　中情六处总部大楼的背面

还包括了修建从大楼到政府白厅的地下通道。在设计竞赛中，特里·法雷尔的方案获胜。建筑花费三年时间，于1994年4月完工，并于同年7月由伊丽莎白二世和丈夫爱丁堡公爵菲利普亲王主持了落成典礼。（图14-1/14-11）

　　法雷尔最初的设计是修建一处"城市里的村庄"——修建办公楼的想法是后来才出现的，设计受到20世纪30年代工业现代主义建筑的深刻影响，如当时泰晤士河畔的巴特西电站（Battersea Power Stations，图14-12）①以及玛雅神庙和阿兹特克宗教寺庙（图14-13）。

图14-12　泰晤士河畔曾经的巴特西电站

图14-13　阿兹特克宗教寺庙

---

① 巴特西电站现已被赫尔佐格和德梅隆改造为泰特美术馆了。

建筑外部的60个独立的屋顶区域使建筑外立面看上去有数不清的分层。整幢建筑使用了25种不同类型的玻璃，共用1.2万平方米的铝框玻璃窗。为满足安全需求，窗户均为三层玻璃制成。因为中情六处的工作特点，建筑的绝大部分都位于街道水平线之下，里面还有许多地下廊道为使用者提供服务。建筑中的员工设施包括体育大厅、健身房、有氧运动室、壁球场和餐厅。该大楼还设有两个护城河的城壕。

1992年，迪耶·萨德奇（Deyan Sudjic）在《卫报》上发表文章，将这座大楼描述为"20世纪80年代建筑的墓志铭"。萨德奇说："这是一个将极端严肃性和不可知幽默感混合在经典构图中的建筑。建筑与玛雅神庙或哐啷作响的装饰化机器几乎一样。最令人印象深刻的是，法雷尔的设计就是把自己局限在一个想法中，当你在建筑周边走过时，这座建筑好像只是在自己成长。"2014年，在《伦敦当代建筑指南》中，肯尼斯·阿林森（Kenneth Allinson）和维多利亚·桑顿（Victoria Thornton）写道：有些人认为这个建筑是法雷尔控制得最好和最成熟的建筑——毫无疑问，内容丰富，但不是刺耳的修辞功能，也没有自然的精湛技巧值得激励。建筑无疑带有许多《蝙蝠侠》中哥谭市的多种趣味。

相反的意见也不少。法雷尔的许多批评者和对手称其为"噩梦"：一个提供秘密服务的堡垒，由私人投机者所有，由公开的民粹主义者所设计，坐落在泰晤士河畔最突出的位置——毫无疑问，这是一个奇怪的现象！

有趣的是，这座建筑在好几部邦德电影中都有出现，如1999年的《007：黑日危机》，2012年的《007：大破天幕杀机》和2015年的《007：幽灵党》。不得不说，法雷尔的新大楼与"007系列"电影的气质和趣味产生了一种莫名的协调感，甚至让人感觉到：连真实世界中的中情六处都在向詹姆斯·邦德靠拢了……

"深海"水族馆（The Deep Aquarium）

"深海"是一个公益性的水族馆，被誉为"世界上唯一的潜水艇水族馆"，致力于增进人们对全球海洋的了解，理解海洋研究的乐趣。水族馆位于英格兰赫尔河和亨伯河口交汇处的萨米角，于2002年3月开业。2013年，

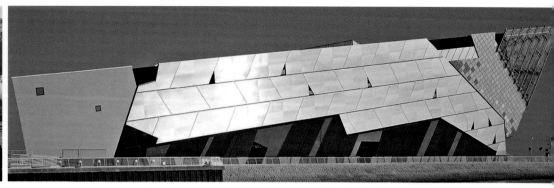

图14-14/14-15 从赫尔河西岸和交通干道望向"深海"水族馆

水族馆被投票评为赫尔地区家庭最佳度假地。这个巨大的"容器"中收藏了成千上万的海洋生物（包括七种鲨鱼），250万升水和87吨盐。（图14-14/14-15）

为了增强展览的体验效果，水族馆采用了交互式展示、视听演示和生动展品来讲述世界海洋的故事。博物馆包括一系列展品，按时间展示海洋从原始时期直到现代的全部演化历程。还有一个互动区域，游客可以学习控制潜水艇。水族馆的展品包括热带泻湖、充满了色彩斑斓的热带鱼和鳐，一个10米深的名为"无尽海洋"的展览（包含250万升水），欧洲最深的9米观景隧道，以及通过水族馆的玻璃升降梯。

"深海"也是一个别具特色的海洋研究中心。海洋生物学家在"深海"的收藏和海洋环境的研究中照顾动物。

值得一提的是，这座令人喜爱的巨大"海洋乐园"，也是一项庞大的改造项目的成果。萨米角的历史至少可追溯至16世纪，当时的赫尔城堡已占据了场地的一部分。其中一部分在1681年被建成一个新要塞。当1850年维多利亚码头修建完成时，建造码头时挖出来的泥土被用来扩展此地的前滩，就是现在支撑"深海"水族馆所在地的土地。萨米角因马丁·萨米尔逊而得名，因为1857年他在此建了一个造船厂。这片土地及所有船舶业务被一位继承人购买，后被亨伯河保护协会用作一个浮标库，但在20世纪80年代还是被遗弃。这座后来修建的深海水族馆不仅带给家庭、孩子和科学家们快乐，还很好地达成了改善地区形象，促进地区经济发展的目标。

图14-17 查令十字站
内部大堂

查令十字大车站（Charing Cross Railway Station）

查令十字大车站，也被称为伦敦查令十字街，位于英国西敏市，为伦敦中部铁路终点站。它是由伦敦铁路网管理的18个车站之一，在伦敦最繁忙的铁路站名单中排名第五。车站上方的办公大楼和购物中心被正式称为堤岸广场。车站的前面面对着为车站服务的所有火车的交叉线；车站的后面是亨格福德桥的北端。（图14-2/14-16/14-17）

这座建筑是由特里·法雷尔和合伙人设计的后现代办公室和购物综合体建筑。这一改建方式几乎取代了整个1906年建的屋顶。这种结构的后两个跨度——紧邻现有的大堂屋顶——被保留为扩大了的候车区的一部分。原保留

图14-16 火车从查令十字站驶出，跨越泰晤士河

图14-2 伦敦查令十字大车站

后现代主义建筑二十讲 *271*

的车站侧墙也被有效支撑，使其保持近乎完美的状态。堤岸广场大楼的大部分现被普华永道（全球四大会计事务所之一）所占据。

爱丁堡国际会议中心（Edinburgh International Conference Centre，EICC）

爱丁堡国际会议中心是苏格兰的主要会议中心，是爱丁堡市西区交换区总体规划的一部分。建设工程于1993年3月启动，1995年会议中心正式对外开放。它每年能满足大约20万参会代表的使用，并为爱丁堡市获得超过6 000万英镑的年收益。

1996年，建筑获得英国皇家建筑师协会大奖，同年获得市民信托奖。1999年，英联邦政府首脑会议在爱丁堡会议中心举行。为了纪念这个时刻，爱尔兰银行特地发行了面值20英镑的纪念纸币。纸币背面有两个特色建筑，一个是在洛锡安路的爱尔兰银行的新大楼，做背景的即是这座爱丁堡国

图14-18/14-19/14-20 爱丁堡国际会议中心与街道尺度和周边建筑完美融合

际会议中心。（图14-18/14-19/14-20）

　　爱丁堡国际会议中心的建筑造型并无特殊之处，但其外立面装饰方式颇为有趣：一方面显然是在向周围的街道和建筑致敬，另一方面又似乎是在极力消解建筑本来的敦厚感和庄重感。这种处理手法难免不让人联想到格雷夫斯的波特兰大厦——一座庞然大物被"收纳"进了漂亮的"包装盒"！

绿色建筑（The Green Building）

　　绿色建筑是一座位于曼彻斯特环保的、混合用途建筑，由法雷尔设计，目的是在毗邻牛津路铁路站的地方创造一个不同寻常的、可持续发展的三角

图14-21　绿色建筑的
外形和玻璃选型有利于
节能和采光

区域。建筑是麦金托什村发展规划的一部分，由泰勒·伍德罗公司修建，村落所在地的前身是邓禄普轮胎厂。有趣的是，这里也是雨衣的发源地。

建筑高十层，底部的两层，包括一个日托的托儿所和一个可用于外科手术的商业出租单位。从第三至十层，共有32间公寓。

建筑设计中包含两套节能系统：太阳能热水系统提供建筑内热水和地暖的使用；朝南的一面大而高的三层玻璃窗，能最大限度地增加太阳能的获取量。朝北的公寓窗户相对较小。与所有公寓相通的内部中央中庭提供了一个被动式空调系统，温暖的空气从每个公寓传递到中央心房和上升，吸引新鲜凉爽的空气进入公寓。中庭顶部的电脑控制窗户调节气流。建筑电气要求由2.5千瓦推动式风力发电机组补充。建筑的圆筒造型基于体积相等而表面积最小的建筑造型的考虑，因减少散热量而能进一步提高热效率。目前，这个建筑中已形成了一整套玻璃、纸和铝的综合回收设施。同时，居民协会还提议建造一个公共堆肥箱。为了节水，所有公寓只提供淋浴设施，不设浴缸；水龙头的设计可保证用最少的水来洗手。（图14-21）

因为完成了这座建筑，特里·法雷尔于2006年获得了绿色建筑可持续发展的公民信任奖，说明其"绿色建筑"的最初设想均获得了较大成功（可对比诺曼·福斯特的伦敦市政厅）。

汉城仁川国际机场（Incheon International Airport）

仁川国际机场位于仁川市中心西部，建于一块人造土地上，在永宗岛和永裕群岛之间。这两个岛屿最初由浅海隔开。该地区两岛之间开垦为建设项目，有效地连接了永宗岛和永裕群岛。填海区以及这两个岛屿都是仁川行政区中区的一部分。机场开业于2001年初，取代了旧的首尔金浦国际机场。仁川国际机场是韩国最大的机场，是首都地区的主要机场，也是世界上最大和最繁忙的机场之一。自2005年以来，它每年都被国际机场理事会评为全球最佳机场。它也被斯卡特瑞克调查公司评为世界上最清洁的机场和世界上最好的国际中转机场。

仁川国际机场航站楼共设登机门76个，主航站楼中有44个，大厅中有30个。机场有高尔夫球场、温泉浴场、私人睡房、溜冰场、赌场、室内花园和

图14-22/14-23/14-24 首尔仁川国际机场的鸟瞰图和室内景象

韩国文化博物馆。机场当局声称,飞机的平均起飞和到达时间分别为19分钟和12分钟,而全球平均为60分钟和45分钟,可见仁川机场是世界上海关处理速度最快的机场之一。其免税商场在2013年被商务旅行者评为三年来全球最好的购物中心。仁川国际机场也声称,它的行李运输差错率只有0.0001%。(图14-22/14-23/14-24)

小结

法雷尔十分推崇后现代理论的倡导者文丘里,认为现代主义导致城市的异化,场所精神、视觉趣味的丧失,否定了都市性。然而法雷尔开出的药方却与文丘里的大不相同。从职业生涯之初,法雷尔便把眼光放在了城市层面，而非建筑本身，这或许也是其建筑作品"长相"各不相似，甚至"气质"也多有不同的一个重要原因。而且法雷尔在不同尺度的建筑设计上都表现出色，较小的建筑有前文介绍的绿色建筑，大尺度的建筑除仁川国际机场外，还有北京南站和广州火车南站等。他在英国一些老城区建造或改造的几个项目显得更加自信——早餐电视中心、中情六处总部大楼和查令十字大车站等——充满了一种古怪的、戏剧化的、后工业时代的味道。我们可称之为"特里·法雷尔式的英国后现代风格"。

特里·法雷尔常说："我喜爱城市讲述它们历史的方式。"他认为，与一种更广泛的、具有包容性的建筑观相一致的，是以城市主义为核心的观念。城市是一种不受控制的表象，每个城市都有其自己的混沌原理。这就是它是如何忠实地表达我们的生活环境，以及它为什么是如此令人振奋的、如此重要的一种艺术形式——一种整体的艺术组合。城市向我们述说了整个社会的状况——它对权力的态度和经验、对文化和自然的价值观等。城市证明了一种纯粹的建筑观是没有什么作用的。最好的建筑艺术是从城市生活的文脉中生长起来的，并且为大多数建筑服务。

在法雷尔眼中，多样性和多选择性是城市的天性，而现代主义却造成空间的无名性和匀质性；现代主义的建筑设计总是试图把设计对象从环境中分离出来，总是试图分辨图底关系，法雷尔则试图削弱图底的严格界限，他把建筑过程看成既是造型过程，也是生成背景的过程，造型成为一种符号替代的运动过程，场所是其媒介，建筑在场所中被赋予一种活跃的空间形象和"文脉"。

日本鬼才

安藤忠雄

Tadao Ando，1941–

安藤忠雄是当今最为活跃、最具影响力的世界建筑大师之一，也是一位从未接受过科班教育，完全依靠本人的才华、禀赋和刻苦自学成才的建筑大师。安藤的成功归因于他的广泛阅读与长途旅行。在此过程中，他不断地在专业著作和亲身体验间对比变换，亲身去体会著名建筑的空间感受和精神共鸣，进而得到创作启发，直至今天，坚持不辍。在近40年的时间里，他创作了近150项著名作品和方案，获得了包括普利兹克建筑奖等在内的一系列世界建筑大奖。安藤亦开创了一套独特、崭新的建筑风格，以半制成的厚重混凝土以及简约的几何图案，构成既巧妙又丰富的设计效果。安藤的建筑风格静谧而硬朗，为传统的日本建筑设计带来划时代的启迪。他的突出贡献在于创造性地融合了东方美学与西方建筑理论；遵循以人为本的设计理念，提出"情感本位空间"的概念，注重人、建筑、自然的内在联系。安藤忠雄还是哈佛大学、哥伦比亚大学、耶鲁大学的客座教授和东京大学教授，其作品和理念已经广泛进入世界各个著名大学建筑系，成为年轻学子追捧的偶像，在中国也有众多拥趸。

安藤的建筑和景观设计方法被建筑历史学家弗朗切斯科·达尔·科

图15-3　海边4×4住宅

图15-1　光之教堂室
图15-2　兰根基金会美术馆

（Francesco Dal Co，见附录86）归类为"批判性地方主义"（critical regionalism）。

生平简述

安藤忠雄1941年9月13日出生于日本大阪，只比他的双胞胎弟弟早出生几分钟。2岁时，父母离异，安藤就随祖母生活。

安藤忠雄年少时家境贫困，童年是在木工作坊里度过的。在成为建筑师前，曾任货车司机及职业拳手，其后在没有经过正统训练的情况下成为专业的建筑师。正因为此，安藤素有"没文化的日本鬼才"之称。高中毕业后，他参加了Semi Mode研究班①，之后又通过各种渠道学习了室内设计和制图等技巧。在成为建筑师之前，安藤忠雄为关西附近的许多茶馆和咖啡厅做过室内装饰和设计。

安藤忠雄利用在拳击比赛中赢得的奖金，前往美国、欧洲、非洲、亚洲旅行，也顺便研究各地的特色建筑。那时，他的摄影作品被使用在建筑师路易斯·康的作品集中。安藤忠雄的双胞胎弟弟名为北山孝雄，在东京开设北山创造研究所，主要业务是企业经营顾问和商品设计。三兄弟中最小的弟弟是建筑师北山孝二郎（因为与美国建筑师彼得·埃森曼的合作而知名）。

安藤忠雄1969年创立了自己的建筑设计事务所。直到1976年完成了位于大阪府的住吉的长屋（见后），才真正显示出了他的过人才华。这是一座两层高的混凝土住宅，安藤许多独具特色的设计语言，在这座小建筑中已基本成熟，该建筑还获得了日本建筑学会奖。20世纪80年代，安藤参与了关西周边地区（神户北野、大阪心斋桥）的商业建筑设计。之后接连发表了以清水混凝土建造的住宅和商业建筑，引起风潮和讨论，名声也开始快速累积，从博物馆、娱乐设施、宗教设施、办公室等，作品的领域宽广，通常都是规模较大的建筑。但也有人认为这些作品失去了安藤早期的小型建筑特有的魅力。

---

① Semi Mode研究班是一种由大学教授创立的研究班，属于大学教育的一种。Semi Mode研究班由长泽节先生所创立，被称为"传说中的美术学校"，毕业生大多都是活跃在第一线的创意工作者，包括饭野和好、金子功、寺门孝之、山本耀司等人。

1995年，安藤忠雄获得建筑界最高荣誉普利兹克建筑奖，他把10万美元奖金捐赠给了1995年阪神大地震后的孤儿。

代表作品

住吉的长屋（Row House in Sumiyoshi）

住吉的长屋是一个面积很小、两层高的现浇混凝土房屋，建成于1976年。这是安藤忠雄的早期作品，但已显现出安藤建筑的明显特征。它由三个相等的矩形体块组成：两个封闭室内空间体块，被一个开放的庭院隔开。位于两个室内体块之间的庭院位置成为房屋流通系统中不可分割的一个组成部分。房子因可见形式和精神内涵之间对比而闻名，并让人在几何空间中获得非常丰富的心理体验。（图15-4/15-5）

表面看来，住吉的长屋甚至没有明确的建筑外观造型——因其被"埋"在街区之中——所以人们往往只能通过建筑的正立面来"识别"它。然而这种"简洁直白"的立面与其"丰富多变"的内空间恰成对比，这可能才是对后来的建筑师们最大的启发之处。在有限空间中尽可能营造更多的景观细部，是日式庭园的重要手法，甚至也是整个东方园林空间营造中的重要内容。安藤忠雄熟练地处理好"室内-室外""建筑-庭院""高差-节奏"等几组关系，让人们在局促空间中获得了甚为丰富的空间体验。整体说来，住吉

图15-4/15-5 住吉的长屋虽使用现代材料，但尺度和比例关系仍沿用了日式建筑的常规手法

的长屋造景的价值取向是东方式的，但许多设计手法又是西方的和当代的；两者结合、耐人寻味，非常值得今天的中国建筑师学习。

六甲集合住宅（Housing Complex at Rokko）

六甲集合住宅坐落在神户六甲山山脚下，是一个由露台、阳台、中庭和通风口构成的复杂聚居区。1978-1985年，安藤开始设计六甲集合住宅一期；1985-1989年间，他又设计了六甲集合住宅二期。这个建筑群在1995年的阪神大地震中幸存了下来，足见其在构造设计和施工水平上的过人成就。1999年，他设计的六甲集合住宅三期完工，四期的设计现正在进行中。这是安藤建筑生涯中周期最长、规模最大、花费心血最多的一组工程，也为他赢得了日本文化设计奖。

六甲集合住宅所处的六甲山最早是岩石山，但由于100多年前明治中期进行了一些绿化整治，使得山体特别容易松动滑坡。住宅坐落在六甲山山脚下，一组一组单元格搭起来的房子沿着山坡而建，面朝大海，依次错落排下，因此每间房子都有很好的景观朝向，可以纵览大阪湾至神户港的全景。

一期工程业主本意是委托安藤在一片植被茂盛的陡峭山坡前一块小平地上造一座集合住宅，但提出为了安全起见，必须加固后面的山坡，砌一面坚实的护崖墙以防止山体滑坡。安藤当时瞬间脑中闪过一个念头：反正是要做护崖墙，利用靠在60°斜面上的护崖墙设计一座集合住宅，是很有意思的设计。这种想法其实在他21岁时就产生过了，也曾在设计中尝试过多次，但由于技术上的局限性和经验不足，未能实现。他在后来给东京大学建筑系的学生讲课时回忆道："实际上，从很久以前我就很关心在斜坡上建造建筑，……因为曾经有过这样的想法，当看到这块用地时，就立刻想到后面的山坡了。"

严格规整的结构往往更能赋予其内涵更大的丰富性。荷兰建筑学教授赫曼·赫茨伯格（Herman Hertzberger，见附录70）在他的《建筑学教程》中论述了方格网体系的优越性："方格网体系就像一只根据极其简单原则操作的大手——他设置总体的规划，但是当他到了每一块基地的具体设计阶段时，就变得更富灵活性。"

安藤当时很自然想到要结合地形做一个正方形盒子重叠起来的住宅，从侧面看，整个建筑顺应地形的坡度堆积而上，扎入地基中，错落有致；而从正面看，它工整对称。以方盒子为单元是一种十分灵活的做法，它看上去是简单的形状，表现出建筑的理性，同时又可以通过方盒子的不同组合方式，形成内部空间构成、面积等都不相同的户型，在简洁的形状中构筑出复杂的空间，满足不同的需求。他设计了非常复杂的方案，各家各户都有一个自己的小庭院，每户面积从36-72平方米不等，有单层户型及跃式户型，还有一些户型的客厅设计成吹拔。每户平面都不尽相同，同时用方格作为控制，通过轴线的偏转等手法，充分反映了周边的自然环境与住宅的关系，也塑造了非常独特的空间。

由于可以将护崖墙的费用用于建造较为费劲的地基，然后将建筑建造在上面；而且一般60°的陡峭坡面是不能用作建设用地的，其地价因此非常低廉，这就有效地降低了建筑体的单价，也让他能最终说服业主接受这个设计。

经过艰难的审批及危险的施工后，一期工程终于完成了，从设计到施工共耗时5年。

六甲集合住宅一期是一座10层高的建筑，大约30米高，建筑材料采用的主要材料仍是安藤最擅长的清水混凝土。住宅共有35户，中间的大楼梯沿山而上，两边分别连着住户。每户都有一个露天朝海的大阳台，阳台上可以种各种植物，也可以举行一些规模较小的私人聚会。由于这种特殊的设计，使得它名为"集合住宅"，实则仿佛是一幢幢互相错落的"小别墅群"，每户都直接建在山坡上。值得一提的是，安藤曾明确表示："柯布西耶也设计过在斜坡用地上的'集合住宅'。……我希望我设计的六甲集合住宅也能像这些建筑一样，使住户能体会到外部空间生活的乐趣。"

集合住宅一期项目显然非常成功，以相对低廉的价格做出高品质的别墅空间，谁会不欢迎呢？所以毫不意外地，一期工程完工后，旁边一块地的所有者也委托他在这块地上做一片类似的坡面住宅设计。二期工程用了10年的时间，其间发生了许多困难。最终建成后的建筑是一座由不到6米的网格互相重叠堆积成的14层集合住宅，其中50户的平面都各不相同。

如果说一期六甲集合住宅还处于探索阶段，那么二期的手法已经趋于成熟。外观上，延续一期思路，把正方体的组合做得丰富有趣。建筑的虚实结合得非常好，运用立体构成的手法，有实体也有骨架，运用一种类似于中国画中留白的手法，营造使人发挥想象的空间。更重要的是这座住宅给住户提供了非常好的公共空间。公共空间都设在南向面海，景观和朝向俱佳。在九层屋顶花园还配备了泳池和会所。泳池三面是通透的落地玻璃窗，游泳时可以看到大海，也可以眺望海中美丽的淡路岛和填海建造的关西国际机场。一、二期之间还开辟了一大块公共绿地，供两期的住户共同休闲使用。（图15-6/15-7/15-8/15-9）

　　由于二期处在一处地质活动断层上，因此建造时采用了特殊的抗震方

图15-6/15-7/15-8/15-9　六甲集合住宅一、二期建筑群落和内部庭院

法，用钢缆将建筑的后背捆绑在岩石上，使其地震时不会向前倾倒。同时将建筑主体固定在坚固的岩石层上，抵抗水平的地震力。这种有效的措施，使六甲集合住宅得以抵抗1995年的阪神大地震。据安藤回忆，他在阪神大地震后一周去查看住宅，墙体并没有出现大的裂缝，室内家具也少有倾倒。二期完工后，反响更好，因此周围许多新建的住宅也都仿照其形式，沿山叠落。

接下来三期的设计施工过程更具戏剧性。这个设计非由业主主动委托，而是由安藤先做出了方案，再说服当时的业主最终接受。1991年时，二期正在建设，安藤注意到二期用地后面是神户制钢公司的员工宿舍。他产生了一个想法：如果将这一部分的建筑也设计成坡面住宅不是很好吗？于是他做了设计方案，并且找到神户制钢公司的会长说："这里的宿舍已经老化了，应该翻新了。我们在这里建造了一期和二期坡面集合住宅，也想将你们的宿舍设计成坡面住宅。你们是不是也应该重建呢？"结果社长认为他是在胡闹，生气地将他赶了出去。然而安藤就是凭着这种近乎天真的执著，坚持做了详细的三期设计方案。由于规模的扩大，他不仅考虑了住宅，还考虑了配套的设施，包括幼儿园、老人院、公共浴室等设施。1992年末，他又按照设计方案做出了模型，并找到神户制钢公司的会长牧东彦，讲解了他的设计方案。虽然当时会长看完了演示表示十分感兴趣，但并未答应重建旧的宿舍。

但一切因为阪神大地震而改变。那次灾难性地震后，旧的宿舍内部设施完全损坏，无法再住人了，所以厂方将安藤叫去，希望采用他的方案重建。就这样，他得以从无到有地实现自己的设计。对于这件事，安藤对他的学生说："建筑师不要在家等着人来委托自己做设计，而是要时刻准备一些想法。"

三期工程于1999年竣工，整个建筑平面在6.9米×7.5米的格网内布置，立面高差达15米。最南面是一排较低的二、三层住宅，其北面有四层的多层住宅，最北面是十层的高层住宅。高层中有两部分是朝南布置的，就在第二期的中轴线上，还有一部分与前两部分成垂直布局，朝向东并面临主要道路，南面最低处背靠背布置了一组有庭院的住宅。基地的北部面向花园敞开，在花园地势最低的地方是一处停车场。路边、花园里，到处种上绿色植物和花，每到夏天，蓝色和紫色的风信子开得十分灿烂，给中性灰色的建筑主体添了许多色彩。

这是一个有多种选择的集合住宅，设计中充分发挥坡面住宅的特点，第一、二层难以看到大海，就设计了宽敞的大阳台、接地的大庭院，构筑了各种叠加错落的住宅，有公用的庭院和泳池，且在二期之间开辟了绿地。一部分住宅所配备的设施和通道还考虑到了老年人和残疾人的居住要求。由于不规则的基地形态导致建筑中出现不对称性，为住宅带来丰富的变化：沿着山坡阶梯式地向上发展，每一单元都直接与露天的外部道路相连接，使在建筑内部穿行的外部道路变成了组织居住单元的轴线。

六甲集合住宅最具突破性的两点：一是在于建筑利用了基地本来的地势，而非采取将有坡度的建设基地铲平的惯用方法。新方法的采用，使建筑与自然发生了关联和对话。二是在于其高质量公共空间的引入，反映了建筑师对于使用者的精神需求——渴望与大自然亲近融合及社会交往需求的关怀。

除在设计手法和经济成本方面的优势外，六甲集合住宅对今天中国建筑师的最大启发之处是对"集合住宅"的认识角度。在当时日本的流行观念中，集合住宅往往意味着更高的居住密度，因此二期的业主认为，设计太多的公共空间是一种浪费，并表示出对楼梯太宽，公共空间太大，游泳池太大等的不满。但安藤始终认为从原理上讲，集合住宅是为了留出宽裕的公共空间，并且应该有好的采光、景观、朝向，能吸引住户来停留，充分地利用它。因此，在二期中，他把公共空间放在了南面的最好位置。在三期中，他进一步延续和发展了之前的设计思路，认为："集合住宅真正的价值就在于它的公共空间。特别是低造价建筑，集合住宅各户的平面本身是不能随便改动的，户内是不能有太大差异的。各户的房价是大致定好的，超出售价的部分就将其考虑成公共空间。有那么多住户的话，大家各自负担一点，也就可以得到很大的'共有财产'。"显然安藤的想法更具远见，不仅在于建筑设计上，也在于社会认知上。

同时也不应忽视，日本经济随着20世纪60年代的腾飞至20世纪80年代末，整个社会已日渐富足，民众对生活品质提升的要求越来越高，可逗留的、阳光充足的、景色宜人的户外平台和公共休闲区是中高档居住区日益常见的现实要求。安藤的设计观念恰与这种社会预期相吻合，建筑师的敏感度和洞察力，令人叹服！

光之教堂（Church of the Light）

光之教堂是安藤忠雄享有世界声誉的作品。它位于大阪府茨城市，是茨城春日丘教会的主教堂，建于1989年。1999年，又加建了一所星期日学校。

光之教堂位于大阪市东北偏北方向25公里处的茨城市。建筑结构小巧，居于两街的拐角处，紧邻一个住宅区，并不起眼。令人意想不到的是，这个项目从设计到建造，一直面临资金不足的困扰，因为担心建造成本会超支，安藤甚至考虑建筑可以取消屋顶，不过好在建筑公司最终捐赠了屋顶。

教堂最初被计划作为一个木制教堂和牧师住宅的附加部分。光之教堂包括三个混凝土长方体，每个长方体的尺寸为5.9米宽、17.7米长、5.9米高，一道与长方体墙面成15°角的墙面穿插入长方体空间，形成了教堂空间和入口区域。教堂中的长凳和地板，都是用在建筑中的可重复使用的脚手架做的。朝东的混凝土墙面被切割出镂空的十字架形，早晨太阳升起之时，光亮如炬点亮了十字架。（图15-1/15-10/15-11/15-12/15-13/15-14/15-15）

图15-10/15-11/15-12/15-13/15-14/15-15 光之教堂体量并不大，但其室内外空间和景观变化的丰富度，令人惊讶

安藤忠雄经常将禅宗哲学融入其对建筑结构的思考中。他在这部作品中表达的一个主题是存在的双重性。小教堂的空间由光来定义，光与建筑实体间的对比极为强烈。在教堂里，光线从祭坛后面混凝土墙面上镂空的横截面穿过，形成多个从地面到天花板垂直间的缝隙、墙面与墙面间的缝隙等，仿佛是混凝土材料间别具特色的构件接缝。在这个光线与实体的交叉点，身居其间的人们似乎深深地意识到了精神和俗世之间的内在分裂。

最能承载安藤忠雄哲学理念的建筑结构，就是他那被偶像化了的墙面。"在我所有的作品中，光是一个重要的控制因素。"安藤说，"我主要用厚实的混凝土墙体来围合空间，为个体创造一个能把自身从社会中分离出来的区域。当建筑外部的城市环境不允许墙面开洞时，其内部空间必须特别丰富饱满和令人满意。"安藤进一步说明："有时墙体能明显展示出一种近乎暴力的力量。他们能划分空间、美化空间，制造新领地。墙体是建筑最基本的元素，同时也是最丰富的元素。"

密度高的混凝土表面像玻璃表面一样光滑，能呈现出光的不同品质。因为安藤的混凝土均被精密加工，因此其表面光滑能反射光线，它使得混凝土材料产生一种视觉假象，好像这种特殊材料不是来自大地而是某种绷紧的纺织面料。

光之教堂中可见安藤忠雄最典型的、可能也是最具日本特色的设计手法：（1）墙面不再像经典现代主义建筑那样仅用作分隔空间和区分功能，墙面本身也具有了艺术性、也被情感化了；安藤清水混凝土墙面的表现力，甚至超越了密斯的德国馆。（2）而支持这一切的基础是日本传统中精雕细

图15-16/15-17 水之教堂是位于北海道的一个小教堂

琢的工匠意识和拥有精湛技艺的日本技师……后来在北海道水之教堂（图15-16/15-17）中，安藤仍沿用了这种设计手法。

普利兹克艺术基金会（Pulitzer Arts Foundation）

普利兹克艺术基金会是艾米丽·拉夫·普利兹克与她的丈夫小约瑟夫·普利兹克于2001年成立的。基金会建筑位于密苏里的圣路易斯市的华盛顿大道3716号。他们最初的想法只是想找一个空间来安置他们的私人收藏。普利兹克夫妇20世纪90年代早期即与安藤有过交往，那时他们委托安藤将位于圣路易斯市中央娱乐区的一个废弃汽车工厂改造为展陈室。不幸的是，在项目

图15-18/15-19/15-20/15-21/15-22 普利兹克艺术基金会大楼仍保有安藤设计的典型特征：清水混凝土墙面和静谧的水面

进行中约瑟夫去世了，项目也没能完成。1993年，艾米丽又捡起了最初成立基金会的想法，因此再次找到安藤希望他为基金会设计一座建筑，这也成为安藤在美国的第一座独立建筑。

这座建筑延续了安藤忠雄一直以来的设计手法：充分利用自然元素（如光和水），还使用了典型的安藤式的清水混凝土材料。混凝土浇筑用了近四年时间，毕竟在当时的美国，安藤要求的浇筑工艺水平还不常见。这座建筑被形容为"既能为艺术沉思提供宁静的环境，又能成为振兴圣路易斯城市历史的重要景观。"

20世纪世界建筑史学家专家柯蒂斯（William J. R. Curtis）说："安藤细长的矩形空间往往能形成'虚-实'互动的空间动态集合。穿过建筑物的路线是一条迂回曲折的、能引发各种情绪和强度的空间序列。通过一些可见的和不可见的层，建筑空间中还呈现出一些意想不到的光影效果，以及一些精心布局的外部景观。"

沃斯堡现代艺术博物馆（Modern Art Museum of Fort Worth）

1892年，沃斯堡现代艺术博物馆首次被得克萨斯州授予特许状，将其认定为"沃斯堡公共图书馆和艺术画廊"。博物馆的使命是"收集、展示和阐释二战后所有媒体中艺术的国际发展。"

沃斯堡现代艺术博物馆拥有美国中部地区国际现代艺术和当代艺术中最重要的藏品。作品涉及多种艺术运动、主题和风格，包括抽象表现主义、色域绘画、波普艺术和极简主义，还有自20世纪70年代以来的新图像绘画艺术，抽象和具象雕塑的新发展，当代摄影运动、视频和数字影像等。博物馆中的永久藏品包括3 000多件艺术大师们的作品，如巴勃罗·毕加索（Pablo Picasso）、安塞姆·基弗（Anselm Kiefer）、罗伯特·马瑟韦尔（Robert Motherwell）、苏珊·罗森伯格（Susan Rothenberg）、杰克逊·波洛克（Jackson Pollock）、格哈德·里希特（Gerhard Richter）、理查德·塞拉（Richard Serra）、安德里斯·塞拉诺（Andres Serrano）、辛迪·舍曼（Cindy Sherman）和安迪·沃霍尔（Andy Warhol，见附录60）等。这些作

图15-23/15-24/15-25/15-26 沃斯堡现代艺术博物馆仍沿用了安藤对静水的处理手法，但显然混凝土墙面正在让位于落地玻璃，建筑室内外空间的整体气质更接近于典型的美国博物馆

品都被展示在安藤忠雄建造的、水池环绕的、由宁静的混凝土和玻璃建筑包围的空间中。（图15-23/15-24/15-25/15-26）

博物馆位于该市的文化区中，毗邻路易斯·康设计的肯贝尔艺术博物馆（伦佐·皮亚诺后来完成过加建工程，见本书第14章），附近还有菲利普·约翰逊（Phillip Johnson，见本书第1章）设计的阿蒙·卡特美国艺术博物馆。2002年12月14日，沃斯堡现代艺术博物馆正式对公众开放，展览空间4 900平方米。

兰根基金会美术馆（Langen Foundation）

兰根基金会美术馆位于德国北莱茵-威斯特法伦州的诺伊斯市附近，位于赫姆布罗伊岛博物馆的场地中。美术馆所在地原为北约的导弹基地。1993年，基地被废除，两年后被德国的一位开发商和收藏家卡尔-海因里希·穆勒（Karl-Heinrich Muller）收购。穆勒有一个伟大的梦想——"扭转被忽视的地球角落"。他试图结合艺术和自然，在被忽视的地球角落中，开创一片新的文化天地。1994年，安藤忠雄被穆勒独特的文化空间开发构想所吸引，随后也参与到穆勒的计划中。1994-1995年，安藤和穆勒、雕塑家欧文·海因利希（Erwin Heerich）、奥利弗·克鲁斯（Oliver Kruse）以及西川胜人（Katsuhito Nishikawa）等人针对导弹基地进行规划设计。他们的目的并不是要将历史遗迹连根拔起，废除所有设施，而是给予场地新的面貌和不同的使用功能。1996年，他们在威尼斯双年展中展出了他们的规划。1998年，安藤在前导弹基地上设计了一座大拱门，如今变成兰根基金会美术馆的大门。

2001年，收藏家玛丽安·兰根（Marianne Langen）看到安藤在导弹基地上的计划，立刻聘请安藤帮她和丈夫的艺术收藏设计一座美术馆。兰根夫妇收藏的日本艺术品约500多件，时间跨度从12-19世纪，还有300件现代的西方美术收藏品。2002年，安藤针对兰根的构想，提出展示空间设计方案。

图15-27/15-28/15-29/15-30　兰根基金会美术馆利用典型的西方现代建筑设计手法营造出日式冥想空间，建筑师的设计手法和空间意境更上一层楼

这个博物馆有三个展览空间，总面积为1 300平方米。（图15-2/15-27/15-28/15-29/15-30）建筑有两个翼楼，为半埋式的临时展厅，面积为900平方米。建筑结构主要由钢筋混凝土、玻璃和钢组成。

相比较兵库县立美术馆（图15-31/15-32）和沃斯堡现代艺术博物馆，兰根基金会美术馆的设计已进入另一层境界。兵库美术馆的设计仍是安藤早期设计手法的延续，只是空间布局更自由、水体面积更广大；沃斯堡博物馆的设计更像是水之教堂的放大版，无论如何仍保有安藤建筑的可识别符号，不过也应注意到沃斯堡博物馆中巨大面积透明玻璃的使用，已使其建筑的清水混凝土特点逐渐弱化；而到了兰根美术馆时，仅从外表已很难找到明显的安藤建筑风格特征，甚至更接近一位纯粹的、西方现代建筑师作品。最棒的一点恰在于此：（1）地面上的混凝土板被称为"日本房间"，这是一种颇为罕见的长而狭的展廊，设计概念来自安藤的"宁静空间"，专门用于展览兰根基金会美术馆收藏的日本艺术品。两个地下展览室的吊顶高度惊人，有8米高，可被用于收藏现代艺术品。（2）仅用典型的现代主义设计手法，即可营造出日式的冥想空间，这可能是对所谓"东西方建筑文化研究"和"安藤自己职业生涯"的最大挑战，显然作品非常成功：博物馆空间中的精神感受，直指人心！

2004年，博物馆正式向公众开放。玛丽安·兰根每周都会到基金会美术馆的建筑施工现场来。但遗憾的是，她于2004年2月辞世，并未等到美术馆建成的那一天。

图15-31/15-32 兵库县立美术馆的设计手法和空间意境仍具有安藤建筑的早期特征

4×4住宅（4×4 House）

现在的4×4住宅是"一对儿"，最开始修建时只有"一幢"，为混凝土材料建造。这对海景房位于日本关西兵库县的神户市，一处海滩与铁路之间的荒地上，距离海水线仅65米。每栋房子的基地面积只有不到5平方米（4.75平方米）。

第一座4×4住宅的业主聘请安藤忠雄为其操刀设计。安藤的设计似乎又回归到了住吉的长屋那个阶段，但显然基地条件和造型限制更加严苛，设计手法更加精炼老到。小住宅以其标志性的几何构图及清水混凝土材料于2004年完成。建筑共五层，地下一层为储藏室，卫生间位于第二层，再向上两层是卧室，餐厅起居室位于顶层错位的混凝土方块中。由于用地极其狭小，所以所有功能被垂直布置再通过楼梯连接。这个4×4×4的方块与主体错位1米，为下层空间带来了顶部的采光条件，同时消除了整座建筑的单调与沉闷，一下子变得活泼了起来。踱步在顶层起居室，远望海平面，仿佛海水就在脚下拍打。（图15-3/15-33/15-34/15-35/15-36/15-37/15-38）

在第一座4×4住宅完工后不久，另一位业主委托安藤为其在旁边建造一座同样的住宅。这次安藤放弃了混凝土而选择了木结构，除了表面的质感略有不同外，其余的空间布局完全是"镜像"过来的。两座滨海住宅顶部的错

图15-33/15-34/15-35/15-36/15-37/15-38 顶部4米×4米×4米的方块与主体错位1米，为餐厅和起居室，既有独特的室内外景观效果，还使先后建成的两建筑间形成呼应，并指示了楼下的停车位

位部分形成对应，看上去好似本来就是"一对儿"……

小结

安藤忠雄从小就特别关心古建筑，想"干一些制作东西"一类的工作，从15岁开始他就常去参观大阪、京都一带日本著名的茶室，以及高山一带的一些古民居，等等。虽然当时他对于日本古建筑并没有太多专业知识，但他仍然能强烈感受到那些传统民居散发出的特有的质朴谦逊之美，并为之感动。这也许能解释为什么他在后来以民居设计作为建筑师生涯的开端，并始终对住宅建筑怀有一份特殊的兴趣，设计了大量出色的住宅建筑。

尽管如此，真正引导安藤走向建筑师道路的人物却是两位西方现代主义大师，一位是美国现代主义大师弗兰克·劳埃德·赖特（Frank Lloyd Wright，见附录18），另一位是现代主义的开山鼻祖之一勒·柯布西耶（Le Corbusier，见附录29）。赖特设计的东京旧帝国饭店带给了安藤特殊的空间体验，使他第一次真正接触到现代建筑意义上的"空间"；柯布西耶的作品集带给他强烈的震撼，使他开始对建筑着迷，并产生了通过自学成为一位有作为的建筑师的想法。

柯布西耶在他自己20多岁的时候曾进行过长途旅行，探索西方建筑的根源；在他的著作中，也多次提及旅行的重要性。出于对同样没有受过正规建筑教育却成为现代主义最具影响的大师的柯布西耶的仰慕，1965年，24岁的安藤忠雄来到欧洲旅行，他此行有两个目的："想亲眼看一看欧洲的建筑"，"拜见勒·柯布西耶"。

欧洲建筑所渗透的"理性"及"秩序感"与依靠传统技巧与感觉建造的日本建筑完全不同，安藤被这种强烈的力量感所震撼了，同时也通过一个"完全不同"的"欧洲"更清楚地意识到了他的根源——"日本"。虽然此行他并未实现拜见柯布西耶的愿望，但他得以真正地接触到"现代"的东西，并开始在许多日本现代主义先驱建筑观念的基础上，开始了对于日本传统的"非现代性"及西欧的"现代"之间关系的思考与探求。

安藤忠雄早期对都市一直是采取封闭的态度，安藤实际上曾是"城市游击战"的拥护者，他主张不必注重社会和城市的立场。安藤的作品让人开始意识到都市公共空间的个性，是从1984年京都高濑川旁的复合性商业设施 Time's（图15-39/15-40/15-41/15-42）开始的。安藤除了发挥他惯用的动线回游的手法之外，更将建筑物朝向河边开放，塑造出多种层次的空间，面对自然加以敞开，为桥边过往人们创造了新的公共空间。之后，安藤开始对都市展开各种积极的提案，前文介绍的六甲集合住宅便是这一思想的极好体现。

虽然在安藤的作品中，天光、水景、树林、海岸等景色均为常见元素，但他在建筑及环境营造中的"自然"绝非真实的自然，而是带有特定审美和哲学观念的、从自然中概括而来的有序的自然——人工化的自然！安藤认为，植物栽植只不过是对现实的一种美化方式，仅以造园及其中植物之季节变化作为象征的手段其实并不足够；必须将抽象化的光、水、风和以几何造型为主的建筑体等元素一并导入时，才能共同呈现出一个崭新的"自然"。

关于安藤忠雄的建筑风格，到底属于现代主义还是后现代主义，不同的人有不同的看法。对于包括安藤在内的东方建筑师来说，"现代主义"恐怕并不仅代表着一个风格、一个时代，更代表一种不同的文化体系、不同的文明逻辑。虽然安藤承认自己职业生涯的早期受到过好几位现代主义大师的深刻影响，但这并不稀奇，几乎所有的后现代建筑师也对现代主义大师的作

图15-39/15-40/15-41/15-42　京都高濑川旁的复合性商业设施Time's属安藤的早期作品，今天看来尺度宜人，仍别有情趣

品如数家珍。仅就安藤的作品来看，他似乎并未着意"反对"或"追捧"过现代主义，而更多的是对日本文化精髓的探究。若考虑到后现代理论中，"地方化的复兴"是一支重要力量，那么我们自然可以将其成就放入一个更宽广的后现代文化语境中来研究。至于其设计手法的风格问题，恐怕倒见仁见智了。

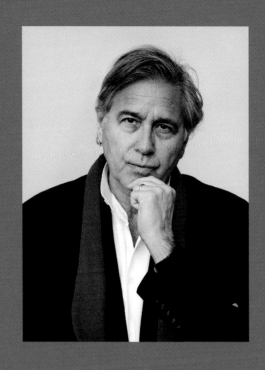

建筑哲学家

伯纳德·屈米

Bernard Tschumi, 1944–

伯纳德·屈米是建筑师、作家和教育家，拥有法国和瑞士血统，通常被归类于解构主义建筑师。他的父亲是著名建筑师让·屈米。

伯纳德·屈米1944年1月25日出生于瑞士洛桑，1969年在位于苏黎世的瑞士联邦理工学院获得建筑学学位。1970-1979年在伦敦的英国建筑联盟学院（AA）任教，20世纪80年代移居美国并在多所学校执教，曾与彼得·埃森曼（Peter Eisenman，见本书第8章）在"建筑与城市研究所"共事，1988年至2003年任纽约哥伦比亚大学建筑、规划和历史文物保护研究院院长。他的著作《曼哈顿手稿》曾引起国际建筑界关注。

巴黎的拉维莱特公园（见后）是屈米第一个引人注目的项目，这是他从1983年的一个项目比赛中获得的机会，被认为是屈米最重要的作品，也是解构主义思潮影响下的代表作。在他30余年的职业生涯中，他完成的作品超过60个，当然也包括许多理论研究成果。

图16-2 巴黎的密特朗图书馆

图16-1 巴黎拉维莱特公园，远景是科学工业城

图16-3 雅典卫城博物馆

代表作品（20世纪60–70年代）

在作为建筑师、理论家和学者的职业生涯中，伯纳德·屈米一直致力于重新评估个人自由和政治自由领域中建筑的地位。他认为，建筑形式和在其内部发生的事件之间已经不存在固定的关联性。指导他工作的伦理观念和政治信念强调建立一种积极主动的建筑体系，它通过非等级化的程序和空间设备来平衡权力。在屈米的理论中，建筑的角色不再是表达现存的社会结构，而是作为一个提问的工具，以便能重新组合或修改它。

1968年五月风暴（见附录94）的经历和国际情境主义的活动对屈米的设计事务所及其20世纪70年代早期在伦敦AA教学的经历影响甚大。在教学过程中，他结合电影和文学理论体系来讨论建筑问题，比如他将罗兰·巴特（Roland Gérard Barthes，见附录50）和米歇尔·福柯（Paul-Michel Foucault，见附录59）这些思想家的观念扩展到建筑领域，以便能重新审视如何通过建筑的空间关系来强化文化叙事。屈米在他的调查过程中采用了爱森斯坦的图解方法，充分利用各种要素之间的关系，如空间、事件和运动（或活动）。用他自己的话说就是："足球运动员滑冰穿过战场。"在这个简单的声明中，他强调定位的错位和某种奇异阅读的可能性。

基于这种观念，他的建筑实践便沿着两条线索展开：线索一，揭示建筑的空间序列、操作程序和各项活动之间的连续性并强化它们；线索二，通过陌生化、解构、叠加和交叉编程等方式来发明新的空间和事件之间的关联性。

屈米在20世纪70年代晚期的工作通过他在AA的教学工作提炼而来，完成了著作《剧本》（1977）和《曼哈顿笔记》（1981），都是从电影的蒙太奇手法和新古典主义手法演变而来。他使用事件蒙太奇作为组织程序（空间系统、事件和运动系统以及视觉和正规技术等）的手段，挑战了当时其他建筑师的工作，这些建筑师仅把蒙太奇技术看作纯粹的形式策略。屈米的作品是对当代建筑理论发展几近停滞状况的一种回应和突破。1978年他发表了一篇题为《建筑的乐趣》的论文，他把性行为用作建筑的特征类比。他声称，建筑的本质（architecture by nature）从根本上说是无用的，应把它与"建筑"分开。他认为，美化建筑是无用的，因为在此过程中，感官混乱和纯粹秩序相结合形成空间结构。屈米将"知识的形成"和"有关形式的知识"区分开来，并且非常敏锐地指出，建筑常常被视为后者，却常常被当作前者来对待。这篇文章可被看作是屈米后来一系列讨论建筑局限性著作的前兆。

美国后现代主义的本意是对"国际风格"——变质了的现代主义——的反抗。而他们的琢磨重点在于建筑的"外观"，对一些古典的、现代的或商业化符号进行打散重组。最初，后现代建筑师们只是在建筑外立面上有变化，后来在造型上也有创新（别出心裁的造型或体量超大的雕塑），还引入了多种新材料（新型人造材料或传统上并不被用来建造房屋的材料）。屈米显然更进了一步，他通过对建筑叙事方式的打散重组而把现代主义最后的堡垒攻破了——形式与功能之间不再必然关联。当日常生活已进入互联网和全媒体时代，我们才恍然大悟：原来屈米在40年前对建筑发展趋势的判断，竟然描述的就是我们今天的日常生活……所以我们既可以说"屈米同时批判了现代主义和后现代主义"，也可以说"屈米的观点其实是后现代主义的"。

设计作品（20世纪80-90年代）

拉维莱特公园（Parc de la Villette）

公园所在地区是巴黎的第十九大区，原是不怎么景气的蓝领社区，法国密特朗总统执政后结合纪念法国大革命200周年，提出振兴巴黎的九项大工程，其中三项都位于拉维莱特区，包括拉维莱特公园及其北、南两端的科技工业城与音乐城，三者形成一个集文化、娱乐、教育、交往、休闲为一体的综合性文化园区。

公园设计方案是通过国际竞赛选出来的。竞赛要求中明确宣布要修建一个"21世纪的公园"，鼓励探索新的构思，参加设计的有来自36个国家的471位参赛者。1983年3月，确定伯纳德·屈米的方案中标。屈米在设计过程中曾邀请法国解构主义哲学家雅克·德里达（Jacques Derrida，见附录66）共同切磋，是解构主义思潮影响下第一个建成的作品。公园的改造工程从1984年一直延续到1987年。

建成后的拉维莱特公园把科技城（欧洲最大的科学博物馆）、三大演

图16-4 拉维莱特公园水畔景色　　图16-5 在乌尔克水渠和圣丹尼斯水渠的交汇处看公园　　图16-6 沿着乌尔克水渠建造的步行道，后面是真力时音乐厅

图16-7 拉维莱特多功能大厅，左边是拉维莱特大剧院　　图16-8 克拉斯·奥登伯格（Claes Oldenburg，见附录63）和妻子布鲁根的雕塑作品——《埋葬的自行车》　　图16-9 葡萄园

唱会场地和著名的巴黎音乐学院都包括进来了，总面积为55.5公顷，成为巴黎的第三大公园。实际上这个文化综合园区是由绿地串联起来的若干已建成的大型公共建筑构成，场区绿地面积比巴黎市区最大的杜勒里公园大15倍。公园里的文化场馆密度之大居巴黎之首。（图16-1/16-4/16-5/16-6/16-7/16-8/16-9）

公园规划方案完成后，其中的博物馆、音乐厅、剧场等由多位著名的当代建筑师设计完成，包括克里斯蒂安·德·包赞巴克（Christian de Portzamparc，附录84）、阿德里安·凡西尔贝（Adrien Fainsilber）、菲利普·谢（Philippe Chaix）、让-保罗·莫雷尔（Jean-Paul Morel）、杰拉德·沙马尤（Gérard Chamayou），当然还有屈米本人。

拉维莱特公园内有一条笔直的通向市区的东西向的乌尔克水渠（Ourcq Canal），将地段分为大体的相等的两部分。科技工业城采取阿德里安·凡西尔贝的方案，是典型的高技派建筑，主体建筑体量很大，差不多是蓬皮杜艺

术中心的4倍，长270米，宽110米，高47米，主馆南侧还有一个不锈钢抛光的镜面球状大屏幕电影馆（La Geode），有386个座位，直径36米，状似浮在水池上，入口在水池下面，有连廊与主馆相通，该工程1985年对外开放。

拉维莱特公园西南端的音乐城被公园的入口广场分割成两部分，入口广场正面是19世纪建成的多功能大厅。西侧是国立音乐学院，平面布局比较规整，包括200间练习用的琴房、三个音乐厅、图书资料馆和学生宿舍，可为1 200名学生提供教学、演出和居住，音乐学院主体建筑平面呈L形，屋顶为波浪形。东侧是音乐教育研究所，包括1 200座位的音乐大厅和音乐博物馆，设计充分利用不规则的三角形地段。音乐大厅为巨大的椭圆形，像漩涡的中心；博物馆在北侧，面向广场，体型尺度较小。音乐研究所布局潇洒，设计中运用了隐喻与动态构成，音乐大厅与博物馆之间的回廊由顶部采光，螺旋状的空间配合变幻的光影，像是凝固的音乐。音乐城的形体、色彩给人以抽象艺术享受，特别是东侧的音乐教育研究所，既是公园入口的标志，也是通往巴黎大道的里程碑，音乐城的设计人是法国当代著名建筑师包赞巴克，他也因此而获得1994年普利兹克建筑奖。此外，公园区内还建有一个4 000座的帐篷顶的真力时音乐厅，最初是按临时性建筑考虑，现已成为永久性的流行音乐厅。

自从公园落成以来，人们对它提出了许多批评。对一些人来说，这个公园已与公园功能的人文尺度无关，巨大的开放空间似乎挑战了游客对城市公园的期望。伯纳德·屈米设计的拉维莱特公园似乎有意创造了与历史无关的场所，努力剥除标志系统和传统表现，这一努力甚至已经渗透到建筑设计，这导致了"非场所"现象的产生。屈米建构出的这种"非场所"感，提供了一种主体与客体之间的真实关系。

荷兰格罗宁根的"影像馆"

20世纪90年代，屈米在荷兰的格罗宁根设计建造了一个叫作"影像馆"的小亭子。透明的墙体和倾斜的地板创造了一种与常规视觉体验产生强烈对比的错位感，如墙面、内部、外部和地平线。（图16-10/16-11/16-12）

图16-10/16-11/16-12　"影像馆"还是一个举办各种影像和设计展的好去处

德国媒体与艺术中心（Center for Art and Media，ZKM）

位于德国西南部卡尔斯鲁厄市（Karlsruhe）的媒体与艺术中心成立的构想源自一位地方政治人物罗塔尔·斯佩思（Lothar Spaeth）的想法。他希望设立针对艺术与媒体科技，特别是视觉影像、音乐、新闻等的研发机构，并且在1989年选择了前法兰克福国家建筑博物馆创办人克罗兹（Heinrich Klotz）为计划主持人及创始馆长。媒体与艺术中心是典型的德式企业经营，在大型企业如西门子赞助下，克罗兹的理念得以贯彻：希望媒体与艺术中心能延续包豪斯时期的理念，建立一个与工业结合的艺术殿堂。

媒体与艺术中心于1997年10月正式开幕，位于卡尔斯鲁厄市一个废置的兵工厂里，一方面保留大部分原建筑风貌，一方面也融合了建筑师雷姆·库哈斯（Rem Koolhass，见本书第17章）的立方体玻璃建筑。

媒体与艺术中心为世界上第一个且唯一以"互动艺术"（interactive art）为主题的博物馆。主办方雄心勃勃地创建了一个结合艺术与科技的大型实验室与媒体城，主要功能为媒体创作、收藏、展示及推广德国的科技文化。媒体与艺术中心内部设有"图像媒体研究所"及"音乐与音响研究所"两大实验工房，长期都有与媒体科技结合的创作计划或演出，并有各十数位合作工作人员、视讯技师、程式设计师及艺术家，并且提供奖学金以协助相关计划。图像所的主持人为媒体艺术家杰弗里·肖（Jeffrey Shaw），该所重点在图像科技、数码影片、电脑绘图、电脑动画、网络科技、互动系统、CD-Rom、DVD等与艺术的相关创作结合。博物馆在开幕前已正式经营了七年，内部相关单位则散布在城市里的不同建筑中。自1992年起媒体与艺术中心博物馆开始举办"Multi-mediale"多媒体艺术双年展，以展示其媒体艺术收藏品、国际知名媒体艺术家作品，以及驻中心的艺术家所研发创作作品。

　　1989年，在媒体与艺术中心项目设计竞赛中，屈米充分和利用现存的建筑屋顶与后加建的伞状屋顶之间的空隙，形成了斜坡和窄小的通道。这块地方屈米称之为"间质"。在这个设计中，一个大型中庭被压缩在一个建筑之中，对屈米来说这种做法是自己设计哲学的形式表达，但对媒体与艺术中心而言，却是对包豪斯设计理念的延续。说不清到底是机缘巧合还是英雄相惜，包豪斯的思想被看作是现代主义最正统的思想源头之一，包豪斯的设计也被视作现代主义设计的典型样式。而屈米对这间废弃兵工厂厂区的改造，既保留了工业化时代的印迹，又把包豪斯"艺术与制造相结合"的理念表达出来。观念、空间和形式的代代更新、层层叠加，形成妙不可言又意蕴绵长的空间趣味。这会使媒体与艺术中心的互动艺术展示空间永远比别的多媒体博物馆，更具文化隐喻和历史厚度。

巴黎密特朗图书馆（Bibliotheque Francois Mitterrand）

　　1988年7月14日，法国总统密特朗实施世界上最大、最现代化的图书馆之一的扩建工程，意在打造覆盖所有知识领域、面向所有人、使用最现代的数据传输技术的，可远程与与其他欧洲图书馆合作的图书馆——法国国家图书馆（也被称为密特朗图书馆）。整个图书馆的书和媒体的组织流转由自动化的长达6.6公里的telelift系统控制——只有在这种高水平自动化系统的支持下，图书馆才可以全天候满足

图16-13/16-14/16-15/16-16　德国媒体与艺术中心由废弃的兵工厂改建而成，是世界上第一个以"互动艺术"为主题的博物馆

所有需求。（图16-2/16-17/16-18/16-19）

　　屈米的密特朗图书馆扩建项目获得了1996年的欧盟当代建筑奖。图书馆的建设遇到了巨大的成本超支和与高层设计相关的技术问题，所以它被称为"TGB"（Très Grande Bibliothèque）——"非常大的图书馆"——这个讽刺的典故来自法国成功的高速铁路系统（TGV，Train à Grande Vitesse）。从黎塞留街把主要藏品迁入后，法国国家图书馆于1996年12月15日揭幕。事实上，由于工会的反对，图书馆的无线网络在2016年8月才安装完毕。

　　截至2016年，国家图书馆包含1 400万件藏品，包括书册、印刷文件、手稿、印刷品、照片、地图和计划、硬币、奖牌、声音文件、视频和多媒体文件……图书馆依然使用黎塞留馆保存一些馆藏。

　　虽然密特朗图书馆扩建项目的初衷是法国式的、古典意味浓厚的、对知识载体的完整梳理、收藏和占有，从而获得文化领域的话语权和控制力，然而屈米的设计原则却是对这种观念的否定。屈米认为，程序的叠加能影响城

图16-17/16-18/16-19　密特朗图书馆最与众不同之处是设置在屋顶上的大型公共跑道和体育设施

市尺度建筑的再评价能力。在密特朗图书馆项目中，屈米最有特点的想法是设置在屋顶上的大型公共跑道和体育设施，于是体育活动部分的功能和构造要求与图书馆的屋顶设计内容发生了交叉。就是说，在此项目中，无论是体育活动的程序还是图书馆管理活动的程序，都不可能在与对方毫无瓜葛的情况下存在了。

通过这个项目，我们可以清楚地看到：通过全方位的设计策略，日常生活的习惯可能发挥更加有效的影响力。通过对活动的调节——而不是通过对审美和符号系统的调节——一种更加微妙和复杂的陌生化制度已被制造出来。建筑设计中所受到的极限条件的约束，成为衡量建筑物组织社会关系之能力的最有效标准。

设计作品（21世纪以来）

希腊雅典卫城博物馆（Acropolis Museum）

雅典卫城博物馆是一座考古博物馆，收藏着卫城及其周边坡地上发现的每一件文物，时间跨度从古希腊青铜时代到古罗马和拜占庭时期。新博物馆的建设场地也的确占据了罗马和早期拜占庭时期卫城废墟的一部分。

图16-20/16-21/16-22 雅典卫城博物馆居于卫城脚下，从博物馆望向卫城景色极佳

图16-23/16-24/16-25 雅典卫城博物馆入口下的考古遗址，顶层的雅典娜展厅

博物馆的建设项目启动于2003年，组织管理机构成立于2008年。2009年6月20日，博物馆正式向公众开放，1.4万平方米的展览空间中展出了近4 000件文物和艺术品。

卫城的第一个博物馆建成于1874年，20世纪50年代曾适度扩建。但是，连续的考古挖掘又为博物馆送来了许多新的藏品，原来的博物馆已经不能满足考古收藏的空间和技术条件要求。建设一个全新博物馆的动机是这样产生的：希腊政府提出请英国归还帕提农神庙的大理石雕塑，因为这些文物是英国从希腊抢来的，但是英国官员说希腊并没有合适的博物馆能展览这些作品。英方的回复当然让希腊人深感受伤，于是这成为建造新博物馆最直接的动力。（图16-3/16-20/16-21/16-22/16-23/16-24/16-25）

第一次设计新博物馆的竞赛于1976年举行，但仅限希腊参赛者提交方案。它和随后1979年举办的第二次设计竞赛均无果而终，关于原因，公开说法是当时选择的地块都不太适合建造新博物馆。1989年，第三次雅典卫城博物馆设计方案国际竞赛宣布启动，并提供了三个备选地点。竞赛获胜者是两名意大利建筑师。根据此次获奖方案的地基挖掘工作展开后，很快就因为现场敏感的考古遗迹而停止了，甚至项目在整个20世纪90年代被延误下来，最后在1999年项目被宣布废止。

第四次方案竞赛的选址居于未使用的宪兵兵营场地，正对着狄俄尼索斯剧院。兵营占用的土地主要是公共土地，并少量征用了周边的私人住宅以腾出必要空间。老营房的主要建筑——新古典主义的"维勒大楼"——已重新装修，并成为雅典卫城博物馆研究中心。屈米与希腊建筑师迈克尔·博迪亚提斯（Michael Photiadis）合作投标赢得竞赛。第四次方案竞赛并没强调保护考古遗迹。当来自本地和国际上的文物保护人士指出这一疏忽时，方案竞赛已近尾声。建筑挖掘中发现了两层朴素的私人路边房屋和作坊，一个属于早期拜占庭时期，另一个则属于古典时期。新方案进行了调整，柱子加高，使建筑底面上移，悬于地面之上。一旦确定了古迹的布局和地层情况，就能确定新博物馆建筑基础柱的合适位置。这些柱子穿过土壤到达岩床上，漂浮在能够承受里氏10级地震的滚动轴承上。

博物馆建筑面积约21万平方米，位于卫城的东南斜坡上，在通往古典时代"神圣岩石"的古老道路上。新博物馆距离帕提农神殿只有280米，有一个仅400米的步道与之相连，是距离古迹最近的现代建筑。由于博物馆坐落在一片巨大的考古遗址上，建筑的地板、室内外地面等常常被玻璃材料覆盖，这样参观者就能看到脚底下的考古挖掘场地。博物馆还提供了一个古希腊式的圆形剧场、一个虚拟的剧场和一个临时展览厅。

屈米的设计集中在四个方面：其一是采光问题，其二是参观路线，其三是功能与造型，其四是处理博物馆与卫城的关系。把这些特点结合起来"将场地的限制转换成建筑的机会，建造一个简洁而精确的博物馆"，类似于古希腊人那样的数学精确和观念清晰：（1）博物馆以自然采光为主，对雕塑、素描和油画等不同艺术品的采光设计各不相同。博物馆针对不同展品的展示方式也有别于其他展馆，如雕塑展品应当沐浴在最佳的自然光线之中。（2）观众的参观路线是三维螺旋曲线，在建筑漫游过程中体验丰富的空间景观，参观路线按年代排列，从考古发掘遗址、帕提农神庙雕刻直到古罗马时期展品。依年代编排线路是博物馆设计的重要特点，当每天访客量达万人次以上时，博物馆的参观顺序显得尤为重要。（3）建筑造型由基座、中段和顶部三段组成。基座为入口层，布置临时展厅、商店及辅助设施，架在考古发掘的遗址上；中段为两层高的平面并不规则的四边形体块，布置从考古期到罗马帝国的展品，夹层设酒吧和餐厅，从这里可以欣赏卫城景观；顶部为长方形展厅，专门介绍帕提农神庙，展厅中间是矩形内院。

博物馆与卫城互为对景，博物馆顶部展厅四周都是玻璃，雕塑展品以卫城为背景并获得良好的自然光线，从远处的卫城则可以透过玻璃俯瞰博物馆内的展品。大理石雕刻展品的布置依照帕提农神庙的实际方位，为观众提供了一种理解帕提农复杂环境的机会。

博物馆的藏品陈列在第一至三层，第四层为辅助空间，包括咖啡厅和办公室等。博物馆的首层展示的是卫城的发现。长长的矩形大厅地板倾斜，类似于岩石的提升。然后，游客们到达了梯形大厅，这里收藏了许多古老的发现。在同一层，还展出了许多从卫城其他建筑中发掘出来的文物和雕塑，如伊瑞克提翁神庙、雅典娜神庙，及从罗马时期到早期基督教时期的文物。游客们首先被引导至最高层，然后再按照时间顺序逐层往下参观。

区里的雅典新博物馆最动人之处，就在于其顶层设计的独创性。这里陈列着帕特农神庙的大理石雕像。顶层与下面的三层有角度偏差，是为了使顶层保持和卫城古代寺庙的相同方向而特殊设置的。帕特农大厅中的柱间距与古老神庙中的柱间距一样；大厅的四面外墙均为落地玻璃建造，能让自然光照射到帕提农神殿的大理石柱上，就如同它们在古典时期被日光照射的场景完全一样。帕提农大厅中的48根大理石柱勾勒出古代神庙的轮廓，也是古典时期帕提农神庙中大理石柱廊布局的真实展示。为便于观赏，山花大理石被置于与视高平齐的高度；墙面细部被展示在每列柱子上，但与古典时期神庙的高度不同；墙面顶部的装饰带被置于墙面之后，形成围绕矩形空间设置的连续的装饰带，这种装饰方式与古典时期一样，但为了便于参观者观赏，其高度显然降低了。从帕提农大厅北侧，人们可以看到卫城中的古老神庙。

这里是人们进入博物馆的第一站，当落地玻璃幕墙使建筑的"掩体"功能被极端弱化后，人们好似回到了2 500年前的古希腊，站在卫城的帕提农神庙中。当博物馆的展览成为亲身体验的"场景"，历史文物对于参观者来说便不再是干巴巴的，而是有生命、有情感的了。各种装饰带、墙面细部的"错位"处理，本意是为了方便观看、提升观展感受，但却让我们联想到中国古代山水画的表现方式。中国古人并不使用与今天"照相术"一样的写实手法去描摹山水，却让观者能仅通过画面便窥得山形水势之精华。

其实大家都明白，像雅典卫城这样的地方，文物密度太大，硬"挤进去"一个庞然大物，无论如何都难以避免对周边文化遗址产生干扰。关于这座新博物馆的反对意见，主要集中于这两点：其一，新博物馆是否适宜修建在雅典卫城附近的考古遗址上？其二，这种大型的现代建筑是否能与周围景观和谐相处？不过到了2007年，第三种争议又出现了：为了修建新博物馆，拆除两座历史建筑是否合适？这两个历史建筑都位于博物馆前，考古发掘时的编号是17和19。

不过以上的指责并非让人难以接受，毕竟在希腊人心目中，自己古老文明中的任何遗物都是民族文化的瑰宝，这不仅关乎文化保护，也是涉及民族自尊心。但另外一些批评便让建筑师百口莫辩了。如同往常一样，这一次屈米的作品又被说成"为了学术目的而牺牲人的需要"；另外，希腊数学家尼克斯·塞林格罗斯（Nikos Salingaros）宣称，新卫城博物馆不仅与雅典的建筑传统有冲突，而且还会持续威胁附近古建的安全。显然这两个问题，建筑师均难以回答，甚至这也不是设计师能解决的问题。

不过好在建筑落成后，赞美的声音还是占据了主流。美国建筑师协会荣誉奖评审团在其2011年获奖时评论道："这座建筑非常尊重雅典的城市结构，同时有如在废墟上跳舞。"《纽约时代》的评论家尼古拉·奥罗索夫评价道："一个安静的作品……一座了不起的建筑，既象征着帕提农神庙的冥想，又是一项迷人的工作。" 英国《卫报》的乔纳森·葛兰西评价道："一个奉献给古典庆典的集合奇迹……有目的而非无缘无故的动态建筑。"

2010年，博物馆被国际照明设计师协会（IALD）授予卓越和可持续发展奖，博物馆获得了英国旅游作家协会（BGTW）颁发的年度国际最佳旅游目的地；2011年，博物馆获得美国建筑师学会的建筑荣誉奖，博物馆成为六个入围角逐当代建筑奖——密斯·凡·德·罗奖——的作品之一；2012年，博物馆因其保护女神柱的创新设计而被维也纳的国际保护研究所（IIC）授予年度凯克奖；2016年，博物馆在世界25家最佳博物馆中获得了旅行顾问的旅行者选择奖的第九名。或许有人因屈米获奖而心生不满，那么如果屈米的设计还能给博物馆带来世界级的影响力，还能向英国掠夺者有力地证明希腊也拥有了世界顶级的古文物博物馆，那么对屈米的攻击是否可以减少一些呢？

佛罗里达国际大学建筑学院
（Florida International University School of Architecture, FIUS）

图16-26/16-27　佛罗里达国际大学建筑学院的造型有一个彩色的"动力中心"和白色的"两翼"

　　佛罗里达国际大学建筑学院位于美国迈阿密，是大学的26所学院之一。这所学校创建于20世纪80年代，由三个专业组成：建筑设计、室内建筑设计、景观建筑＋环境与城市设计。原来学校的大楼仅能提供教室，但没有足够的工作室空间给学生使用。

　　2001年，学校委托屈米建造它的新家——保罗·塞哈斯建筑大楼（Paul Cejas Architecture Building）。2003年4月11日，新教学楼正式投入使用。新教学楼的名字来自保罗·塞哈斯（Paul L. Cejas）。赛哈斯先生多年前作为大学董事会的一员，为学校的创建贡献巨大，随后他还为支持建筑学院发展而捐赠了200万美元的善款。

建筑学院是一所"通勤"学校，学生们在自己的工作室中分配他们的时间，学校既是学习的地方，也是完成家庭作业的地方，这就意味着每个学生需要较大的"工位"，此类需求通常被认为是设计中的巨大麻烦，因为建筑设计专业的学生总是感觉工作空间不够用，但屈米显然不这样认为，他很好地将其转化为一种优势。他认为，计算机技术已经改变了设计师的工作方式，他们不再需要那么大的工作桌面和巨大的储藏空间，因此实际工作的位置不再像从前那么重要。比较而言，朋友、同事和老师之间的社会交往、讨论、辩论和思想冲突变得至关重要，因为这些行为只能在学校中发生，而且只有在学校中发生的专业争论才能对学生的学习更有价值。综合利用计算机技术和社会空间之间的切换与互动，屈米在建筑学院中营造出一种新的教育模式，展现出一种全新的空间战略。（图16-26/16-27）

学院建筑的造型充满了隐喻和幽默。白色的两个翼楼被建筑师称为"清醒的两翼"，前后两个色彩丰富的中心部分好似两个充满动力的"发动机"——由狂想和活力驱动的冷静和理性，这也是建筑师们对自己专业特征的常规理解。项目施工时，"两翼"由白色预制混凝土建造，"发动机"则由黄色和红色瓷砖装饰。

新建筑围绕着一个可供户外活动之用的中心庭院（60英尺×90英尺）布置，色彩丰富的"发电机"居于视觉中心，其中有演讲厅、阅览室和美术馆等，白色"两翼"中安排着工作室和办公室。就是说，"发电机"部分汇集了学校的所有交流和文化空间设施。这样就极大地增加了空间的使用效率，也很好地达成了建筑师促进公共交流的初衷。迈阿密并无明显四季之分，冬季也较温暖，所以每天早晚院子中遮阴面积较大时，学生们大多在院子中活动或行走。身处其中，既有世外桃源的清雅，又有学术自由的喧嚣。

蓝色公寓（Blue Condominium）

蓝色公寓，也被称为蓝色大厦，位于纽约东区的诺福克街105号。这是屈米设计的第一个住宅和高层建筑。从规划、设计到建造完成用时两

图16-28　蓝色公寓等高档公寓的建设影响了周边社区的人口结构和生活方式

年，于2007年投入使用。住宅有16层楼高，32套公寓，底层商业空间由蒂埃里·戈德堡画廊（Thierry Goldberg）占据，从第三层屋顶平台开始为住户使用。在城市住宅项目中，这种底层为商业空间、上方为住户公寓的住宅楼很常见。像素化的立面形式是一个蓝色的面板和幕墙系统，这种立面形式也能满足分区和材料回收要求。住宅独特的造型与周边典型的低矮砖房，形成了鲜明对比。

蓝色公寓建筑采用了平板、现浇混凝土结构体系，这与纽约的许多高层住宅建筑一样。与其他高层住宅楼不同的是，蓝色公寓特殊的楼板悬臂和幕墙修建细节，例如，第四层的地板悬臂出挑11英尺（约3.35米），到了第十二层则出挑21英尺（约6.40米）。公寓的幕墙建造中采用了建筑玻璃幕墙技术中的单壁幕墙体系。一些尖角部位有多达四个角墙相互连接，多种构件间的关系需要三维建模。与传统的建筑幕墙结构不同，该系统采用组合元件，这些元件要求光滑、密封，并在工厂组装，运到现场后再安装。幕墙系统由透明玻璃、蓝色玻璃和不透明板，一起形成了四种不同的蓝色调。

室内材料的选择因其所处位置不同而有差异，无论是在标准公寓、高级公寓，还是公共区域都遵照这个原则。在标准的公寓里，材料包括竹地板和石材地面、白色瓷砖浴室、白色石材橱柜台面柜和金属橱柜。在高档公寓里，材料包括棕榈和石材地面、玻璃瓷砖的浴室和品牌厨房。公共区域中的材料包括竹墙板、石材地面、白色背光的玻璃面板。建筑和室内材料在高档住宅项目中并不少见，但这种非传统形式需要对构造和安装工艺进行创新。（图16-28）

就纽约东区而言，这是第一个拥有24小时门房服务的住宅，同时还有冷藏食品配送服务。这座公寓的建造引发了一场发生在居民、设计专家和一般公众之间的大讨论，随着周边地块各种高档住宅的建设项目的增加，已经引起了人们对邻里社区的物理空间、人口成分的改变地区特色的保护等多个问题的关注。

与屈米的其他几个项目不同，在社区建设和地区发展方面，屈米的蓝色公寓作用没有那么大。历史上纽约东区就是一个移民社区，包括德国人、爱尔兰人、意大利人和西班牙人，在本项目之前，那里已经建造了几个城市规划项目。因此在这座建筑里，建筑师的创新能力只得通过优异的建筑技术和出色的艺术效果来达成。无论建筑师的本意如何，但在事实上，他和他的作品已经站在了挑战地区传统特色、改变地区人口构成、更新社会物理空间这一边。在真实的工程项目中几乎不存在"中立"的设计和设计师，而设计师的个人好恶与项目立场也并不总能一致。这是所有设计师的无奈之处。

拉罗什人行天桥（The Pedestrian Bridge）

该项目是屈米和休·达顿（Hugh Dutton）共同设计的一条城市过街桥，位于法国永河畔拉罗什市，将建于拿破仑时期的旧城区和铁道另一侧的西城新兴社区连接起来。设计并未在造型的炫酷上下功夫，而是将重点放在了解决超长平行跨距的力学结构上，甚至带有装饰性的结构构件及疏密度也被用来强调其力学特征。部分紧密而不透明的结构感展现了最大化的压缩力，而其他轻盈且几近透明的构件则展现了最大程度的张力。（图16-29/16-30/16-31）

图16-29/16-30/16-31 拉罗什人行天桥的色彩和构造方式让人联想起拉维莱特公园，甚至佐伦·皮亚诺（Renzo Piano，见本书第13章）和理查德·罗杰斯（Richard Rogers，见附录71）的蓬皮杜艺术中心

小结

"解构主义"是产生于20世纪60年代的一种哲学思潮，被认为是"后结构主义"的主要流派之一，20世纪80年代在西方的影响日益扩大。提出解构主义理论的是法国哲学家雅克·德里达。想搞清楚解构主义要先搞清楚什么是"结构主义"，因为后结构主义或解构主义是针对结构主义提出的。20世纪60年代，西方流行的结构主义哲学认为"结构"是一种关系的规定，"结构"是有整体性、转换性和自调性，结构关系可划分为表层结构与深层结构，表层结构研究外部现象，深层结构研究现象的内在联系，可以通过对模式的研究探讨事物的深层结构。结构主义把"结构"的关系看作是一种互相依赖的稳定的关系。解构主义指责结构主义是形而上学、僵化、静止地看问题，解构主义强调变革、重视"异质"的作用。严格地说，无论结构主义或解构主义都是一种方法论。

常规的建筑史叙事会这样描述：正是因为爱德里达解构主义观点的影响，屈米在拉维莱特公园设计中才能一反20世纪70年代以来盛行的类型学、生态学和文脉主义的观点——认为那些观点是怀旧、保守的表现，脱离了当代的社会、政治与文化——从而建造出一座崭新形态的、无中心、无边界的开放型公园。

或许人们没发现，建筑史的这种常规叙事方式甚至尚未进入"现代"世界。在这个叙述过程中，有两个先天偏狭的判断已经掺杂进去：

第一，似乎哲学家的地位天然就高于建筑师。屈米向德里达请教为何不能是后辈请教前辈呢？毕竟两人相差14岁，在学术领域这可算是一代人了。更何况为何不能是德里达欣赏屈米的才华，二人结成忘年交。若真如此，那么我们可以把拉维莱特公园看作是两人共同学术观点的物质体现，也是二人友谊的物质载体。学术人之间的交流到底是"单向的"还是"双向的"？这是个甚为要紧的问题。

第二，古典时代的学术关系总是有明确的"师承关系"，而这种关系与学术思想的传播轨迹基本重合。于是许多专业历史的书写过程其实就成了师承关系"树状图"的梳理过程。这个树状图应有明确的主干，也有清晰的分枝排布，这种结构使得不同"分枝"观点和相关人员具有天然的等级高低。

在中文中，这个过程常被描述成"源流"，我们的学术史就像是一部"正本清源"的编年史。必须承认，这个"树状图"或"源流说"的分析方式至今仍有意义。但我也应看到，随着媒体方式的爆炸式更新，当代学术系统内部（如果还有内外之分的话）的思想关联性已不再如此清晰，"树状图"的影响力也大大下降了。

在当今世界，无论是分析各国建筑思想的发展，还是仅讨论屈米的建筑成就，那种"××影响××"的叙事方式不仅于事无补，反而可能误导年轻人和大众舆论。在这个意义上讲，无论是德里达的思想还是屈米的解决方案，对今天的中国建筑界而言，都具有极大启发性和革命性，因而也具有中国的"当代性"。

通观屈米的建筑作品，如下两点值得深思：

第一，他对传统文化、周边环境等有天然的尊重，但从不盲从。这可能与他的家庭出身和专业背景有关：父亲即为建筑师、本人接受过正规良好的教育、后在大学建筑专业任教授、瑞士和法国在现代哲学和现代设计中的天然优势等。在拉维莱特公园中，他将所有文化类、活动类、休闲类的空间组织在一起，且不干扰各自的功能、能接纳各种建筑造型；在新卫城博物馆中，他利用巨大的体量（整个顶层）来向传统致敬，当然还形成了建筑独特的造型式样；在拉罗什人行天桥中，他重复了拉维莱特公园中小构筑物的艺术创作逻辑，又创新了技术和材料设计手法，达成了政府、舆论和居民的三方友好互动……这一切都体现了"尊重"与"自尊"的共存。——这种"优雅的自尊"是屈米设计的最明显特征，也是其最难以模仿和超越之处。

第二，屈米的许多重要作品完成于20世纪80-90年代，他极为敏锐地洞察到当代技术，特别是计算机和互联网技术对日常生活的重大影响。在佛罗里达国际大学建筑学院项目中，他强调了公共交流空间是大学教育中更为珍贵的资源，而每位学生的工作空间因计算机的普及而比较可控；德国媒体与艺术中心项目则"既写实又写意"，把屈米有关现代技术、既有环境和功能更新的观念表现了出来，利用现代技术增加了一些古典时期不可能存在的空间（"间质"），增加了空间功能的多用途和暧昧性；而拉维莱特公园看来就更像是一种"预言"，他用各种"点、线、面"等实体造型和手段，重构了、预设了一个新时代的空间关系。在互联网快速发展的当代中国，我们发现日常生活的行为模式与现有空间关系之间的连接已越来越弱，而这一点在屈米那里，于20世纪80年代早期就预见到了。无论在欧洲还是美国，互联网技术的商业化应用尚不及今天的中国发达。所以屈米的设计并非对现实的"回应"，而是对未来的"预见"。——这正是他远高于一般设计师之处。

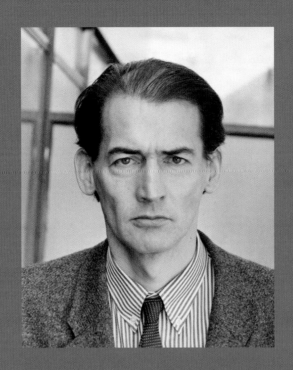

社会改革家

雷姆·库哈斯

Rem Koolhaas，1944-

雷姆·库哈斯是荷兰建筑师、建筑理论家，也是哈佛大学设计研究生院建筑和城市设计实践教授。库哈斯曾就读于伦敦建筑联盟学院（AA）和纽约康奈尔大学。早年间，他也是大都会建筑事务所（OMA）的创始人之一，这是一个以荷兰鹿特丹为基地的研究型设计公司。2005年，他与马克·维格利（Mark Wigley）和奥勒·布曼（Ole Bouman）共同创办了《体量》杂志（Volume Magazine）。

库哈斯是世所公认的当代最重要的建筑思想家之一。2000年，他获得普利兹克建筑奖时，评委会认为：“他是一个罕见的混合体——既是空想家也是实践者，既是哲学家也是实用主义者，既是理论家也是预言家。他是一位如此独特的建筑师，以至于在他还没有成熟的设计作品之前，他对于建筑和城市设计的观念就已经使他成为当今世界最受争议的建筑师之一。”他最为中国民众所知的就是位于北京东三环的中央电视台总部大楼（见后）。

早年生涯

雷蒙特·卢卡斯·库哈斯（Remment Lucas Koolhaas）通常简称为雷姆·库哈斯，1944年11月17日出生于荷兰鹿特丹，父亲是安东·库哈斯（Anton Koolhaas），母亲为赛琳德·皮特杰·罗森博格（Selinde Pietertje Roosenburg）。他的父亲是小说家、评论家、编剧。伯特·哈安斯特若（Bert Haanstra）荷兰著名电影和纪录片导演拍摄的两部纪录片由安东·库哈斯撰写剧本，其中一部获奥斯卡最佳纪录片提名，另一部获金熊奖最佳短片奖。雷姆·库哈斯的外祖父德克·罗森博格（Dirk Roosenburg，见附录27）是一位现代主义建筑师，在自己开业前，曾为亨德里克·贝特鲁斯·贝尔拉格（Hendrik Petrus Berlage，见附录15）工作。雷姆·库哈斯有一个哥哥托马斯和一个妹妹安娜贝尔。他的堂弟托恩·库哈斯（Teun Koolhaas）是建筑师和城市规划师。库哈斯和自己的父母兄妹，前后在多个地方居住：先是在鹿

图17-1 西雅图中央图
书馆

特丹（1946年以前），然后是阿姆斯特丹（1946-1952年）和印度尼西亚雅加
达（1952-1955年），后又回到阿姆斯特丹（1955年以后）。

　　他的父亲在自己的作品中大力支持荷兰殖民地印度尼西亚的自治事业。
印尼独立战争胜利后，安东被邀请参与一个为期三年的文化项目。于是库
哈斯一家在1952年时搬到了雅加达。"对我来说，这是一个非常重要的时
代，"库哈斯回忆道，"我真的生活在亚洲。"

　　1963年，库哈斯19岁，开始在荷兰的《海牙邮报》担任记者，并从事
电影剧本创作，因采访过电影大师费里尼曾一度想终身从影。1968年，24岁
时，在经历了"五月风暴"（见附录94）的"革命洗礼"后，库哈斯作出了
职业生涯的巨大转向——赴伦敦著名的建筑联盟学院（AA）学习建筑。

　　1968年，进入建筑联盟学院后，他即对当代文化环境下的建筑现象开始
表现出与众不同的兴趣。1972-1979年，哈克尼斯研究奖学金使他得以在美国
生活和工作了很长一段时间。

图17-2　葡萄牙波尔
图音乐之家音乐厅

　　库哈斯第一次进入公众视野并引发评论家的关注是因为大都会建筑事务所
（OMA），这是1975年他与建筑师埃利亚·增西利斯（Elia Zenghelis）、佐
伊·增西利斯（Zoe Zenghelis）和玛德珑·弗里森多普（Madelon Vriesendorp，
后成为库哈斯的妻子）在伦敦成立的。大都会建筑事务所试图通过理论及实
践，探讨当今文化环境下现代建筑发展的新思路。后来，库哈斯的一个学生
扎哈·哈迪德（Zaha Hadid，见本书第18章）加入了他们，她很快凭借自己
的才华获得成功。在他们职业生涯的早期，自20世纪70年代后期"后现代古
典主义"占据统治地位，而他们在1980年由意大利建筑师保罗·波多盖希
（Paolo　Portoghesi，见附录68）策划的威尼斯双年展上的作品显示了他们的
与众不同。这一年建筑双年展的主题为"过去的呈现"。每一位建筑师都
被要求设计出一种舞台状的"波将金式"内街，只有康斯坦蒂诺·达尔蒂
（Costantino Dardi）、弗兰克·盖里（Frank Gehry，见本书第5章）和大都会
建筑事务所没有采用后现代建筑中常见的历史主题或图案。

　　他们其他一些早期项目（尚未建成）包括巴黎的拉维莱特公园（1982）
和爱尔兰首相官邸（1979），以及鹿特丹的美术馆（1992）。这些方案被收
录进《疯狂纽约》（1978）这本书中，从此开启了他们用社会学研究建筑与
城市的学术道路。

　　因哈克尼斯奖学金而停留在美国的库哈斯对纽约市感到着迷，他开始

分析都会文化在建筑上的冲击，进而出版了追溯曼哈顿都市沿革的著作《疯狂纽约》（*Delirious New York*）。写作这本书时，他正在纽约建筑与城市研究学院做访问学者，彼得·埃森曼（Peter Eisenman，见本书第8章）时任院长。库哈斯在纽约康奈尔大学师从奥斯瓦尔德·马蒂亚斯·昂格尔斯学习；也曾在当时建筑界很知名的昂格尔斯事务所工作过，同时也在耶鲁大学和加州大学洛杉矶分校执教。

从1978年起，大都会建筑事务所陆续承接多宗位于荷兰的项目，如位于海牙的议会增建项目，使他逐渐将大都会建筑事务所的主要业务集中于鹿特

图17-3　北京中央电视台总部大楼

丹，同时，库哈斯创办了戈罗兹塔特（Grosztstadt）基金会，此基金会为一独立部门，集中力量办理有关大都会建筑事务所的文化活动，如展览会、出版刊物等。之后1996年出版的《小、中、大、超大》（*S、M、L、XL*）收录了关于大都会建筑事务所至今的作品。

代表作品

波尔多住宅（Maison à Bordeaux）

这座建筑曾被《时代》杂志评为1998年度"最佳设计"，它简直可以说是对学院派住宅设计理念的颠覆。这幢住宅是为满足一对夫妇的特殊要求而建的，丈夫因一次车祸只能常年坐在轮椅中，他们原来的住宅对他来说更像是牢笼。

对于一般人来说，这似乎只是一个在常规住宅中增设无障碍设施的问

图17-4/17-5/17-6/17-7/17-8/17-9　波尔多住宅中的升降梯是房屋的中心，成功地把解决"残疾人"无障碍通行的问题转化为融入自然、享受自然的精神体验过程

题，最多在景观营造方面花点儿功夫；但对库哈斯来说，这却是展示其过人才华的绝好机会。在他的设计中，住宅分为三部分（库哈斯自己认为其实是三所住宅），上下叠压着。最下一层是在土丘上挖出几个"洞穴"，是家庭的私人活动场所。顶层的住宅空间被分为两部分，分别供主人夫妇和他们的子女使用。第二层是一个几乎完全透明的玻璃盒子，为主人起居室。住宅中有一个3×3.5米的平台，通过这个平台的升降，主人可以非常方便地到达住宅的任何一层；升降台内侧的墙面是一个贯通上下的大书架，可方便男主人工作时取用。这个设计彻底打破了常规住宅带给男主人的"监狱"印象，让他重新有了回家的感觉。在这个设计中，"残疾"的事实似乎被有意抹去了，代之以对自由空间的追求，而上下移动的平台和直通上下的大书架，又暗合了西方人对所谓"博学"的形式追求。我们可以说这是功能和观念的完美结合。

因为住宅位于一个可以俯瞰全城的坡地之上，主人在家中活动、特别是居于可上下移动的平台之上，能随时享受到身处自然之又与自然互动的美妙感觉。所以我们也可把建筑所在的坡地看成是建筑的外延部分，形成他的第四个层级。（图17-4/17-5/17-6/17-7/17-8/17-9）

伊利诺伊理工学院的麦考密克论坛学生活动中心（McCormick Tribune Campus Center，MTCC）

麦考密克论坛学生活动中心位于伊利诺伊理工学院的主校区内，芝加哥南边的布朗兹维尔附近。建筑为单层，共1万平方米。2003年9月30日正式投入使用。这是雷姆·库哈斯在美国设计的第一座建筑。（图17-10/17-11/17-12）

1997年，伊利诺伊理工学院主办了国际建筑设计竞赛。入围者包括许多国际著名建筑师，如彼得·埃森曼（Peter Eisenman，见本书第8章）、赫尔姆特·扬（Helmut Jahn，见附录83）、扎哈·哈迪德、妹岛和世（Kazuyo Sejima，见附录93），最终雷姆·库哈斯的方案胜出。他与芝加哥建筑公司霍拉伯德和鲁特（Holabird & Root）合作，共同解决了许多结构难题。

该场地原来是一个学生用停车场，高架列车的轨道从其上通过。库哈斯在这里找到了许多学生运动的痕迹，也据此将内部的主要通道沿场地对角线布局。校园中的各项服务设施都在这些通道间重新安置，如学生书店和邮

图17-10/17-11/17-12 麦考密克论坛学生活动中心，不锈钢管道包裹着南北向的高架列车轨道

局等。这座大楼是校园学生生活区的中心枢纽，它设有收发室、餐厅、咖啡店、7-11便利店、校园信息中心、学生生活办公室和许多会议空间和办公室等。由于这里还临近诗默学院（Shimer College），所以也常被用来举办诗默学院的活动。他发展出来的新空间还与1953年路德维希·密斯·凡·德·罗（Ludwig Mies van der Rohe，见附录26）改造的下议院大楼中的一个自助餐厅相通。因此，库哈斯的设计使得一些主张保持密斯作品纯粹性的人很不高兴，他们认为密斯的作品应保持独立性，不应与现代功能空间相连。考虑到这里是世界上密斯的建筑密集最大的地区，反对者的意见倒也事出有因。

设计中的最重要挑战是如何解决公共轨道车辆通过时的巨大噪声。库哈斯的办法是用一根巨大的、椭圆形的、约160米长的不锈钢管子把整个轨道"包裹"起来。同时其支撑结构也与建筑物完全分离，这样能有效减少轨道交通对建筑使用中的干扰。显然这就充分利用了现代科技和新材料，将"功能需求"与"造型特色"很好地结合起来。建筑完工后不久，学生们戏称其为"管底下的建筑"（Building Under The Tube）并进而简称"屁股"（BUTT）。甚至在2007年的新生班欢迎发言中，校长卢·科伦斯还引用了"屁股"这个绰号。不过还好，这个绰号很短命，因为很快师生们就称其为"MTCC"了。在2008版AutoCAD的打开界面上的图像即为此"列车管"的计算机模型。

大都会建筑事务所曾提出一个更加宏伟的规划方案，他们希望在该地段的南部沿第33街开辟一条零售走廊。然而，因预算有限，这个设计未被采用。此外，最初的设计中还包括保龄球馆、篮球场和滑板公园等，最终方案中这些内容也都被取消了，据说是出于安全考虑。这在客观上将许多能进入学生日常生活、改善校园生活品质的内容被隔绝在外了，因此也就难怪，虽然麦考密克论坛学生活动中心为学生们提供了各种方便的服务空间，但学生对它还是缺乏兴趣。然而即使如此，项目费用也严重超支了：最初的项目预算额为2 500万美元，但最终成本花费为4 800万美元。

荷兰驻德国大使馆（Embassy of the Netherlands, Berlin）

两德统一后，德国政府决定将政治中心迁往柏林的米特区（市中心）。新的荷兰大使馆则落址于米特区的罗兰乌佛，这是柏林最古老的聚居区。2004年3月2日，荷兰女王贝阿特利斯、外交部长本·博特和德国外长约施卡·菲舍尔共同出席了开馆仪式。

在旧的使馆建筑中，外交官常在各种走廊中进行非正式交流，于是大都会建筑事务所在新使馆的设计中将巨大的走廊设定为建筑设计的中心环节：一个连续的走廊能到达大使馆内八层楼中的每一层，形成建筑内部的信息交流通道。这样，工作区成为"剩余的区域"。因此，交通走廊反而成为需要首先在立方体中"抠出来"的部分，我们在外立面上即可见斜坡状玻璃对

图17-13/17-14/17-15 荷兰驻德国大使馆 2004年开馆

应的坡道走廊。接待台被置于较为靠里的位置，而其他半公共区域更靠近外部，以便于采光和观景。

从入口处开始，通行走廊引导人们经过图书馆、会议室、健身区和餐厅再到达屋顶平台。这个通行走廊很好地利用了空间与背景的关系，施普雷河、电视塔、公园和使馆区住宅等，还能部分地利用建筑对角线形成的缝隙，允许人们从公园看到电视塔。这个通行走廊还能被当作主风管系统使用（当然还得适当加压），新风能由此进入办公室中再从建筑立面被抽出。这种通风概念最终成为一个解决问题的新策略：利用一种元素整合多种功能。（图17-13/17-14/17-15）

2003年，库哈斯的这个设计荣获柏林建筑奖；2005年，又获得了欧洲建筑的密斯·凡·德·罗奖。

西雅图中央图书馆（Seattle Central Library）

西雅图中央图书馆是西雅图公共图书馆系统的"旗舰店"。这座建筑位于西雅图市中心，有11层，56.9米高，由玻璃和钢建造而成。图书馆面积近

3.4平方米，能收藏约1.45万册书籍和许多其他资料，地下公共停车场有143个车位和400个对外开放的计算机。2004年5月23日，图书馆正式向公众开放。开馆的第一年，即有超过200万人参观了新图书馆。

早在1891年，西雅图市中心就有了一座图书馆，但却没有固定场所。西雅图的卡内基图书馆是第一座永久型图书馆，位于第四大道和麦迪逊街交会处。这座图书馆于1906年对外开放。安德鲁·卡内基（Andrew Carnegie）后来又赞助了西雅图其他五家图书馆，并捐赠了20万美元用于建造新图书馆。西雅图卡内基图书馆有5 100平方米，1946年加建了一部分，但当城市人口大约翻了一番后，这座图书馆还是显得太小了。

西雅图中心图书馆的第二座图书馆有五层楼高，共19 100平方米，建于卡内基图书馆原址上。新大楼由西雅图建筑师宾登和莱特（Bindon & Wright）的事务所设计而成。建筑为一种国际风格式样，室内空间也被有效扩大，还能提供一种开车通过服务，以此来抵消停车面积不足的缺陷。然而到20世纪90年代末期，图书馆仍然显得太拥挤了，以至于三分之二的资料被存放在了阅读者无法进入的储藏区内。更重要的是，由于当时人们对地震的危险性有了重新认识，西雅图政府官员对原建筑在抗震设计方面可能存在的风险甚为担忧。

库哈斯设计的建筑是位于同一地点的第三座西雅图中央图书馆大楼。新建的图书馆有着独特的、引人注目的外观，几个独立的"浮动平台"似乎被包裹在一个巨大的钢网骨架的玻璃外皮中。该作品的创作来源于库哈斯对图书馆及其一系列相关概念的反思。库哈斯认为，建造这样一座图书馆有着特定的时空条件：（1）网络使得传统的以收藏图书为主的图书馆模式发生了变化，交流无限制，那么图书馆的所有空间也应有交流的特质；（2）灵活布置的要求使得图书馆必须打破传统的单一大空间形式；（3）图书馆肩负的社会责任使得建筑上反映为多功能、多内涵的社会活动中心；（4）兼顾到各种信息获取方式的平等，那么就要化解书本的影响（说明见下）；（5）基地的有限性决定了图书馆的各功能区最好是垂直布置。

最终，库哈斯确定了"五个平台模式"，各自服务于自己专门的组群。这五个平台分别是办公区、书籍及相关资料区、交互交流区、商业区、公园地带。这五个平台从上到下依次排布，最终形成一个综合体。平台之间的空

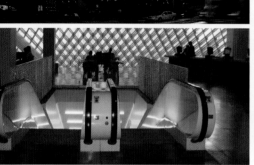

图17-16/17-17/17-18/17-19/17-20/17-21 西雅图中央图书馆给予我们最大启发并非"造型"而是"思想"

间就像一个"交易区","不同的平台交互界面被组织起来,这些空间或用于工作,或用于交流,或用于阅读",有一种特别的空间交融的感觉。建筑形体随着平台面积和位置的变化形成新奇的多角结构,有新现代主义的某些特征。室内交互交流区中有一个赖特的古根海姆博物馆一样的大楼梯,这种楼梯形成的破碎空间也是库哈斯常用的手法之一。(图17-1/17-16/17-17/17-18/17-19/17-20/17-21)

2007年,在美国评选的150座最受欢迎建筑的投票中,西雅图中央图书馆位列第八。

对大多数中国人而言,库哈斯西雅图中央图书馆的设计有些"超前",但超前的只是观念,而非技术或功能。在中国人的日常想象中、在新闻媒体的报道画面中,图书馆满库的藏书和安静的氛围是一种"仪式空间",一种"大众教化"的场所。其实回顾西雅图中央图书馆的历史,我们很容易发现,显然美国的公共图书馆发展也有这个先神圣化,再逐渐大众化的过程。大型图书馆的建设和使用的一个重要前提是,社会上拥有一个能读书写字庞大群体；同时不同门类书籍的阅读者需要首先明白专业词汇，甚至著作的写作套路，这在客观上就把社会上的一部分人排除在外了，即使进入图书馆的读者也常因学识水平和专业门类的差异而被分层和分类。图书馆因而成为一个知识特权者的俱乐部。这在本质上有违美国长久以来的主流价值观。通过个人努力改变自身命运，在中美两国人民的心目中都是某种"公理"。而教育的公平和机会的均等则是个人梦想得以达成的前提。但双方的着力点颇为不同，中国人在学校教育上投入极大，而美国人则更寄希望于公共图书馆、博物馆这类大型文化设施。于是我们也不必奇怪，自现代主义以来，美国的图书馆、博物馆一直在引领新观念，其场馆建设也一直在"去藩篱化"，希望通过降低理解障碍的发生来吸引更多人进入其间。虽然今天中国各城市的大型文化类设施仍处于建设热潮中，但其实人们却似乎仍未想明白：当代中国的文化综合体到底应追随美国人的轨迹，愈发平民化、大众化，还是继续保留甚至强化仪式感？我们必须明白，这个讨论绝不应掉进所谓"先进"与"落后"之争的窠臼中，而应从中国文化传统和社会心理出发，找到自己的道路。努力解决好这个问题，可能是中国建筑师重拾文化自信的第一步。

波尔图音乐之家（House of Music/ Casa da Music）

音乐之家是葡萄牙波尔图的主要音乐厅，里面是同名的文化机构及其三个乐团：波尔图国家管弦乐团、巴洛克管弦乐团和混音合奏团。2001年，波尔图被命名为欧洲文化首都的一部分。当这座建筑于2005年完工时，立刻成为这个城市的象征。音乐厅拥有1300个座位的音乐之家礼堂充满了阳光，它是世界上唯一一个有两面玻璃幕墙的音乐厅。

音乐之家位于城市的一个主要交通枢纽和商业中心区——阿尔伯克基莫西尼奥广场——被称为"博阿维斯塔圆环"。建筑场地原为波尔图有轨电车的车场。与库哈斯的许多其他项目一样，建设工期一延再延，耗时4年，建造成本约1亿欧元。因为设计的独特性和开创性，所以其间总有各种施工技术问题需要不断解决。

音乐厅外表面由平滑而棱角分明的白色混凝土多面体包裹而成，素混

图17-22/17-23/17-24/17-25 波尔图音乐之家是世界上唯一一个有两面玻璃幕墙的音乐厅，室内空间甚为精致

凝土削切的体块给人以强烈的视觉冲击，使它像一颗钻石一样展示在黄色石材铺砌的广场之上。音乐之家有两个主厅，建筑物的许多其他区域也可很容易地被用来开音乐会和举办其他音乐活动，如专题讨论会和教育活动等。大音乐厅的最初容量为1 238人，但也可以根据需要而调整空间。小礼堂非常灵活，在容量上没有明确的人数要求。平均来说，每个房间能容纳300个坐席或600个站位，而且这些数字可以根据舞台的大小、位置，椅子的排列，声音的存在和大小以及录音设备等而不断调整。（图17-22/17-23/17-24/17-25）

这座建筑物的设计在全世界受到了广泛好评。《纽约时报》的建筑评论家尼古拉·奥罗索夫（Nicolai Ouroussoff）将其评为"雷姆·库哈斯建造的最有吸引力的项目"，并说他使"这栋建筑充满了感性的秀丽与热情的智慧，两者相当匹配"。他还将其与西班牙的另一个建筑——弗兰克·盖里的毕尔巴鄂古根海姆博物馆——一同被称为"旺盛的设计"，并将它与柏林音乐厅和洛杉矶迪士尼音乐厅称为百年来最重要的三个音乐厅。

中国中央电视台总部大楼（CCTV Headquarters）

中央电视台总部大楼位于东三环路的北京中央商务区内，高234米，有44层。2002年1月1日，大都会建筑事务所赢得了竞赛。评审团成员中包括建筑师矶崎新（Arata Isozaki，见本书第7章）和评论家查尔斯·詹克斯（Charles Alexander Jencks，见附录80）。中央电视台总部大楼于2008年1月1日正式启用。多位国家和北京市领导出席了开幕式。大楼荣获2013年高层建筑与城市人居环境委员会颁发的全球最佳高层建筑奖。

项目包括两座地标式的高楼：一个是中央电视台新总部大楼，把包括新闻、广播、演播室和节目制作等在内的与电视制作相关的全部功能和与其相互关联的其他可能活动有序地组合在一起；另一个是电视文化中心，包含了酒店、电视剧场、录音棚等不同功能的设施。中央电视台大楼是一个媒体公园的一部分，其目的是形成一个公共娱乐、户外拍摄和视频制作工作室共存的景观综合体，成为CBD中心绿轴延伸出来的一部分。

今天人们对中央电视台新大楼的第一印象就是那古里古怪造型，和看上去不甚稳定的结构方式。许多人不禁要问，建筑师是如何想到这个造型的呢？基于地块限制和央视总部大楼功能空间的复杂性，大多数建筑师往往会延续"一堆裙房加几个巨型高层建筑"的形式。然而，与中央电视台新大楼相对的马路西侧的国贸大厦（一、二、三期）建筑就是按照这个逻辑修建的，自20世纪80年代至今已30余年。它们作为北京的形象象征，或在北京市民心中的位置，显然难以超越。无论是库哈斯"语不惊人死不休"的性格，还是当时正沉浸在"申奥"成功的北京市政府眼中，平淡无奇的、仅以建筑高度来"打榜"的做法显然太低级，无法承载这个时代和这个群体的雄心壮志。因此，建造一座"由新理念支持的、具有新形式的新建筑"，似乎是当时甲乙双方内心最为合拍之处。

在方案创作中，库哈斯把中央电视台新总部大楼的全部功能分成了六个功能区，而且这六个区域之间还常有关联或排斥的关系。对于建筑师来说，如何"铺排"和"摆布"这六个区域就成为"打造"建筑造型最重要的依据。库哈斯创造了一个环状的形式——一个在垂直方向有6°倾斜的、见棱见角的环形。这种造型既从形式上化解了传统的三段式模式，还设计出一种新的上下贯通的形体。经由此，库哈斯把一种"二维"的圆环，改造成了"三维"的体块。而圆环的中心此时便成为一座巨大的、倾斜的、似乎还顶着个屋檐儿的"大门洞"（建筑完成后也被北京市民戏称为"大裤衩"）。无论如何，这座建筑的造型可谓"一鸣惊人"，非常好地承载了当时甲乙双方的内心意愿，其能中标也便顺理成章了。

然而问题来了，这个从未存在过的结构体系对工程专家和施工单位来说，是一堆没了没完的巨大麻烦。针对建筑的特殊体形，大楼的某些部位（主要是大体块的交接部分，尤其悬挑部分的交接处）承受了极大的不合比例的结构荷载，而其余部分的荷载极小。相应的解决方法是放弃均匀的结构布置，而根据各部分的荷载特点组织结构网络。结构框架由一系列不同大小的三角形结构杆件组成，杆件密度大的地方往往是荷载密集的位置。这样大胆和创新的结构组织方式是"适应性"的表现。这座建筑的修建被认为是一个结构性挑战，特别是因为它处于地震带。雷姆·库哈斯认为，这座建筑"从来就不是中国人构想出来的，也绝不会是欧洲人建造的，它是一种被重新定义的混合物"。

中央电视台新总部大楼的庞大体形是对于一系列相关想法的表达：相互平衡，相互补充，相互依存。建筑的重量分布在六个相互关联的体量之上。其中四个体量互相支撑，只有在同时存在的时候才能达到结构的稳定；两个悬挑的体块在空中连接到一起，不可分割。传统的摩天大楼只有一种处理方式：通过满足"重力"需求而达成一种"反重力"的艺术效果，结构和趋势都在垂直方向上展开。由于人们对重力习以为常，自然也认为这种趋势理所当然。但中央电视台新总部大楼通过与众不同的解决方案为我们打开了另一个视角：摩天大楼也可通过水平和垂直两个方向的结构和艺术手法相结合的方式来建造，这显然为摩天大楼的建筑设计开辟了一条新途径，让摩天大楼不再平淡无奇。——这种对摩天大楼设计手法的"改造"或"丰富"，显然比菲利普·约翰逊和迈克尔·格雷夫斯的手法更具革命性，影响更深远。

在中央电视台新总部大楼中，超过50%的楼面（其中38层中有11层，总共的55层中有28层）是不连续的，这给建筑内部垂直交通的有效解决出了难题。电梯系统设计时便通过以下方法来提高交通效率：将区域内电梯和直达电梯结合使用，对电梯前厅有明确界定，明确通往各楼层的分区，限制电梯

图17-26/17-27/17-28 中央电视台总部大楼的造型奇特

的垂直运动范围，在电梯使用的高峰期尽量减少电梯停顿的次数，等等。双层轿箱电梯既节省了交通面积，又节省了用于交通的时间。这种按照不同楼层进行电梯分区的做法，我们在诺曼·福斯特的（Norman Foster，见本书第12章）的香港汇丰银行中也曾见过。

中央电视台新总部大楼的玻璃幕墙外围护结构，采用了类似微生物皮肤肌理的处理手法，建筑表皮由细小的"鳞片"组成。在某些角度或某种光线下，建筑是透明的，从另一些角度看却是半透明的。固有的纹理和投影图像成为建筑的另一层表面。多层隔热玻璃以及编织形态的细金属网组成外墙，光线透过玻璃和金属网进入建筑内部。夜晚来临时，建筑内部照明将使整个建筑体成为一个造型独特、肌理丰富的发光体。

中央电视台新总部大楼的建设场地位于两条具有特殊意义轴线的交会处：沿三环延伸的南北向商业轴线和沿长安街延伸的东西向政治轴线。实事求是地说，在这个位置修建的任何建筑都必须具有"地标特征"。无论设计逻辑如何，库哈斯的中央电视台新总部大楼绝对担得起这个定位要求，就表达新北京、新时代的雄心壮志而言，肯定比那些司空见惯的所

谓"现代主义"或"美国后现代"式样的建筑更优秀。（图17-3/17-26/17-27/17-28）

从库哈斯中央电视台新总部大楼设计方案中标时起，关于漠视中国建筑师的原创性、北京古都风貌被破坏、中国各城市成为西方建筑师古怪想法的"实验场"等理由，都被用来攻击过库哈斯和他的设计。十几年过去了，今天看来当初的许多理由显得幼稚可笑：（1）任何国际招标或方案竞赛的目的都不是为了给各国建筑师做"排行榜"，也绝无此能力，其本意只是为了给投资方找一个好方案或聘请一位合适的建筑师；（2）北京古城风貌被破坏，难道是因为库哈斯的中央电视台新总部大楼？难道不是在库哈斯进入中国之前，北京的古都风貌早就被破坏了吗？（3）20、21世纪之交的北京城，真的有些外国建筑师"实验场"的味道，但当年库哈斯和央视大楼建设方的雄心壮志，不是在十几年后看到了成果？我们或许不能说库哈斯的"大裤衩"是能征集到的最好设计，但我们却可以肯定，如果我们当时为了造价、为了结构、为了一点点自尊心，而否定了一个漂漂亮亮的常规设计，今天一定会后悔！

思想理念

针对库哈斯的著作，解构主义建筑大师弗兰克·盖里评论道：《小、中、大、超大》（*S*、*M*、*L*、*XL*）和《大跃进》（*Great Leap Forward*）两本百科全书般的巨著奠定了库哈斯作为"我们这个时代最伟大的思想家之一"的学术地位。针对库哈斯的作品，盖里又说："他有能力挑战一切。他是我们这个时代最伟大的思想家之一。"

著名建筑评论家尼古拉·奥罗索夫曾经评论库哈斯为"一位顽固的建筑师"。他有着很好的理由去顽固，去坚守自己的信念，就像一座不断变化的城市，库哈斯将继续改变——从建筑到虚拟建筑，从实用性到可能性，以及采取什么形式去保留建筑。库哈斯的步伐并不会停止。

《疯狂纽约》（*Delirious New York*）

《疯狂纽约》（1978）一书可算是库哈斯职业生涯的第一步。在本书中，他较深入全面地阐述了自己的城市观念。库哈斯认为，城市生活中的"偶然性"值得夸耀："城市是一个令人上瘾的机器，人们无处可逃。"库哈斯把城市定义为"红色热点"的集合。库哈斯自己也承认，这种方法在20世纪60至70年代初的日本新陈代谢运动中有据可查。

库哈斯不断追问的建筑关键要素是"程序"：随着20世纪现代主义运动的兴起，"程序"成为建筑设计的主题。程序的概念涉及"安排功能和人类生活的行为"，可被当作建筑设计的借口：现代主义的典型语言是"形式追随功能"，这句口号是20世纪初美国建筑师路易斯·亨利·沙利文（Louis Henry Sullivan，见附录16）提出的（不过这一观念此前在欧洲至少已存在半个世纪了）。在《疯狂纽约》一书中，库哈斯在对曼哈顿的高层建筑结构分析时，对这一权威观念提出了质疑。

这种思维的早期设计方法是"交叉编程"，在空间程序中引入意想不到的功能，例如在摩天大楼中设置跑道（这让我们不由得联想到屈米的密特朗图书馆，见本书第304-306页）。后来，库哈斯还在西雅图公共图书馆项目（2003）中为收容无家可归者而建造了一些医护单元，当然这一想法没能实现。

《疯狂纽约》是库哈斯和大都会建筑事务所撰写的一部奇幻"建筑小说"，也是了解库哈斯城市理论的最重要的文献。这部集论文、方案、作品于一体的美学文本，对当代大都市密集性文化现实进行了超现实主义的批评。所谓"超现实"，是指其理论架构和评价方式脱离了普遍的理论论述架构。一般的理论模式都为：是什么（问题的本体论）——为什么（问题的研究方法论）——怎么办（问题的现实意义及解决方案）。然而库哈斯文本似乎只关注第一点，偶尔涉及第二点，而绝少提及第三点。这可能源自其记者时代的写作习惯，也可能是因行业内尚无先例可循的无奈解决方案，再或者这是引起行业关注的更好办法，甚至是魔幻现实主义戏剧的一部剧本……

《小、中、大、特大》（*S、M、L、XL*）

《小、中、大、特大》（1995）是库哈斯第二本重要出版物。这本书的合作者是布鲁斯·莫（Bruce Mau）、詹妮弗·西格勒（Jennifer Sigler）和汉斯·维勒曼（Hans Werlemann）。这是一部长达1 376页的宣言，体裁包括散文、日记、小说、游记等，满满都是作者对现代城市的思考。

这本"巨著"的书籍设计和平面布局改变了建筑类书籍出版行业的工作模式。从此以后，全彩的图形和密集的文本已经成为设计类书籍的普遍模式。从表面上看，《小、中、大、特大》这部书记录了大都会建筑事务所那个时代的各种作品（大多未实现）和文字资料，可将其看成是对"曼哈顿主义"的实际实施。这本书催生了一批在今天的建筑理论中习以为常的观念，特别是在建造大尺度建筑时，老的理论不再适用，如构成、尺度、比例和细节等，这一观念在21世纪以来修建的各种大尺度建筑中已成常态。这个思想在大都会建筑事务所为欧洲里尔做的发展规划（1990-1994）中得以体现，这个项目位于法国北部城市里尔市的新中心，巴黎和伦敦间通过海底隧道的新铁路在此处停靠，市政府希望通过这个全新的交通项目而让城市影响力重回巅峰。大都会建筑事务所与建筑师塞西尔·巴尔蒙德（Cecil Balmond）合作提交的方案，包括一个火车站、两个商业中心、一个郊区公园与商业和贸易中心、一个城市公园与博览中心（里尔大宫殿，现被称为"大宫"，包括一个大型音乐厅、三个会议厅和一个展览空间）。在一篇题为《通用城市》的文章中，库哈斯宣称：进步、认同、建筑、城市和街道都是过去的事情，"解脱……结束了。这就是城市的故事。城市已不复存在。我们现在可以离开剧院了……"

《城市计划》（*Project on the City*）

《城市计划》（2002）是他在哈佛大学设计学院担任教授时期的作品：第一部为720页的《突变》，然后《哈佛设计学院购物指南》，最后是《大跃进》。这三本书都收集了库哈斯的学生们的研究成果：他们分析了在别人眼中被视为"非城市"的诸多事例，如西非尼日利亚的拉各斯庞大企业集团，作者认为尽管那里缺乏基础设施，但它们功能强大。作者还考察了中国城市的迅速增长和购物习惯对城市景观的影响。评论家们常批评库哈斯过于愤世嫉俗，好像西方资本主义和全球化摧毁了所有的文化身份，毕竟在库哈斯的书中，不断强调着这一论调，"到最后，除了购物所剩无几"。然而，这种看似愤世嫉俗的论调最终被证明是"写实主义"的，例如机场，甚至博物馆（由于财务问题）都不得不依赖礼品店的经营而生存。

当有机会把这些观念付诸实践时，库哈斯会动用他认为有价值的都市生活中的全部力量投入到独一无二的设计形式，并与当代生活的变化随时保持同步。库哈斯不断把他对当代城市的观察融入他的设计活动中：他自己称之为"拥挤文化"。再一次，购物活动被视为"智能舒适"，在分析中国城市的不受管制和致密特征时，评价标准的讨论难有统一可信的标准：密度、新鲜度、形状、大小、金钱等。例如在北京中央电视台新总部大楼的设计中，库哈斯没有选择常见的摩天大楼形式，而是设计出了一系列空间集合，能安排好多个部门还能满足公众的参观需要——又一次，库哈斯将其交叉功能引入了新设计中——能够让广大市民到现场了解电视节目的制作过程。通过这些方法，库哈斯希望把建筑师从一个行将就木职业的焦虑中恢复过来，恢复对当代生活的崇高诠释，即使它很短暂。

在对城市的认识的过程中，库哈斯的思考路径不是顺着建筑学的既定理论框架进行思考，而是从社会学的角度入手，诸如网络对社会形态的影响、新时代生活方式的变革、建筑不得不进行革命的必要性、对城市发展速度的思考、资本财富在城市进程中作用的再认识、建筑师的收入与建筑作品及建设速度之间的关系——包罗万象、不一而足。几乎我们接触到的新事物，都被库哈斯纳入了对建筑学的反思之中。这种反思构成了库哈斯理论的基础，所指者何并不唯一，分析视角时常变化，难免有极大的炫目感和跳跃性。

从微观上讲，他要求建筑应对每种社会新问题作出回应，以保持一种先进性。从宏观上讲，他的结论就是建筑学的"末世论"，他在普利兹克建筑奖的授奖仪式上发表讲话中说道："我们仍沉浸在砂浆的死海中。如果我们不能将我们自身从'永恒'中解放出来，转而思考更急迫，更当下的新问题，建筑学不会持续到2050年。"这种末世论不是灭亡论，而是指传统建筑学理论的解体与消亡。

比如，库哈斯有关普通城市（generic city）的思想，认为，今天城市变化的真正力量在于资本流动，而非职业设计。城市是晚期资本主义文明产生的无尽重复的结构模块，设计只能以此现实为前提思考并成形。在这个意义上，库哈斯颠覆了传统"场所"的概念。

《体量》杂志（Volume Magazine）

2005年，库哈斯与 马克·维格利（Mark Wigley）和奥勒·布曼（Ole Bouman）创办了《体量》杂志，为季刊。杂志收录了阿姆斯特丹的Archis、鹿特丹的大都会建筑事务所和纽约哥伦比亚大学的C-lab三家事务所的项目，形成一个致力于空间和文化反思且不断变化的实验型智库。

它超越了建筑"制造房屋"的定义，体现了建筑和设计的全球视野以及对社会结构的更广泛的态度，创造了人类居住的新环境。这本杂志很像新闻观察，它能探测和预测，因此是主动的，甚至是先发制人的——这种新闻观察揭示了潜力和可能性，而不是掩盖交易。

小结

作为建筑师的库哈斯和大都会建筑事务所的成员，其世界级的影响力恐怕并不完全来自其出色的设计能力和建成作品的卓越水平，他们的多本著作可能影响更加深远。尤其是在公司成立初期，他们的观念传播、公司的设计成果等推广，都更倚重他们的传播学成就。事实上，他们成立的格罗兹塔特基金会及开创性的版面编排方式，绝对有赖于库哈斯早年的记者生涯、家庭影响的戏剧化表达方式，这使他深谙传播学套路，这些要素综合作用，自然成效明显。

库哈斯的作品造型奇特、造价高昂，还有不少人抱怨他作风招摇，但这一切都已成为其标识性特征。这是他让业主又恨又爱之处，也是招致同行反感的原因。从较积极的一面看，一个社会中能"忍受"这样特立独行的建筑师，是社会昌明、国富民强的表现；从一个更本位主义的角度讲，无论社会舆论或业主单位如何不满于库哈斯的设计（或者他的脾气），中国建筑师还是应该感谢他。正因为有了像他这样的建筑师"挡"在前面、探索边界、开拓道路，从事常规设计工作的建筑师们才能有更广阔的职业领域来施展才华，才能方便获取更多、更新的设计材料，才能获得更多的社会尊重和经济收益……

曲线女王

扎哈·哈迪德

Zaha Hadid，1950–2016

扎哈·哈迪德（Dame Zaha Mohammad Hadid，简称Zaha Hadid）是伊拉克裔英国女建筑师，被英国的《卫报》称为"曲线女王"。2010和2011年，她获得了英国最负盛名的建筑奖项斯特林奖；2012年，她因在建筑界的成就而被伊丽莎白二世授予爵士学位。

2014年，她获得了普利兹克建筑奖。她创下了两项记录——该奖项创立25年以来的第一位女性获奖者，还是最年轻的获奖者——虽然此时的她只完成了四座建筑，包括维特拉消防站（见后）、因斯布鲁克伯吉瑟尔滑雪台（见后）辛辛那提当代艺术中心（见后）。评委之一、里斯大学的建筑学教授卡洛斯·吉门内兹这样评价她的贡献："她让建筑成为都市精力的虹吸管，让我们看到了城市生命力的喷薄和流动。"评审员主席托马斯·普利兹克说："虽然她作品的体量都不大，但却大获好评；而且她的活力和理念能为未来带来更大的承诺。"2012年，扎哈成为普立兹克建筑奖评审团成员。

2015年，她成为第一位获得英国皇家建筑师学会颁发的皇家金质奖章的女性。

图18-1　德国莱茵河畔魏尔小镇中的维特拉消防站

图18-2　广州大剧院

图18-3 阿塞拜疆巴库的阿利耶夫文化中心

她把建筑学从简单几何学中解救出来，创造了一种具有高度表现力的、多角度的、全面的流体形式和支离破碎的几何形状，这些怪异的形态似乎在不断回应着现代生活中持续不断的混乱和变迁。扎哈是建筑"参数化主义"的先驱，也是"新未来主义"的偶像。她有着强大的人格力量，许多作品都具有突破形式，其中的得意之作包括2012年伦敦奥林匹克水上运动中心（见后），美国东兰辛布罗德当代艺术馆（见后）和中国的广州大剧院（见后）等项目。2016年辞世之际，伦敦的扎哈·哈迪德建筑师事务所是英国发展最快的建筑设计公司。她的许多设计在其身后被发表，人们发现这些作品的范围极为宽泛，从2017年全英音乐奖的小金人，到2022年国际足联世界杯的体育场……

在男性一统天下的建筑业中，扎哈能够取得如此辉煌的成就，凭的全是自己多年的不懈努力。成功的道路从来都不是一帆风顺。扎哈也遭受过很多重大挫折。正如评审团所指出的那样，扎哈获得世人认可之路，是"英雄式的奋斗历程"。

早年生涯

扎哈1950年10月31日出生于伊拉克巴格达的一个上流社会家庭。她的父亲穆罕默德·哈迪德（Muhammad al-Hajj Husayn Hadid）是一位来自摩苏尔的富有实业家，也是伊拉克国家民主党的联合创始人之一。1932年，穆罕默德与人合作成立了阿尔·阿哈利集团（al-Ahali Group），这是一个左翼自由主义政治团体，在20世纪30-40年代影响甚大。20世纪60年代，老哈迪德还曾到英国和瑞士的寄宿学校旁听。扎哈·哈迪德的父母都相信教育能使人独立，因此在女儿身上寄予很多的期待。老哈迪德一位世交的儿子是名出色的建筑师，这位邻家哥哥对年幼的扎哈产生了极大影响。另外，母亲的品味也深深影响了哈迪德。从小，扎哈就看着母亲在家里搞"乾坤大挪移"——母亲又买了标新立异的新家具。

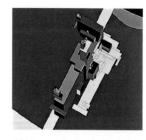

图18-4　扎哈四年级时的设计作业：泰晤士河的桥上的一座酒店

　　1972年，扎哈·哈迪德和全家一起移民英国，搬到伦敦居住，并开始在英国建筑联盟学院（AA）学习；此前，她在黎巴嫩贝鲁特的美国大学学习数学。在英国建筑联盟学院时，她师从雷姆·库哈斯（Rem Koolhaas，见本书第17章）、埃利亚·增西利斯（Elia Zenghelis）和伯纳德·屈米（Bernard Tschumi，见本书第17章）等人。扎哈脾气火爆，这被认为是其作品爆发力的来源。导师库哈斯把她描述为"一个在她自己轨道上的行星"。增西利斯说她是他教过的最优秀的学生，"我们称她为89°的发明者，因为她的作品根本就没有直角。她有着令人瞩目的视觉感悟力，所有建筑都被炸成极小的碎片。"增西利斯回忆说扎哈对细节不太感兴趣，"她画的楼梯足以让人把头撞在天花板上，而且楼梯距天花板的空间越来越小，直至结束在天花板的上层。她不在乎微小的细节，心思都放在了更广泛的视觉效果上，因为她清楚我们随后能解决所有细节问题。"她读四年级时的学生项目是以桥的形式画的一个酒店，灵感来自俄国的至上主义艺术家卡西米尔·马列维奇（Kasimir Malevitch）的作品。

　　1977年自英国建筑联盟学院毕业获得硕士学位后，扎哈前往荷兰鹿特丹，加入了库哈斯和增西利斯的大都会建筑设计事务所（OMA）。通过库哈斯，她认识了伦佐·皮亚诺（Renzo Piano，见本书第13章）的合伙人、工程师彼得·莱斯（Peter Rice），莱斯给了扎哈极大的专业支持和精神鼓励。扎哈在大都会建筑事务所做了两年的学生和六个月的合伙人，其间她加入了英国国籍，并于1980年离开大都会建筑事务所，成立了自己的建筑设计事务所。

1982年，在香港举行的国际建筑竞赛上，扎哈的作品"香港尖峰"获得了一等奖，坚定了她在这一行走下去的信念。不过扎哈的这个作品可能太超前了，并未获得评委们的一致好评，初审即遭淘汰。多亏日本建筑家矶崎新（Arata Isozaki，见本书第7章）独具慧眼，把她的方案从废纸堆里捡了出来。矶崎新评价这个方案时说："我被她那独特的表现和透彻的哲理性所吸引。"

自英国建筑联盟学院毕业后，扎哈最初留校教授建筑设计，之后许多年，她先后在哈佛大学的设计研究生院、剑桥大学、芝加哥大学、汉堡的视觉艺术学院、芝加哥的伊利诺伊大学和纽约州的哥伦比亚大学执教。她通过讲课、多样而激进的设计项目而赢得了早期声望。这一时期，她的设计作品几乎涵盖所有的设计门类，门窗、家具、雕塑摆件、灯具、椅子、水杯和餐具；其绘画作品更是前卫，一直在世界各地展出，作品被像纽约现代艺术博物馆、法兰克福德意志建筑博物馆这样的业内权威机构永久收藏。1988年，她的国际声誉大大提高，因为她挑选了自己的绘画作品与另外五位建筑师一起参加了名为"解构主义建筑"的展览，这个展览的策划人是纽约现代艺术博物馆的重量级人物菲利普·约翰逊（Philip Johnson，见本书第1章）和马克·维格利（Mark Wigley）。这些作品反映了扎哈多方面的才华和宽广的文化视野。遗憾的是，这些作品大多并未被实施。

1994年，扎哈参加了威尔士东南部的海港城市卡迪夫（Cardiff）的大剧院项目的投标，然而这段经历特别令人沮丧：她的设计被竞赛评委会选为最佳作品，但威尔士政府拒绝了这个方案，所以委员会只得将项目给予了一位看来野心不大的建筑师。扎哈方案被拒绝的原因据说是因为地方政府不愿让一个口音浓重、深色皮肤的女移民来主持重要文化建筑的建设。建筑界中的"性别歧视"和"文化歧视"由来已久——丹尼斯·斯科特·布朗（Denise Scott Brown，见附录67）曾因此而与普利兹克建筑奖擦肩而过。这次挫败带给扎哈沉重的打击，她在伦敦生活了20年，却未有一件作品在英国问世。

作为一位才华横溢的建筑师，扎哈取得的成就可算得上是"现象级"

的，有人打了个这样的比方，"'哈迪德'这三个字就是当今建筑界的畅销品标记"。人们往往只看到她成功的光环，而忽视了她的坚忍和努力，以至于黎巴嫩电视台的记者有一次在采访扎哈时曾问："你是一个幸运儿，对吗？"扎哈严肃地回答说："不！我坚忍不拔地去努力！我花了数倍于他人的力气！我没有一天放过自己！"

代表作品

德国维特拉消防站（Vitra Fire Station）

扎哈的第一个客户是罗尔夫·费赫尔鲍姆（Rolf Fehlbaum），德国维特拉（Vitra）家具公司的总经理。2004-2010年，他成为普利兹克建筑奖评审团成员。1993年，费赫尔鲍姆邀请扎哈为威尔工厂设计一个小型的消防站。扎哈的消防站造型纯粹得像雕塑作品，由粗糙的混凝土和光滑玻璃建造的体块、形成锋利的对角形式在中心碰撞。建筑尚未建成，其照片便已出现在建筑杂志上。其最初修建目的是满足政府对工业消防的要求。这座小建筑完工后，从未被当作消防站使用，它成为一个展览空间，陈列着盖里和其他一些著名建筑师的作品。这是扎哈的建筑思想真正落地时代的开始。这个项目被认为是帮助扎哈走出低谷的关键之作，它震撼了建筑界，为作为建筑师的扎哈带来了巨大的国际声誉。（图18-1/18-5/18-6/18-7/18-8）

奥地利因斯布鲁克伯吉瑟尔滑雪台（Bergisel Ski Jump）

伯吉瑟尔滑雪台位于奥地利因斯布鲁克。旧的滑雪台建于1926年，曾先后在1964年和1976年的冬奥会上使用。新建设施不仅包含了滑雪跳台，还包括一个有150个座位的咖啡馆，能360°全方位地向四面观景。扎哈不仅要跟传统主义者斗争，还必须跟时间抗衡，因为建筑必须在一年内完成，第二年就有一项国家赛事要在这里举办。她的设计高48米，底座为7×7米。她把这座建筑描述为"有机混合体"，是桥梁和高塔的混合体，其造型又能让人体会到运动感和速度感。（图18-9/18-10）

图18-5/18-6/18-7/18-8　位于德国维特拉家具
公司威尔厂区内的维特拉消防站自投入使用后便
成为一处展览空间

图18-9/18-10　奥地利因斯布鲁克伯吉瑟尔滑雪
台动感十足

辛辛那提当代艺术中心（Contemporary Arts Center, Cincinnati）

在20世纪90年代末，扎哈的事业开始迅速发展，她赢得了两个博物馆和一座大型工业建筑的设计任务。她战胜了包括雷姆·库哈斯在内的许多著名建筑师，赢得了美国俄亥俄州的辛辛那提当代艺术中心的设计竞赛，并成为美国艺术博物馆设计中的第一个女性建筑师。这座博物馆并不大，只有8 500平方米，扎哈的设计也不像同一时期由弗兰克·盖里（Frank Gehry，见本书第5章）设计的西班牙毕尔巴鄂古根海姆博物馆那么华丽，不过扎哈在这个设计中，展示了熟练使用建筑造型手法打造室内空间的能力，其中心要素是一个30米高、穿行在大量曲面和折角形态的混凝土墙面间的黑色楼梯。(图18-11/18-12/18-13)

图18-11/18-12/18-13 辛辛那提当代艺术中心

德国费诺科学中心（Phaeno Science Center）

2000年，她赢得了位于德国沃尔夫斯堡的费诺科学中心项目的国际竞赛。这座博物馆的面积仅比辛辛那提现代艺术博物馆稍大一点儿，有9 000平方米。不过比较起来，费诺科学中心的设计显然更加雄心勃勃。扎哈的设计概念有些类似于柯布西耶的建筑，她建造了一个7米高的混凝土塔；不同于柯布西耶的是，她建筑的底端充满活力，十个巨大的倒锥形巨柱撑起了整

图18-14/18-15/18-16/18-17　德国沃尔夫斯堡的费诺科学中心

个建筑，其中包含了一个咖啡馆、一个商店和博物馆入口等。倾斜的柱子通过建筑物向上延伸，也支撑着屋顶。博物馆的结构很像一艘巨大的船体，倾斜的墙壁和不对称散射的窗户，带有角柱和外露钢屋架的室内空间。置身其间，人们仿佛生活在科幻片中的宇宙飞船或实验室中。(图18-14/18-15/18-16/18-17)

丹麦奥德鲁普戈德博物馆加建工程（Ordrupgaard Museum extension）

2001年，她开始了另一个博物馆项目，这就是位于丹麦哥本哈根的奥德鲁普戈德博物馆的加建工程。该工程于2005年结束。这座博物馆集中收藏

图18-18/18-19/18-20 丹麦哥本哈根的奥德鲁普戈德博物馆扩建部分，混凝土曲面和落地玻璃是明显特征

了19世纪的法国和丹麦艺术作品。原建筑也为19世纪的建筑，是收藏家的宅邸。新建筑87米长、20米宽，通过一个5米宽的通道与旧建筑相连。建筑中没有直角，只有斜线，混凝土曲面从地面折向顶部，玻璃墙面从地到顶，美丽的庭园景色成为展览的背景。（图18-18/18-19/18-20）

宝马行政大楼（BMW Administration Building）

德国莱比锡的宝马行政大楼是宝马工厂中最后一座建筑。毗邻它的三个配套建筑是由其他建筑师设计的；行政大楼是这组建筑的主入口和神经中心。从25位国际建筑师名单中，宝马评审团选择了极具创新性的扎哈·哈迪德设计事务所的设计。扎哈不负众望，为宝马公司建造了一座毫无先例的、革命的、不朽的建筑，能与之齐名的只有乔科莫·马特-特鲁克（Giacomo Matté-Trucco）设计的菲亚特工厂（现改为会展中心）和彼得·贝伦斯（Peter Behrens，见附录20）设计的透平机车间。宝马行政大楼需要服

务5 500名员工，这是厂区中最重要的一块，连接三个生产车间。每天都有650辆宝马3系轿车，在三个车间中依序制造出来，并通过高架输送机通过行政大楼。昏暗的蓝色LED灯的闪亮标志着此车间生产过程的完成。这些传送带不仅将车辆从一个生产车间运到另一个车间，而且直接穿过中央大楼的所有功能空间。办公室、会议室和各项公共设施都建在这些高架传送带周围——于是，员工、汽车和公众之间产生了一种有趣的关系。中心大楼不仅是工厂的办公楼和公共关系中心，也是工厂生产过程中非常重要的一块。所有承重墙、楼板和办公楼均采用现浇混凝土，屋面结构由结构钢梁和空间框架结构组成。立面采用简单的材料，如波纹金属、通道玻璃和玻璃幕墙。

与费诺科学中心类似，这座建筑也是通过若干混凝土塔而把建筑悬于街道之上。建筑内部的地面和楼面似乎是层叠的，由倾斜的混凝土梁和一个由

图18-21/18-22/18-23/18-24/18-25/18-26　扎哈不负众望，为宝马公司建造了一座毫无先例的、革命的、不朽的建筑，她把这里的日常活动转化为了动态景观

H形钢梁支撑的屋顶所覆盖。在扎哈的预期中，这个开放的内部空间就是为了避免产生传统办公建筑中常见的工作组分区碎片，而应为宝马公司创造一种全球化的、透明度极高的国际组织形象。她对建筑前的停车场给予了充分关注，因为她想把这里的日常活动转化为一种阐释其设计理念的动态景观。（图18-21/18-22/18-23/18-24/18-25/18-26）

该建筑获得了许多建筑奖项，包括2006年度的英国皇家建筑师协会欧洲奖及被提名斯特林奖。

西班牙萨拉戈萨桥亭（Zaragoza Bridge Pavilion）

2005-2008年，她设计并建造了西班牙萨拉戈萨桥亭。这个项目为2008年的世博会而设计，展现了一个以水为主题的可持续发展的活动空间，扎哈的设计成果既是一个展览馆也是一座桥梁。亭子长85米，混凝土桥置于其

图18-27/18-28/18-29/18-30　西班牙萨拉戈萨的桥亭

上，从展会现场通往埃布罗河上的一个岛上。这座桥承载着——也可以说依附于——四个类似隧道的展览空间，扎哈称之为"豆荚"，它们在岛上延伸，全长共275米。豆荚上覆盖着26 000块三角形的"带状皮肤"，其中许多三角形可以打开，让空气和光线照射进来。像扎哈的其他建筑一样，桥亭完全由斜坡和曲面组成，没有直角或垂直形态。桥亭以其曲线的形状和低矮的外形，平稳地融入了河边的草地景观。（图18-27/18-28/18-29/18-30）

罗马21世纪艺术国家博物馆（National Museum of Arts of the 21st Century，MAXXI ）

这座建筑建于1998-2010年。建筑强调了"运动意识"，结构中的一切元素似乎都在不停地移动或流动。立面的形式回归到扎哈的早期风格：光滑曲面白色墙壁和一个简朴的黑白配色方案。建筑栖息在五个非常纤薄的塔上，一个带有玻璃墙面的画廊看来摇摇欲坠地悬在博物馆前的广场上。伦敦《卫报》的一篇文章形容它的形状是"弯曲的椭圆管，重叠交叉又互相堆叠"。进入室内，黑色的钢楼梯和桥梁在空间中穿插飞跃，结构的底部有照明设备，发出白光。扎哈认为，人们去画廊，看到的都是凝固的瞬间，而这正是扎哈要极力避免的。于是她的设计力图使用"合流、干扰和湍流"等手法建造一种全新的博物馆空间。（图18-31/18-32/18-33/18-34/18-35/18-36）

图18-31/18-32/18-33/18-34/18-35/18-36　意大利罗马的21世纪艺术国家博物馆

广州大剧院（Guangzhou Opera House）

2002年，扎哈赢得了她在中国的第一个项目的国际竞赛——广州大剧院。剧院坐落在一个新的城市商业区中，其后面是103层高的广州国际金融中心。大剧院占地7万平方米，建筑耗资3亿美元。这座剧院已成为华南地区最大的表演中心，与北京国家表演艺术中心和上海大剧院并称为"中国三大剧院"。

这座综合体建筑由1 800个座位的剧院、一个多用途剧院、入口大厅和沙龙组成。一条有餐厅和商店的隐蔽通道将两个主要建筑隔开。这座建筑和后来的几栋建筑物一样，都是从自然的泥土形式受到启发。扎哈称之为"两个鹅卵石"，因此大剧院看上去像是两块巨大而光滑的巨石，覆盖着75 000块花岗岩和玻璃窗。《纽约时报》的建筑评论说："进入大厅就像进入了牡

图18-37/18-38/18-39/18-40/18-41/18-42 广州大剧院已成为广州市的新地标

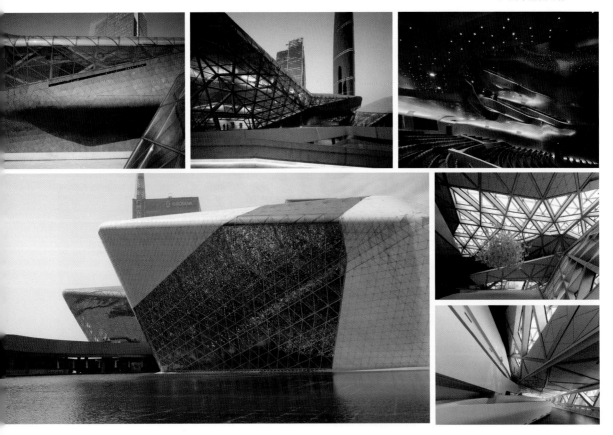

蛎柔软的那一面。……内凹形的天花板被成千上万的小灯刺穿——抬头看起来，人们好像坐在晴朗夜空的穹顶下。"对于当时的中国建筑和室内施工单位而言，这座建筑太过"先进"，因此施工中存在着大量问题，至今仍被诟病。不过作为提升本地文化品位和标识性而言，广州大剧院建筑设计无疑非常成功！现在这座建筑已经和"小蛮腰"（广州新电视塔）一起，成为广州旅游的重要景点。（图18-2/18-37/18-38/18-39/18-40/18-41/18-42）

广州大剧院自项目动工建设到落成，主要争议点在于其造价，被指为"烧钱的形象工程"。据南方网2009年的报道，这座建筑于2004年设计规划，目标是建成广州七座标志性建筑之一。规划时，工程总造价（不含地价）约8.5亿元；而到2009年时，总投资已增加至13.8亿元。也是在这一时期，中国各大城市似乎都陷入一种热潮，用高额投资建设铺张的"文化地标"——北京国家大剧院投资26亿元、重庆大剧院投资15亿元、上海东方艺术中心投资11.4亿元。

如何利用大型文化建筑来提升城市文化形象，我们已在前文介绍盖里时有所涉及，扎哈在这一点的确与盖里颇为相似。扎哈近年许多重要项目和大型项目都在发展中国家市场进行，如中国、巴西、墨西哥、阿塞拜疆、柬埔寨以及中东等。其中一方面因为欧美建筑市场趋于饱和，尤其是金融危机之后经济发展放缓乃至停滞；另外一方面，崛起中的发展中国家需要扎哈这样的设计师来彰显自己的存在感和话语权。

另一方面我们也必须承认，公共文化项目的社会和文化价值的评价方式仍植根西方世界，所以此类建筑还包含另外的含义：对西方世界公共艺术观念与形式的认可（如剧院、公共图书馆等）。这些文化建筑的内在逻辑和社会价值观均与中国传统社会有诸多不同，也与当代中国社会有较大隔阂。所以这些文化项目的建设和使用，同时也是对中国民众文化行为的"教育和教化"过程，当然也是世界不同文化相互交融的过程。

苏格兰河畔博物馆（Riverside Museum）

河畔博物馆位于苏格兰格拉斯哥克莱德河的河岸上，是格拉斯哥交通博物馆所在地。哈迪德这样描述这座1万平方米、包含7 000平方米画廊的建筑：

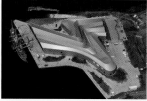

图18-43/18-44/18-45/18-46 苏格兰格拉斯哥的河畔博物馆

这是"波浪""运动的褶皱"和"一个以隧道的形式形成的棚子,尽头是敞开的,一端朝向城市,另一端朝向克莱德"。像她的许多其他建筑一样,若想完整理解其形式特征,只有在从上面观察时才能感觉到。建筑的外墙覆盖着锌板,锌板延伸至屋顶形成一系列的峰角。室内展览的布局引发了一些争议:前来参观历史汽车收藏的人们发现,这些车被安装在墙壁上并悬在高空,因此参观者无法近距离观察它们。英国《卫报》的一篇建筑评论说:"很明显,空间带有强运动态势……从类型学上分析,建筑外观很像一个大超市,好像一个在停车场旁吸引你进入的大家伙……总之这是一个颇有威严感的、谜一样的混合体,但看上去并不友好。"(图18-43/18-44/18-45/18-46)

伦敦奥林匹克水上运动中心(London Olympics Aquatics Centre)

2004年,扎哈在伦敦2012年夏季奥林匹克水上运动中心的国际竞赛中胜出,此时伦敦还未确定申奥成功。该中心建于伦敦水球馆一侧,隔着自来水厂河与奥林匹克体育场相对。建筑高45米、长160米、宽80米。波浪形屋顶,面积据说有1 040平方米。建筑中包含一个50米长的比赛池、25米长的跳水池和一个50米长的热身池。50米长的标准泳池有3米深,就像北京国家游泳中心(水立方)一样,这样有利于运动员取得更好成绩。同时,建筑地板还可移动以降低水池深度;或者移动吊杆,调整泳池的大小。跳水池的跳台有3米、5米、7.5米和10米四种高度，还有三个3米跳板。为保证奥运会电视报道的效果，游泳池中还配备了新型摄像机，以便从多个角度呈现运动画面。（图18-47/18-48/18-49）

扎哈设计水上运动中心时，灵感来自运动中水流的几何形状。这座建筑包括三个游泳池，两个主游泳池有17 500个观众席。屋顶由钢和铝制成，里面有木质结构；屋面结构只有三个支撑物，呈抛物线状向中间倾斜，两端各有一个水池。观众座位区被设置在倾斜且弯曲的玻璃幕墙旁。工程共花了2.69亿英镑，是最初预算的3倍，大多数资金都用在了复杂屋顶的建造上。这也是工程刚刚竣工时运动中心备受诟病的主要原因，还好，随后这座建筑就受到了评论家们的赞扬。《卫报》的评论说，水上运动中心的屋顶好似在"波动和流淌"，成为"奥运会最宏伟的空间"；国际奥委会主席雅克·罗格也形容该中心为"杰作"。

图18-47/18-48/18-49 伦敦夏季奥运会的水上运动中心，在奥运会后拆除了临时性的侧翼

美国东兰辛布罗德当代艺术馆（Broad Art Museum）

布罗德当代艺术馆位于密歇根州的东兰辛市，是密歇根州立大学的艺术博物馆，致力于当代艺术、现代艺术和历史收藏。这是扎哈在美国的第二个项目，面积4 274平方米。平行四边形的建筑物倾斜得很厉害，似乎要翻倒。扎哈写道，她设计的建筑有着倾斜的褶皱不锈钢外墙，这种材料能从不同角度反映出周边社区的景致；随着每天太阳照射角度的变化和天光云影的流动，建筑物的颜色和感觉能不断变幻。正如扎哈自己所说的那样，这座建筑"唤醒了人们的好奇心，却没有真正揭示它的内容"。《纽约时报》认为，这座博物馆"使日常生活中的街景变得激进起来"。其独特的视觉效果吸引了电影导演的注意，曾出现在2016年版的《蝙蝠侠与超人》电影中。（图18-50/18-51/18-52）

北京银河SOHO（Galaxy SOHO）

扎哈后期的许多重要作品都在亚洲。北京银河SOHO即是一例。这是一个包含写字楼和商业中心的建筑综合体，位于北京东三环的繁华地段，总面积为332 857平方米。建筑由四个不同的卵形玻璃覆盖的建筑物组成，不同水平面上的多个通道将这四个卵形建筑物连接在一起，形成许多独特而梦幻的空间体验。与她的其他建筑一样，置身其间，人们感觉似乎建筑的每个部分都在运动。（图18-53/18-54/18-55/18-56/18-57）

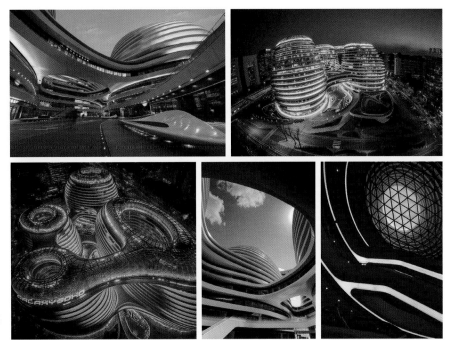

图18-53/18-54/18-55/18-56/18-57 北京银河SOHO充满动感

阿利耶夫文化中心（Heydar Aliyev Center）

位于阿塞拜疆巴库市的阿利耶夫文化中心是一个巨大的文化和会议中心，包含三个礼堂、图书馆和博物馆，建筑面积共10 801平方米，表面积为15 514平方米，全高74米。该项目力图在城市的知识生活中发挥不可或缺的作用，因为建筑位置临近市中心，在巴库市的重建中起着关键的作用。2012年5月10日，阿塞拜疆总统阿利耶夫主持了阿利耶夫文化中心的开幕仪式。

文化中心共8层，包括一个有1 000个座位的大礼堂、一个展厅、会议大厅、研讨会议室和博物馆。这座建筑中也没有直角造型，整个建筑呈现波浪状外形，整体景观独特而和谐。这座建筑的结构被认为是后现代建筑的典型代表，波浪式造型带来海洋的感觉，波浪式的线条似乎象征着过去和未来的融合。扎哈写道，它像水一样从自然地理的褶皱中流出，围绕着会议中心的几个功能空间而展开，尽管建筑完成后其周边并非自然景观而是被苏联时代的公寓住宅所围绕。《建筑评论》杂志称之为"纯白的、肆无忌惮的和傲慢的视觉景观"，是一个独特的、充满矛盾性和复杂性的混合体，巨大的波浪

图18-58/18-59/18-60/18-61　阿里耶夫文化中心向世界展现出了一个"现代的巴库"

造型几乎扑向天空……这是建筑作为剧场的最终表现，"这是扎哈对曲线和流动空间视觉的最完整认识"。

这座建筑被评为"极限工程"，在探索频道和科学频道上播放的纪录片系列节目中。这一集被称为"阿塞拜疆惊人的转变"，节目于2011年4月22日播出。建筑也出现在2016年"欧洲电视歌曲大赛"的阿塞拜疆明信片中。因为这座建筑的革新性和尖端性，它成为现代巴库市的出色地标，向世界展现出了一个"现代的巴库"。（图18-3/18-58/18-59/18-60/18-61）

2013年，该建筑在"世界建筑艺术节"和两年一度的"国际室内设计节"中均获得了提名。2014年，该中心赢得了"设计博物馆"的年度设计奖，这使扎哈·哈迪德成为第一位在这项大奖中获得最高奖的女性。

韩国首尔东大门设计广场（Dongdaemun Design Plaza）

东大门设计广场，也被称为DDP，是首尔城市发展的里程碑式建筑，具有鲜明的新未来主义设计特点和强大的、弯曲的、细长的结构形式。现为韩国时尚中心和颇受欢迎的旅游目的地。

东大门设计广场目前是首尔最大的建筑之一。它名字的意思是"东方之门"——指的是古城的城墙。这座建筑的总面积为86 574平方米，包括展览空间、设计博物馆、会议室和其他公共设施，以及24小时开放的设计师办公室和市场。建筑主楼280米长，共7层，地上4层、地下3层。工程于2009动工，于2014年3月21日正式落成。(图18-62/18-63/18-64/18-65/18-66/18-67)

建筑物的造型很像巨大的蘑菇，表面非常光滑，整个结构似乎飘浮在倾斜的混凝土巨柱上。这种光滑材料的外面层为铝箔、钢材和石材，基层为合成纤维增强石膏，室内材料包括吸声瓦、丙烯酸树脂、不锈钢和室内抛光石等。扎哈设计的主要特点是"透明性、多孔性、耐久性"。它还具有许多生态特征，包括双重皮肤、太阳能电池板和循环水系统等等。

图18-62/18-63/18-64/18-65/18-66/18-67 韩国首尔的东大门设计广场

图18-68/18-69/18-70 维也纳大学图书馆和学习中心建筑造型外部以长直线条为主，内部空间充满流动性和运动感

维也纳大学图书馆和学习中心（Library and Learning Center, University of Vienna）

这座大学中的图书馆和学习中心是作为维也纳经济学院的核心部分而设计建设的。建筑总面积2.8万平方米，扎哈为其赋予了许多识别性很强的特征，包括35°倾斜的墙壁、建筑前广场上方的巨大黑色悬臂等。建筑的内外部造型明显不同：外部造型以直线条为主，显得硬朗坚实；内部空间则沿袭了扎哈设计特有的流动性和运动感。她这样描述建筑的室内空间："建筑外部的直线条在室内完全看不到，流动感很强的曲面自然而然地形成了一个'峡谷'，很好地形成了内部空间的中心广场，多个步道和连桥又能在这些

曲面中自由穿行而连通不同楼层。"（图18-68/18-69/18-70）

香港理工大学创新大厦（Innovation Tower, Hong Kong Polytechnic University）

创新大厦是香港理工大学的一部分，位置接近九龙，坐落在香港理工大学附近。大厦有15层楼，76米高，共15 000平方米，为1 500名学生提供了空间，包括有容纳1 800个学生及其教员的实验室、教室、工作室和其他设施。建设场地原为大学足球场。

扎哈第一次在国际上崭露头角就是1983年在香港设计了山顶温泉、休闲

图18-71/18-72/18-73　香港理工大学创新大厦

俱乐部。"我很高兴能够再次在香港工作。"当扎哈赢得这个项目时，她很激动。

创新大厦被设计成一个变体的塔楼，混凝土讲台和百叶式的视觉都是流动形式的。建筑的造型和结构极为复杂，需要计算机建模。最初方案中，建筑立面计划使用增强塑料、纺织品或铝箔制成，但扎哈最终放弃了这个方案而采用了多层金属板。因为建筑造型带有明显的方向感且向城市倾斜，角度原因使得人们从外部即可看到里面的地面。（图18-71/18-72/18-73）

"这个城市有多样性的景观和历史，这是反映在一个都市生活的各个层次上的。我们自己的探索和研究应该遵循这一范式。"扎哈说，"好的设计旨在刺激视觉的可能性，为未来而反映出来。"

比利时安特卫普港务局大厦（Port Authority）

比利时安特卫普港务局是扎哈所有作品中唯一的一个政府项目，建成于2016年。一般情况下，新建的政府项目总是追求一种坚固和严肃的感觉，但扎哈的设计却反其道而行之。这座港务大厦"降落"在1922年建成的老港务局大厦之上，玻璃和钢材被建造成船形结构，被安置于一个白色的支撑柱上。刻面玻璃结构类似于钻石，象征着安特卫普作为欧洲主要钻石市场的地位。这是哈迪德的最后一部作品，她2016年去世，这座建筑在2016年正式投入使用。（图18-74）

这座大厦很容易让我们联想起库哈斯的麦考密克校园论坛中心那个被不锈钢管包裹的城市轨道，但扎哈设计的造型显然更大胆、更具魔幻色彩。

小结

无论男性还是女性，设计师们的日常工作总是在一些细碎工作中推进着，技术的、经济的、信息的，甚至个人趣味的……不一而足。这个过程是非常个人化或瞬时性的，每位建筑师的"出位"或"上位"也都有不足为外人道之处。但女性建筑师若想在高人林立的建筑界一展才华、拔得头筹，不仅需要更多的努力和勤奋，还需要更多的智慧与策略。这不是建筑师老张与

图18-74　安特卫普港
务局大厦

老李之间的问题，也不是美国建筑师或日本建筑师的事情，而是扎哈与其他
建筑师的问题。显然扎哈无法走"理论与现实并重"的道路，因为库哈斯已
声名日隆；不能走艺术化雕塑再转向参数化设计之路，毕竟盖里的国际影响
如日中天；她更无法仿效哲人建筑师的模式，因为前有沉静隽永的文丘里，
后有激越艰涩的埃森曼和优雅多思的屈米。说到东西文化对撞交融之路，更
是一言难尽。扎哈并不能像安藤立足于日本文化那样而强调阿拉伯或伊斯兰
文化的特性，不仅因为这一文化体内部也存在多种文化和宗教纠纷，还因为
典型的基督教文化与这一地区文化长久存在的互不信任，甚至扎哈的女性身
份使得两方都不会将其视为阿拉伯或伊斯兰文化的代言人。既然难以"弥
合"，索性强烈"抗争"，于是扎哈的选择是：在设计领域的多角度出击，
所有作品均与常规模式形成强烈对抗性。

从扎哈的多项设计作品的构思和表达方式来看，她与众不同的阿拉伯文化背景显然弱于其所接受的英国精英式建筑教育。但不可否认的是，她的许多设计观念似乎永远被她阿拉伯血液中的刚劲和女性天生的坚韧而推动着不断向前。而在她那些"随形"和"流动"的建筑设计方案之中流淌着的是她无时不在的理想主义和浪漫主义情怀。

除建筑之外，扎哈对几乎所有设计门类均有涉猎。她的设计就仿佛是在为自己无处不在的流动线条找个"家"。与盖里的设计类似，扎哈的作品也总是在造价和功能上饱受诟病，然而其早期作品维特拉消防站的命运，可能早就告诉我们她对自己的设计有着完全不同的价值判断。维特拉家具公司的总经理费赫尔鲍姆曾邀请盖里在莱茵河畔的威尔工厂中建造了维特拉设计博物馆，之后他又邀请扎哈设计消防站。就功能安排来说，这座小建筑完全满足要求。然而其独特的造型和扎哈不断蹿升的名气，使这座消防站自投入使用便被改成了一个展览空间。就是说，费赫尔鲍姆先生用消防站的设计费"订购"了一件升值潜力巨大的建筑艺术品。这对业主而言，绝对是一笔非常划算的艺术投资！

后现代社会中建筑早已不是——至少不完全是——它本身。它早已成为一件商品，差异无非在于到底是一件"工厂化普通款"还是一件"艺术家定制款"……

黄金搭档

雅克·赫尔佐格 / 皮埃尔·德·梅隆

Jacques Herzog，1950– / Pierre de Meuron，1950–

赫尔佐格与德·梅隆巴塞尔公司或赫尔佐格和德·梅隆建筑事务所，是一家总部位于巴塞尔的瑞士建筑设计事务所。公司的创始人和高级合伙人是雅克·赫尔佐格和皮埃尔·德·梅隆，两人都毕业于瑞士联邦理工学院。他们最著名的设计可能就算是将位于伦敦泰晤士河畔的旧发电厂改造为泰特美术馆的项目了，他们也因此而获得2001年的普利兹克建筑奖。

　　评审团主席J.卡特·布朗说："在建筑史上很难找到其他设计公司或设计师，在处理建筑外皮时，能表现出如此巨大的想象力和精湛的技术能力。"建筑评论家和普利兹克建筑奖评审团成员埃达·路易丝·赫克斯塔布尔说："他们把现代主义的传统提炼成基本元素，再通过新的处理手法和技术手段来重塑建筑材料和建筑表面。"2006年，《纽约时报》称之为"世界上最受推崇的建筑公司之一"。

　　赫尔佐格和德·梅隆的早期作品还是对现代性的一种还原，但后来的作品——如东京普拉达水晶"震源"店（图19-4/19-5）、巴塞罗那论坛大厦（图19-6/19-7）、2008年北京奥运会中国国家体育场（见后）等体现出他们

图19-4/19-5　日本东京的普拉达水晶"震源"店建筑被设计得像个"三维"橱窗，菱形幕墙框架形成一个刚性笼状结构，使整个建筑更利于抗震

图19-6/19-7 西班牙
巴塞罗那论坛大厦

创作态度的转变。他们作品的造型让人们突然意识到：那些从前只能在咖啡桌、陈列架上看到的复杂造型，现在也可以在建筑内外见到。事实上，由于计算机互联网技术的发展，数字控制技术日渐普及，人造材料的成型方式愈发多样，建筑物就成为以往桌面艺术品的"膨胀版"。

通过物质性而达成清晰的承诺，是赫尔佐格和德·梅隆所有项目的主线。他们的作品也从最为简洁的矩形转化为愈发复杂和动态化的几何形状。两位建筑师经常将约瑟夫·博伊斯（Joseph Beuys，见附录55）视为不朽的艺术灵感来源，也常在不同建筑项目中与不同艺术家合作。他们的成功可以归功于他们利用创新材料展示不熟悉或未知的关系的能力。

赫尔佐格和德·梅隆在中国因"鸟巢"而被人们熟知，尽管"鸟巢"遭到巨大的批评和争议，这个设计在他们的心目中仍然有着令人惊异的位置。他们认为，"鸟巢"的"遭遇"颇似当年的巴黎埃菲尔铁塔，多年后人们才会看到意义所在。建筑不应追从任何一个潮流，不会遵循哪一种风格，当然也不会刻意与谁区别。

赫尔佐格和德·梅隆并没有主张什么主义，也不追求越新越好，而是把老的图像重新激活，并在他们的建筑中产生新的生命。这里有一个关键是"重复性"，因为自然界的生命是通过由生到死不断重复，才得以发展起来的。所以赫尔佐格和德·梅隆认为，在不断重复的过程中，事物就会得到发展。在他们的作品中，建筑的意义、场地等形而上的因素让位于材料、效果等更为直接、更具有感性意义的因素。"建筑是变化的，是四维的"，这在他们

图19-8/19-9　蓝房子和石头房子是赫尔佐格和德·梅隆的早期作品

的建筑中有了实质性的表达，建筑随着季节、气候而改变。

赫尔佐格和德·梅隆被认为是当代最成功和最有影响力的建筑师，目前他们有180位雇员分布于伦敦、北京、巴塞罗那、旧金山、慕尼黑和其他一些世界主要城市中。

初露锋芒

雅克·赫尔佐格和皮埃尔·德·梅隆都于1950年出生于瑞士的巴塞尔。他们俩是"发小儿"，上同一所小学、同一所中学、同一所大学，都曾就读于苏黎世联邦理工学院，并于1978年在巴塞尔共同创办了赫尔佐格和德·梅隆建筑事务所（HERZOG & DE MEURON Architekten）。二人同时也是哈佛大学设计研究院和和苏黎世联邦理工学院的访问教授。

创立建筑事务所不久，赫尔佐格和德·梅隆的才华便不断地在他们的作品中被世人所认可，而他们以后一直恪守的"表皮"艺术也在其设计生涯的开端就埋下了伏笔，这可以从他们的早期作品蓝房子（Blue House，1980，图19-8）和石头房子（Stone House，1988，图19-9）中得以体现。

和许多初出茅庐的设计师一样，赫尔佐格和德·梅隆在早期作品中的经费极其有限，但这恰好迎合了他们的口味。当他们在建造石屋的场地附近看到许多废弃的石块砖瓦，两人便萌生出利用这些乱石块堆砌一栋建筑的想法。这栋石屋一经落成立即引来了业内外的广泛关注，大家竞相将它称作人与自然的完美结合；有人趣称之为"孤独的屋子"，因为无论从地理位置还是外部环境，这间石屋看上去都是那么的突兀。对于此，两人解释道："我们所希望缔造的是建筑物与地平面的分明感，利用框架与内容间既统一又对立的关系构成建筑物与场地之间的张力与矛盾。"而真正彰显出这种张力的还在于乱石材料的运用：混凝土与石头以一种不同寻常的方式共同作用，使其不能仅仅被解读为又一例填充墙的构筑物，竖向的混凝土构件更是巧妙地实现了室内空间的划分。

代表作品

泰特美术馆（Tate Modern）

泰特美术馆是全球参访量最大的现代美术馆，甚至有人说："没有到过泰特美术馆，就等于没有到过伦敦。"业内人士称，新的展馆堪与弗兰克·盖里的毕尔巴鄂古根汉姆博物馆、贝聿铭的巴黎卢浮宫这两项经典的展览馆改扩建工程相媲美。在新展馆的方案中，赫尔佐格和德·梅隆进行了大胆的尝试，整个新馆就像是一个用巨型玻璃箱堆叠而成的金字塔，并且是一个不规则的、外形被扭曲了的金字塔。其空间组合的多样性，不仅增强了建筑本身的观感，也体现了未来派的设计风格。有评论说，泰特新馆就像是小孩子随意垒起的玩具积木。对于这个奇特的建筑造型，赫尔佐格和德·梅隆诠释道："它仿佛是金字塔被销蚀的状态，然而在此过程中，它似乎又在逐渐显现。"

泰特美术馆是泰特集团的一部分，建于伦敦南华克区的河岸发电站旧址上。美术馆的藏品为泰特集团自1900年至今收藏的国际现代艺术和英国当代艺术品。与英国的其他国家画廊和博物馆一样，泰特美术馆的绝大部分展厅均免费参观，只有一些高水平的临时展览需要付费参观。

河岸发电站由建筑师贾莱斯·吉尔伯特·斯科特爵士（Sir Giles Gilbert Scott，见附录23）设计，1947-1963年，分两个阶段建设完成，但最终于1981年关闭。

自发电站关闭以来，此地一直面临被开发商拆除的风险。许多人呼吁保护这座建筑并努力为其寻找新出路。1994年，泰特美术馆宣布：河岸发电站将成为泰特美术馆的"新家"。同年7月，为了给新画廊的建设挑选合适的建筑师，泰特集团举办了一次国际竞赛。1995年1月，赫尔佐格和德·梅隆的建筑事务所被宣布胜出。泰特美术馆从1996年6月开工，2000年1月完成，共耗资1.34亿英镑。

改造前的建筑占地200米长，钢架结构、外包砖，中央烟囱有99米高。建筑大致分为三个主要区域，均东西向排列：中间是巨大的主涡轮机大厅、北侧是锅炉房、南侧是开关室。

大部分结构在改造中保持不变，甚至主涡轮机大厅，还保留了桥式起重机；南侧的开关室被法国EDF电力公司占据，当作变电站使用；北侧的锅炉房位置则是泰特美术馆的主展厅。变化最大的是屋顶上半个屋顶高的玻璃加高部分。这个两层高的玻璃盒子，不仅为美术馆提供充足的自然光线，还为观众提供罗曼蒂克的咖啡座，人们可以在这里可以边喝咖啡边俯瞰伦敦城。

2000年5月11日，泰特美术馆举办了盛大的开幕仪式，女王亲自出面宣布开幕。美术馆在第一年即接待了525万名参观者；这之前的一年，其他三个泰特画廊一共才接待250万名参观者。（图19-1/19-10/19-11/19-12/19-13/19-14/19-14a）

由于泰特美术馆吸引的参观者比原先预计的要多，因此自2004年以来一直在筹划扩建。这些计划的重点是在建筑的西南部分增建5 000平方米的新展厅，这几乎比现有展示空间翻了一番。在储油罐上方建造了一座离地面65米高的十层楼高的塔。开关室原西部一侧被拆除，以腾出地方来修建高塔，然后围绕高塔重建画廊空间，还修建了主建筑和新建高塔间在首层和第四层的连廊。第四层的新画廊有顶部自然天光。在涡轮大厅的第四层层高上建有桥梁，提供上层通路。此次扩建工程一共增加了22 492平方米的室内面积；扩建部分包括展览场地、表演场地、教育设施、办公室、餐饮和零售设施以及停车场和一个新的外部公共空间等。新加建后的建筑于2016年6月17日正式对外开放。这一轮设计仍由赫尔佐格和德·梅隆完成，虽然争议从未停止。

笛洋美术馆（M. H. de Young Memorial Museum）

笛洋美术馆位于美国旧金山金门公园内，以旧金山报人笛洋（Michael

图19-1 英国伦敦的泰特美术馆是赫尔佐格和德·梅隆获得普利兹克建筑奖的作品

图19-12 2016年，在油库上新加建的十层高的扭曲建筑

图19-11 通过千禧年桥望向泰特美术馆

图19-13 泰特美术馆的烟囱改造

图19-10 从泰晤士河望向泰特美术馆

图19-14 改造后的涡轮机大厅

图19-14a 改造后的锅炉房美术馆展廊

Henryde Young）的名字命名。赫尔佐格和德·梅隆建筑事务所设计的笛洋美术馆新馆，于2005年10月15日重新开放。

博物馆最初于1895年开放，是1894年加利福尼亚冬季国际博览会的产物。它被安置在一个埃及复兴式建筑里，这里曾是博览会的艺术大厦。这座建筑物在1906年的旧金山大地震中严重受损，在修缮一年半后被关闭。不久，因博物馆的稳步发展需要一个新的空间来更好地服务于不断增长的观众，迈克尔·笛洋提议修建一座新建筑，使这里成为20世纪笛洋文化设施的核心建筑。路易斯·克里斯蒂安·马尔加特（1915年巴拿马太平洋国际博览会的协调人）设计了西班牙银匠式风格的建筑。新建筑于1919年完工，由笛洋正式移交给城市公园管委会。1921年，笛洋又增加了一个包括一座高塔的中央部分，这座高塔成为博物馆的标志性建筑。随着博物馆功能不断增强，这座博物馆也被以笛洋的名字命名为"笛洋美术馆"。新增的西翼楼于1925年完成，同年，笛洋辞世。1929年，原来的埃及风格建筑被宣布为危房并拆除。

1972年，笛洋美术馆的欧洲艺术藏品被送往军人荣誉博物馆；作为补偿，笛洋美术馆有权对本机构收藏的人类学藏品进行展示，包括特奥蒂瓦坎古城前西班牙时期的作品，撒哈拉以南非洲土著部落艺术等等。遗憾的是，这座建筑在1989年的洛马普列塔地震中严重受损，震后又被拆除，取而代之的就是我们今天看到的、2005年新落成的建筑。

新建的笛洋美术馆由建筑师赫尔佐格和德·梅隆与"方+陈"公司合作完成。在1999年1月举办的入围建筑师竞赛中，赫尔佐格和德·梅隆击败了安藤忠雄（Tadao Ando，见本书第15章）和安托尼·普里多克（Antoine Predock，见附录73）等著名建筑师而赢得了这一项目。

由于笛洋美术馆与旧金山公园渊源颇深，旧金山选民不认为自己需要为公共项目买单，两次投票都拒绝为新美术馆项目出资。在第二次表决失败之后，主办单位已经计划将美术馆搬迁到金融区中去，不过转机还是出现了，慷慨的支持者们做了许多工作，还是把美术馆留在了金门公园中。于是建筑师不仅要面临地震、海风等自然挑战，还必须尽量争取市民支持和投资人的认可。尽管难度很大，设计团队还是给出了极高水平的解决方案。（图19-15/19-16/19-17/19-18/19-19）

图19-15/19-16 笛洋美术馆与周边环境颇为友好，魔法池中还保留了少量原建筑构件

图19-17/19-18/19-19 笛洋美术馆的穿孔铜板外饰面非常别致，内庭院和室内空间舒适宜人

　　第一，旧金山的地形和地震活动对设计师提出了挑战。为了帮助抵御未来的地震，设计师们设置了一个滚珠滑动板和黏滞的流体阻尼器系统来吸收动能并将其转换成热能，这就使得建筑物甚至可以容忍3英尺（约91厘米）的位移。

　　第二，太平洋海风带来大量盐分，对任何结构和装饰构件均会造成长期腐蚀。1949年，笛洋为1919年美术馆精心铸造的混凝土装饰构件，就不得不因支撑部件被腐蚀、为避免安全事故而被忍痛移除了。在新馆建设中，赫尔佐格和德·梅隆将腐蚀过程本身当作建筑景观的塑造手段。他们在建筑外部覆盖了15 154.2平方米的穿孔铜板，在海风中它们将被完全氧化形成"包浆"形成保护层；同时，氧化铜的绿色调还能成为周边环境和园中桉树的极好衬景。

　　第三，由于地震破坏等，老建筑中仍可用的构件和元素不多，仅存的元素是花瓶和狮身人面像，这些作品现保存在"魔法池"中。不过建筑旁的棕榈树也继承自原址。场地中又增加了2万余平方米的园林绿化——包括庭院中的桉树，能让公园中的景观更宜人。为露出花园和庭院，并形成对周边环境友好的姿态，建筑造型被扭曲切割处理，这种造型在泰特美术馆的油库改造中也可见到（图19-12）。

44米高塔曾是笛洋美术馆的标志性建筑。在新馆设计中，建筑师们又重新设计了这一高度。在今天的笛洋美术馆中，44米高的扭曲高塔仍是笛洋美术馆中最明显的造型特点，因为其高于金门公园的许多建筑和大树，从旧金山市的许多地区都可看到它。在这里，游客们能看到金门公园音乐广场、金门海峡和马林岬角。

值得注意的是，赫尔佐格和德·梅隆用金属材料作建筑外饰面的做法，还可在马德里当代艺术馆（Caixa Forum Madrid，图19-3/19-20/19-21/19-22/19-23）中看到。马德里当代艺术馆是一个废弃发电站的改造项目，立面外包氧化铸铁面层。它的颜色和重量与下面的砖块相似。最令人印象深刻的

图19-3/19-20/19-21/19-22/19-23 由废弃发电站改造的西班牙马德里当代艺术馆的氧化铁外饰面和植物墙面令人印象深刻

是建筑旁的植物墙面（由法国植物学家帕特里克·布朗克设计）。这种红色顶面与绿色植物的对比，与旁边的皇家植物园的色彩对比关系一致。

德国慕尼黑安联足球场（Allianz Arena Football Stadium）

德国巴伐利亚州的慕尼黑是一座位于伊萨尔河畔的城市，以融古老传统与现代前卫于一体的建筑风格而闻名，还有多次主办世界级国际体育赛事的经历。安联足球场是德国第二大足球场，有7.5万个座位。这座建筑的ETFE[①]充气塑料板外围护结构使其成为世界上第一个全彩变化的建筑。原址上的奥林匹克体育场建于1972年，曾因革命性的帐篷式屋顶而引发关注。但在30多年之后，它已无法满足世界级体育赛事的需求。慕尼黑市决定建一座崭新的体育场。主办方希望通过国际竞赛来选出能与1972年杰作相媲美的方案。

球场建成后，2005-2006年赛季一开始时，"拜仁慕尼黑"和"慕尼黑1860"这两个足球俱乐部都把安联足球场作为自己的主场。慕尼黑1860最初拥有安联球场的50%的股份，但是拜仁慕尼黑在2006年4月购买了他们的股票。这意味着慕尼黑1860在2025年之后，必须另寻场地。

虽然安联公司作为大型金融服务提供商购买了足球场30年的冠名权，但是在主办国际足联和欧洲足联赛事时，不能使用这个名称。比如在2006年的国际足联世界杯期间，它被称为"慕尼黑国际足联世界杯体育场"；在欧足联俱乐部比赛中，又被称为"慕尼黑足球场"。不过球迷们的称呼更好听好记，还惹人喜爱——"充气船"。自2012年以来，拜仁慕尼黑的博物馆也被设置在安联足球场内。

球场的屋顶有内置的卷帘，可以在比赛中来回移动以遮挡太阳直射。足球场结构耗费混凝土12万立方米，停车场耗费混凝土8.5万平方米；建筑结构用钢2.2万吨，停车场用钢1.4万吨。建筑的建设成本为2.86亿欧元，但融资成本使该数字增加到3.4亿欧元。

体育场外立面由2 874块ETFE薄膜空气板组成。这些膨胀的空气板中保

---

① ETFE材料的中文名为乙烯-四氟乙烯共聚物。ETFE膜材的厚度通常小于0.2毫米，是一种透明膜材。

存着干燥的空气，空气板内外有3.5帕的压差。从远处看，薄膜空气板的颜色为白色，但当仔细观察时可见板面上有很多细小的圆点，这是一些铝箔片，其厚度为0.2毫米。每个面板均可单独发光，发出白、红、蓝等颜色。每一场比赛因其主场队伍的标识色不同，足球场外立面可以呈现出不同色彩：拜仁慕尼黑的红色、慕尼黑1860的蓝色和德国国家队的白色。不过，白颜色也被用于一些"中性"比赛中，如2012年的欧洲冠军杯决赛。其他颜色或多色或互换的照明方案在技术上是可行的，但慕尼黑警方强烈要求足球场外墙面必须使用统一色彩，因为离球场不远处A9高速公路上已有几起车祸就是因为球场灯光色彩不断变化而干扰司机视线所致。选用EFTE作外围护材料，既是安联足球场最具识别性的特征，也是功能、技术和装饰的极佳载体。赫尔佐格和德·梅隆能让普利兹克建筑奖评委会认可他们在"表皮处理"方面的过人才华，绝非浪得虚名！

安联足球场的创新型外立面照明系统已经在其他新建场馆中被使用，如纽约城附近的大都会人寿保险体育场。在这里，蓝色灯光被用于国家橄榄球联盟赛，绿色被用于飞机展、红色被用于音乐会。由于此类运动场的耗电量仅为每小时50欧元，且能提供令人满意的照度，在晴朗的夜晚，即使从80公里以外的奥地利山顶上也可清晰地看到安联足球场。

对于足球场这样的大型公共建筑来说，仅仅是为了给不同比赛换换颜色，却毫无其他用途又易导致结构破损或不具防火性的任何材料，均难以获得批准使用。人们往往被安联足球场建成后绚丽多彩的外观所迷惑，实际上这一效果仅是个"副产品"，最初建筑师们只是想寻找一种能让球场中的草坪自然生长的材料。新材料应能保证足球场内的草坪得到充足的自然光照，而不必像其他的足球场那样，不得不定期更换草皮。于是厚度仅0.2毫米的ETFE透明膜便吸引了建筑师们的关注。足球场共使用了2 874块由ETFE膜制作的充气面板。其中的每一个构件均需特制机械来加工且精度极高。这些面板的大小也各不相同，有些面板的面积足有35平方米大。在生产过程中，为了达到苛刻的安全标准，模型会不断接受各种天气测试。无论雨雪或是大风，这些材料都能轻易地承受住。就算发生不可预测事件，比如陨石或飞机碎片从50多米高处落下，也不会对体育场的膜状外壳造成灾难性的后果，因为出色的构造设计和材料强度很可能把它们弹回去。

只有在直接暴露在极度高温中的情况下，遮盖体育场的薄膜才会燃烧；但只要把热源移开，薄膜的火就会熄灭。当进一步用烟花做实验时，薄膜像工程师们希望的那样熔化了，而不是燃烧。防火是一项重要的安全标准，如果不能保证建筑材料的防火性能达标，就无法获批在球场项目中使用。

为了让各部件定形，使体育场有一个鲜明的外观，面板中都要充气。气泵安置在体育场上部的技术平台上，通过那些粗大的管子直接把空气压进面板里面去，使气压保持稳定。这样即使面板被刺破，也不会像穿孔的轮胎那样漏气。紧接着，阻燃的面板被一块一块精心安装在体育场正面的墙体上。计算机电子控制系统经过了测试。完全投入运转后，每块面板上的灯就可以独立开关，将俱乐部的颜色和图案在面板表面显示出来。如果把整个体育场的照明全部打开，25 000盏荧光灯就会全部点亮。这时慕尼黑上空就一片通红，颜色和形状正如设计者所设想。一个发光的巨大球体出现在慕尼黑郊外，仿佛一个从

图19-2 德国慕尼黑安联足球场

图19-24/19-25/19-26 慕尼黑安联球场鸟瞰、远景和夜景效果及场内

几英里之外就能看到的灯光展览。体育场四周，闪耀着他们的俱乐部的图案。当球迷们走进一座红色的体育场，他们的热情会被点燃。（图19-2/19-24/19-25/19-26）

中国国家体育场（Beijing National Stadium）

2008年的北京奥运会给了赫尔佐格和德·梅隆与中国合作的机会，国家奥林匹克体育场"鸟巢"的横空出世也再一次让世人领略了两人在建筑"表皮"设计方面异乎寻常的才华。不过也有人不太认可"表皮"的解释，认为赫尔佐格和德·梅隆的设计仅是一张表皮，是不公正的。他们的建筑手法还使国家体育馆在功能和技术的本质层面上有别于一般传统的体育场。结构即为建筑的表现形式，是一种受推崇的设计手法。鸟巢不同于一般体育场建筑的大跨度结构或数码屏幕为主体的运动场，其空间效果也是前所未有的。一般体育馆有非常强烈的光影，对转播和比赛有一定的负面影响。而鸟巢的用材是半透明的，形成光的漫射效果，不致产生刺眼的强光。漫反射光也能适当缓解草坪的养护难题。通透的围护结构设计利于体育场内部空气流通，很好地适应了奥运会期间北京的气候。（图19-27/19-28）

关于鸟巢设计、施工与空间使用中的各种讨论，我们已在媒体报道中多有听闻，此处不再赘述。真正值得我们再次仔细思考的其实是鸟巢与后现代的关系问题。

大多数建筑师和理论家们都认可："鸟巢"从建筑流派上可属后现代主义的产物。然而这一判断可说是一石激起千层浪。建筑理论界普遍认为（因

图19-27/19-28 北京鸟巢的夜景和外部结构细部

为西方理论家就是这么告诉我们的），后现代主义的出现，能让人对现代化进程中的种种危机有清醒的认识，其批判精神对现代化发展有一定的约束意义。但其中也存在着一些深刻的矛盾和严重的弊端，尤其在中华民族的土地上，它显示了初生婴儿般的稚嫩和茫然。后现代主义的一个最严重的缺陷，就是忽视了中国的现状与西方社会完全不同：西方是一个早已现代化的、发达的工业、后工业社会，而中国还是一个处在从前现代到现代过渡的社会。因而，在中国大谈、大用后现代主义，是否符合国情？这种论调曾在建筑界和文化界非常流行。但深入分析就会发现这种论调其实存在几个严重的认识误区：

第一，即使是在西方世界的建筑行业内部，开业建筑师也普遍不会自我标榜为所谓的"后现代建筑师"（迈克尔·格雷夫斯是个有趣的例外，见本书第10章），甚至不乏拒绝这一标签者。这既来自生计考虑（被标签化的建筑师可能会被某些业主排斥在外），也来自建筑师的自身追求，毕竟大多数建筑师希望能不断尝试新的项目类型和艺术风格。即使是那些完成过后现代建筑经典作品的建筑师，在他们职业生涯的不同阶段、面对不同项目时，也往往展现出不同风格特征、使用多样化的艺术手法。其实"后现代建筑"的称谓，本来是为了方便理论家们对这一时期的建筑作品进行总体分析和理论书写。把后现代建筑片面地理解为几种固定的建筑式样，不仅是对"后现代"的误读，更是对建筑艺术和建筑史的偏狭理解。

第二，艺术史和建筑史不断重复着这样的规律，同一观念或风格的艺术流派可能呈现出完全不同的样貌，如提香、米开朗基罗、丢勒都属文艺复兴时期画家，但其作品的形式、特色和气质等却相差很大，意大利文艺复兴建筑与英国文艺复兴建筑看上去一点儿也不相似，即使同为美国后现代建筑代表作，约翰逊、文丘里、摩尔和格雷夫斯的作品也大不相同……因此，即使有所谓"中国后现代建筑"之说，其造型特征和叙事方式也必然逐渐形成自己的特征。当然，也不排除中国建筑理论家可以发明出新词汇来统称这一时代的中国建筑，而取消所谓"中国后现代主义"的提法。无论中外，在建筑市场上，真正起作用的往往是充分竞争的设计市场和健康的投资环境。在这一点上，中国并不例外。

第三，前文已多次提及，西方建筑界的现代主义和后现代主义均带有明显的精英知识分子特色，后现代建筑中极少有对传统精髓或核心价值观的"戏谑"，大多只是对现代主义建筑手法或流行文化的"拼贴"。就本质而言，后现代设计哲学比现代主义时期更加谨慎小心。——一群在市场经济中载浮载沉的知识分子建筑师们，绝不会有意去"冒犯"他者的文化，无论是从生意角度考虑还是文化态度上。所以对中国设计界而言，真正的敌人并非所谓的后现代主义，而是打着"弘扬民族文化"旗号，却行"亵渎文化传统"之实的那些"伪学者"和"无知设计师"。任何一个文化群体，若搞不清谁才是真正的敌人、谁是可以合作的伙伴，恐怕永远无法摆脱"迫害妄想症"的弱者心态。

2003年，鸟巢设计团队在巴塞尔第一次碰面，大家都认为在这座新体育馆中一定要有中国元素，但主题选择和表现手法也一定要有新意，要体现一个崭新的中国形象。工作团队研究了中国陶瓷的造型和釉色，这一思路最终把团队带到了"鸟巢"方案。——这种文化形象上的错位，非常具有后现代色彩。德·梅隆在谈到最终方案时说："'鸟巢'就像是一个用树枝般的钢网，把一个偌大的体育场编织成一个温馨鸟巢，寄托着人类对未来的美好希望。它看似随意、杂乱无章，但其实却传递着清晰的建筑理念。我觉得在中国工作是很伟大的，我相信'鸟巢'的建设和开幕式进程将会大大改变中国。"其实，此时德·梅隆的解释有些多余，几乎所有中国人均可从"鸟巢"的形象和文字本身中，即可被调动出全部文化想象。

汉堡易北河音乐厅（Elbe Philharmonic Hall）

易北河音乐厅位于德国汉堡市哈芬区的港口。这是目前世界上最大、音响效果最好的音乐厅。毫无意外地，这又是位于港口上的改造项目。在港口老旧仓库区的一幢建于1963年的库房上，加建了一个巨大的玻璃钢架结构部分，造型很像风帆、水波或石英晶体……它是汉堡市最高的有人居住的建筑，总高108米。

2007年奠基时，预计工程能在2010年完成，预算为2.41亿欧元；但2008年11月原合同修订后，该项目的估算造价增至4.5亿欧元；2012年8月，再次预估造价超过5亿欧元，当然这笔费用也包括对旧建筑屋顶进行加固的工程。

图19-29/19-30/19-31/19-32 汉堡易北河音乐厅建筑表皮的处理仍是赫尔佐格和德·梅隆设计的典型特征之一

建筑工程于2016年10月31日正式结束，前后共耗资7.89亿欧元。这个项目因费用超支而饱受批评。不过项目完工后，德国《明镜》周刊通过与国际上的同类项目比较分析后认为，此项目的超支相对"适度"。音乐厅于2017年1月11日正式开幕，由易北爱乐管弦乐团进行开幕表演，当晚还有灯光秀。

这座建筑被设计成一个文化和住宅综合体。新建筑中上部的加建部分由约1 000个弯曲的玻璃窗组成。建筑共26层，前八层为砖立面；建筑的西侧面达到最高的108米。这座建筑物的占地面积为12万平方米。一个弯曲的自动扶梯从东面的主入口连接到观景台。原建筑的顶层，也是新建筑的第八层。这个观景平台对公众开放，在此可以看到汉堡市区和易北河，还可通往音乐大厅。（图19-29/19-30/19-31/19-32）

易北音乐厅有三个演出大厅：（1）大音乐厅可容纳2 100位观众，表演者居于中央，其座椅由葡萄藤图案装饰，与盖里的洛杉矶音乐厅一样，这也是在向汉斯·夏隆（Bernhard Hans Henry Scharoun，见附录32）的柏林爱乐团剧场致敬；声学设计由丰田恭完成，他在音乐厅中设置了约1万个微型石膏板以分散声波。（2）演奏大厅用于独奏、室内乐和爵士乐的表演，可容纳550位观众。（3）还有一个开放式的工作室，可容纳170名参观者，用于举办音乐教育类的活动。

建筑最东端由威斯汀酒店租用，于2016年11月4日开幕。酒店共244个房间，占用了第9-20层，酒店大厅也可从第8层的平台进入。音乐厅西侧的高层建筑可容纳45个豪华公寓。这个综合体还包括会议室、餐厅、酒吧和温泉浴场，另设一个433个车位的停车场。

小结

相较于出生于20世纪20-30年代的建筑师（见本书第1-14章），出生于1950年的赫尔佐格和德·梅隆虽然与他们分享相似的历史观和文化观，但看待问题的视角、分析问题的方法和解决问题的手段等，已有极大变化。他们不再仅仅依赖建筑师的卓越才华和业主的慧眼识珠来推出具有时代性和开创性的建筑作品，而是更多地求助于新材料、新技术。更重要的是，在这套解决问题的新系统中，好的建筑设计不仅将为本地带来文化提升和特色旅游等新机会，甚至在其建造过程中就已成为一项超级工程，具有很好的媒体传播效果；其实施过程也成为提高就业、产业升级、甚至国际贸易的重大引擎。

赫尔佐格和德·梅隆的所谓"表皮"常是其新材料、新工艺和新技术的施展舞台。但我们对此"表皮"的理解千万不可太过肤浅和偏狭，赫尔佐格和德·梅隆的建筑外皮绝不是"外饰面"的概念，而更接近于"外骨骼"。在东京普达拉水晶"震源"店、安联足球场和北京奥运会中国国家体育场等项目中，这种外骨骼的形象特征非常明显；而在泰特美术馆、马德里当代艺术馆和易北河音乐厅等项目中，这种外骨骼的概念主要是隐喻性的，它暗示着对传统建筑内涵的"包裹"，也预示着对未来空间功能更替的"包容"……

现代与后现代

迪士尼的启示

迪士尼营造了一个"虚幻世界"，或者说虚构了一个"真实世界"。其设计具有典型的美国后现代建筑风格，然而其商业模式和实施方式仍沿袭着经典现代主义（以福特主义①为代表）的基本模式。对于当代中国而言，迪士尼在文化品牌，尤其是文化地产的打造方面，是极好的学习样板；但其对自身和异质文化的重构，又不免让人深感忧虑。

与时俱进的迪士尼

从1928年的《威利号汽船》开始，沃尔特·迪士尼（Walt Disney）在他极具开拓性的动画形象基础上建立起了一个庞大的帝国，几年间便从动画短片转向全时长的电影制作。米老鼠、唐老鸭、高飞狗（Goofy）以及其他形象在全球范围内都很知名，受到孩子们的喜爱。到20世纪50年代，迪士尼公司已经增加了每天或每周播出的节目（米老鼠俱乐部、沃尔特·迪士尼秀以及其他节目），在加利福尼亚阿纳海姆市（Anaheim）建造迪士尼乐园的计划也在推进。

1955年，全球第一个迪士尼乐园开幕，迪士尼实现了在概念及空间上的一次重大飞跃。在这个乐园中，时间和空间都不再真实。它们被消解在一个致力于休闲消费的虚拟时空中。修建迪士尼乐园的想法最初看来极为疯狂，但其建成后却获得了迅速而全面的成功。虽然沃尔特并未看到迪士尼乐园的建成，但其身后的巨大成功使其眼光和胆略更令人钦佩。

① 福特主义（Fordism）一词最早起源于意大利思想家安东尼奥·葛兰西（Gramsci Antonio，1891-1937），他使用"福特主义"来描述一种基于美国方式的新的工业生活模式。这是一种以市场为导向、以分工和专业化为基础，以较低产品价格作为竞争手段的刚性生产模式。福特主义的关键基础是从一种粗放型的资本积累战略，向一种以泰勒制（Taylorism）劳动组织和大规模生产消费性商品为特征的密集型资本积累战略的过渡。

弗雷德里克·温斯洛·泰勒（Frederick W.Taylor，1856-1915）在20世纪初创建了科学管理理论体系，被人称为"泰勒制"。泰勒认为，企业管理的根本目的在于提高劳动生产率，而提高劳动生产率的目的是为了增加企业的利润或实现利润最大化的目标。

这个帝国后来增加了五个新成员——佛罗里达的迪士尼世界（Disney World，1971），里面有神奇王国（Magic Kingdom）与未来世界中心（Epcot Center，1982），东京迪士尼（Tokyo Disney，1984），巴黎外围的欧洲迪士尼（Euro Disney，1992），香港迪士尼（Hongkong Disney，2005）和上海迪士尼（Shanghai Disney，2016）。在美国本土以外修建迪士尼乐园，的确很冒险，但无论是迪士尼的文化野心还是资本需求，都时刻推动着迪士尼必须向海外拓展市场、寻求出路。虽然巴黎和香港迪士尼的经营一直令人担忧，但迪士尼在东京和上海的运营都颇为成功。甚至，2017年第二财季报称上海迪士尼已小幅盈利，开业不到一年游客已达1 000万人次。

在近90年的发展中，"迪士尼"品牌的核心却一直没有改变，它们被归纳为创新（innovation）、品质（quality）、共享（community）、故事（storytelling）、乐观（optimism）和尊重（decency）。这几条核心理念，既是迪士尼传递出来的价值观，也是其经营管理、文化生产和游乐区建造中奉行的行为准则。

"创新"可被理解为不断推出新的文化产品（卡通形象、动漫故事、动画影片等），在实际操作中，迪士尼从不因循守旧、画地为牢，总是不断尝试新领域、使用新科技、拓展新市场。在全球文化市场中，其霸主地位来自几十年的持续创新。这也是其一直保持生命力和竞争力的根源。

"品质"是迪士尼文化产品持续保持吸引力的根本原因。而且，迪士尼可以把文化产品的质量控制深化到管理、操作和工艺的每个流程、细节和标准中。文化产品与一般商品的最大差异在于：一般商品只要满足功能要求且性价比适宜即可进入市场，而文化产品必须有超越一般的精致和微妙才能满足文化消费和体验的基本要求。这是文化产品与一般物质产品之间的最根本区别。迪士尼显然深谙此道。

"共享"之于迪士尼特指家庭成员的共享，这是迪士尼一直积极创造的包容态度，其娱乐产品可以被各代人所共享。对美国社会而言，这是美国人"家庭观念"极为重要的培育场所，是美国社会代际更替的"稳定器"。随着1968年美国电影分级制度的出现，迪士尼电影的家庭融合作用更被放大了。在圣诞节一类的全民狂欢时段中，许多特殊的类型片均不适合全家老小一同观影，而迪士尼的"家庭观念"和"老幼咸宜"（或称"老少通吃"）

就成为一种极为聪明的市场策略。随着20世纪90年代以来，美国大片在全球的热销，我们发现这种"家庭观念"又极易跨越国家、文化和种族的樊篱，顺畅地进入不同文化市场。

"故事"是文化、商业、价值观的最基本承载者。每一件迪士尼产品都会讲一个"好故事"，好故事总是给人们带来欢乐和启发。这些故事大多结构简单、情节引人入胜、细节丰富感人，必要时面对不同文化群体可有不尽相同的情节演绎版本。但无论如何，最重要的是要宣扬一种所谓的"普世"价值观。因此这些故事大多非常励志，呈现出个人奋斗、家庭关爱和团队合作等的典型式样。情节安排中的挫折忧伤是必需品，但大团圆结局也深受期待。在迪士尼故事的创作中，早期影片中的配角作用不甚明显，但自20世纪90年代以来，配角的性格和形象设定愈发精彩细腻。这既是艺术审美发展的要求（全家老少每个人都能从影片中找到能让自己形成心理代入感的典型人物），也是文化市场多元化的要求（这将意味着更多的衍生品市场份额或陆续开发的市场前景）。

"乐观"可被视作美国文化的典型特征。其直观表现就是在迪士尼影片中总有幽默艺术形象的设定，或插科打诨、或黑色幽默，让影片笑点迭出（事实上，有效控制"笑点"和"泪点"是迪士尼的绝活儿）。当然在任何文化中，乐观面对各种不幸和苦难，都是一种值得嘉许的人生态度。迪士尼在进军全球时，无论其乐观的处世态度，还是幽默的艺术效果，都鲜少遇到障碍。

"尊重"本意是指迪士尼意图尊重每一个人，它强调其作品中的乐趣基于人们自己的日常体验，而不是通过取笑他人而获得。这一解释似乎是对其美国价值观的"背书"，以免招致其他文化群体的反感，或社会内部的龃龉。然而在进入中国市场后，迪士尼中国把这一点翻译为"诚信"。这可算是其对中国市场的一种聪明回应。

创造虚幻世界

人类的长久梦想

虽然"主题公园"的提法在迪士尼这里被发扬光大了，但主题公园的做法却并不始于迪士尼。用建筑和园林来表现仙山楼阁或幻想世界的做法，古已有之。世界著名的古典园林几乎都可被约略视为各古代文明对"天堂"或"仙境"想象的形式表达。

在中国园林史中，秦汉时期的上林苑，北宋时期的艮岳，后世所熟知的避暑山庄、圆明园和颐和园，无一不是帝国统治、文化想象和文人情趣的综合体。颐和园中的苏州街是帝王居所中苏杭繁华的"微缩景观"。西方园林史中的同类例证也随处可见，古巴比伦尼布甲尼撒二世的空中花园，古罗马哈德良皇帝的蒂沃利山庄，西班牙阿尔罕布拉宫中伊斯兰文化的水景庭院，意大利台地园中的绘画构图，凡尔赛宫院的"朕即国家"，英国自然风景园林中的希腊神庙、中国宝塔和罗马拱桥……不一而足，

这些园林与迪士尼主题公园的本质差异并不在于造型或尺度，而在于：其一，从服务对象看，前者的服务对象是君主或贵族，后者却服务于平民，特别是城市中产阶级；其二，从投资和运营方式看，前者依托特权阶级和前现代手工业体系，后者依托资本运作和工业化生产体系；其三，前者的趣味是皇家的、贵族的、精英的、优雅的，后者的趣味却是平民化的、大众的、多样化的、鲜活的。

精确的控制系统

在迪士尼的景观营造中，通过一种名为"强制透视"（forced perspective）的视觉小把戏，迪士尼的设计师们营造出一种看似真实又带有极度戏剧化效果的街道景观。比如，在美国小镇大街（图20-2/20-3/20-4）的营造中，设计师们将主要街道的首层建筑尺寸控制为真实建筑尺寸的3/4，第二层的尺寸为真实建筑尺寸的5/8，第三层为真实建筑尺寸的1/2，再往上每高一层，比例都缩小1/8。这通常意味着，如果建筑层数超过三层，且内部还有参观内容，则建筑外立面的层数与室内层数或有不同（如外部四层、内部三层等）；建筑外立面上也能有收分。于是行走在街道上的人们往往会感觉两侧的建筑跟真实世界的建筑尺度大致相当。说起来，这种通过线条、比例来制造视觉假象的做法，在帕提农神庙中早已有之；迪士尼的过人之处在于将其系统化、常规化，甚至标准化了。

图20-2/20-3/20-4
迪士尼神奇王国中的
美国小镇大街及其游
行活动

　　除"强制透视"手法外，迪士尼的景观营造中还有一项过人之处。迪士尼乐园中的各项文化娱乐设施使用和运动方式各有不同，有流动的、运动的、静止的和变化的等多种形式，如水上漂流、旋转飞行、圣山巨树、灯光焰火秀等等，每一个景点都既可观景，又可成景。这与中国古典园林的设计手法极为相似，因为这将有效增加场地单位面积的景观密度。在中国古典园林中，这是缩模山水、以小见大的最佳体现；但对迪士尼而言，这是收回投资、持续盈利的根本保证。

　　然而，迪士尼比中国古典园林需要处理的空间关系更为复杂多变。因为在中国传统园林中，造园者仅需考虑静观和步行动观即可；而大量依赖电气化设施设备的迪士尼，不仅需要让坐在小火车或骑在旋转木马上的人们能通过"非人"的速度和视角观赏景观，还需要保证观光者能在自然环境和魔幻世界之间瞬时转换，这使得迪士尼景观营造的精细度、完整度和综合性都必须达到更高标准。

　　在最早的迪士尼乐园中，拓荒世界、幻想世界，以及其他的主题单元追随着美国小镇大街（Main Street）的模式，建造出舞台场景式的建筑，给游客不间断的视觉愉悦。正如迪士尼所谈到的，要达到渴望的效果，他们必须控制环境。这意味着没有任何东西能偏离应处的位置，任何地方都不能有错误的音符。服务人员干净利落地拾起刚刚被遗弃的垃圾，没有任何后世的繁华景象能破坏拓荒时代场景的完整感。除了骑马与其他交互娱乐设施外，购物与餐饮是迪士尼乐园中两个最主要的活动。公共生活被视为受控空间中被动的、受引导的活动，在那里唯一可能的自主性活动是选择食物与商品。游客们在不同的展览与游览活动中被高效地转移着。迪士尼乐园中有复杂的社会组织体系在运转。它是一个休闲公园、世界性博览会、购物中心以及电影场景的组合体。其中的每一个场景、建筑、小水池，甚至路灯杆、垃圾桶都经过精心设计和精确计算，好像流水线上的工业化产品一样，严格要求，制造、工艺、质量等全程监控。这自然也是公司对质量、成本、成果能进行有效控制的基础。

各国古代园林景观营造大多依托于某种文化特有的传说或教义，而园林美学和景观营造的手法则一代代不断更新变迁而日臻完善。迪士尼的景观营造却以自己出品的影片为主要依托，不断在新作品平台上拓展迪士尼乐园的边界，在景点营造中，通过电气驱动的身体位移形成"心理感受"，通过故事和形象引发"心理联想"，通过科技手段诱发"心理暗示"……多项手段综合作用，让空间体验者"在劫难逃"，被彻底绑定在迪士尼的故事场景和观念体系中。

想象工程师和著名建筑师

迪士尼的绝大多数建筑和景观均由公司的想象工程师团队完成。"想象工程师"（imagineer）这个名字是沃尔特·迪士尼取的。20世纪50年代早期，迪士尼发现他找到的建筑师们无法理解他的想法，没有能力将他关于一种新类型休闲公园的理念变成现实中的迪士尼乐园。沮丧之下他转而求助自己公司内部的建筑和工程师，并为他们起了一个新名字——想象工程师。在他去世之后，这些想象工程师继续在沃尔特·迪士尼世界、未来世界中心以及东京迪士尼等项目上工作。直至半个世纪之后，迪士尼的设计理念和工作原则才被建筑界所接受。20世纪80-90年代，在新主席迈克尔·艾斯纳（Michael Eisner）的指导下，迪士尼公司开始考虑雇用知名建筑师来实现强强联合，占领更大市场份额。随即他们开始委托一些著名建筑师为自己设计建筑。不过公司的操作颇为谨慎，一开始他们只是邀请建筑师为佛罗里达的迪士尼世界设计酒店，然后是位于加利福尼亚与佛罗里达的办公楼，最后才是欧洲迪士尼的饭店与休闲中心。

对于某些建筑师而言，迪士尼的戏剧化场景和夸张的形式语言，是其展现后现代建筑设计才华的最佳场所。他们与迪士尼互相成就，打造出建筑领域20世纪后期引人注目的华美景观。

迪士尼场景所要求的"荒诞表现"无疑与迈克尔·格雷夫斯（Michael Graves，见本书第10章）所设计的两个酒店（图10-2/10-15/10-16/10-17/10-18/10-19）极为契合，酒店的名字分别是"天鹅"（Swan）与"海豚"（Dolphin）。罗伯特·文丘里（Robert Venturi，见本书第2章）在20世纪70年代初提出了"鸭子"（duck）与"装饰化棚屋"（decorated shed）两个建筑范畴①，并且将这两个酒店归于后一个范畴，但实际上它们更倾向于成为"鸭子"。两个建筑的角上矗立着高达50英尺（15米）的巨型天鹅和海豚塑像，

图20-5　佛罗里达州未来世界中的迪士尼游艇俱乐部度假村

① "鸭子"和"装饰化棚屋"的提法出自文丘里、斯科特·布朗及其合伙人在1972年出版的《向拉斯维加斯学习》一书。在书中，作者区分了两种类型的建筑——"鸭子"与"装饰化棚屋"。当建筑的空间、结构及功能使用体系都受制于建筑整体的象征化形式，进而遭受扭曲的时候，建筑几乎变成了一个雕塑，它被称为"鸭子"（因为美国长岛鸭农马丁·毛尔1931年建造的鸭子形状的小商店是这种策略的典型代表）；而那些空间与结构直接服从于项目功能，再独立地添加一些装饰的建筑则被称为"装饰化棚屋"，比如添加了各种装饰小部件的预制活动房屋。

图20-6/20-7 佛罗
里达州博韦湖畔的迪士
尼海滩俱乐部

图20-6/20-7　佛罗
里达州博韦湖畔的迪士
尼海滩俱乐部

庞大的贝壳向外喷水，每个入口上都有马戏团似的条带图案遮阳篷，整个外部充满了过度装饰。建筑内部的装饰更胜一筹，几乎没有一个地方未被处理过。无论如何，这种处理方式非常成功。建筑刚一面世便受到全球建筑界的观摩。在另一个项目——加利福尼亚伯班克（Burbank）的公司总部大楼，格雷夫斯所设计的是一个在绝大多数方面都很常规的办公楼，有些例外的是阁楼外檐的圆拱以及七个小矮人的巨大雕像，它们类似女神柱支撑着山墙的手法（图10-10/10-11），准确无误地传达着这一观点：没有任何文化符号不能被植入格雷夫斯的建筑形式中。

罗伯特·亚瑟·莫尔顿·斯特恩（Robert Arthur Morton Stern，附录79）设计了两个历史元素很精确的酒店，基于19世纪晚期东海岸木板条休闲风格（酒店官网上称之为"新英格兰风格"）的游艇俱乐部（图20-5），以及基于同时期美洲木结构风格（酒店官网上称之为"新英格兰的魅力和家庭友好设施"）的海滩俱乐部（图20-6/20-7）。两个建筑都面对湖面，而且有着同样的平面与质感：威式模压材料（Werzalite，锯末黏结而成）制作的仿木质面板，檐口、圆柱、围栏以及其他饰物则由玻璃钢制成。因可塑性强又可以抵抗侵蚀，这些材料自然不需过多维护而能长期保持原状。在迪士尼世界中，任何东西都不允许破坏图像的完美，不管是管理的疏忽、访客随意丢弃的小纸片，还是自然的老化与风化。佛罗里达州迪士尼世界的"欢庆"（Celebration）项目是一个有着2万多居民的新城。斯特恩的医疗中心（Celebration Health，图20-8/20-9）仍延续了他在迪士尼项目中的一贯风格，

图20-8/20-9 罗伯特·亚瑟·莫尔顿·斯特恩为"欢庆"项目设计的健康中心

图20-11 欧洲迪士尼乐园酒店，形成迪士尼乐园的入口

图20-10 罗伊·E.迪士尼动画大楼

一种"仿古"的或称"伪古典"的、中规中矩的美国后现代建筑式样。但在罗伊·E.迪士尼动画大楼（Roy E. Animation Building，图20-10）的设计中，斯特恩显然走得更远，建筑的迪士尼趣味更浓厚。

日本建筑师矶崎新（Arata Isozaki，见本书第7章）在附近设计的迪士尼大厦（Team Disney Building），仿佛是一块色彩鲜艳的糖果，有着米老鼠耳朵形状的巨大轮廓（图7-24/7-25/7-26）。建筑的前方入口处是庞大的停车场，后面则是博韦湖。在两条极长的、灰粉两色镶板的办公楼中心站立着一个开口朝向天空的彩色高塔。塔的内部功能实际上是一个巨大的日晷。与其他的迪士尼建筑一样，它的材料、玻璃钢，以及威式模压材质等赋予这个建筑同样非现实的崭新色彩。狂欢式的外观所掩盖的是严整的内部，办公室环绕着极长的长方形中庭，仅有楼梯打断这种排列。走廊连通着无数的办公隔间，每一隔间只在一侧与上部向外开放。在这座流水线厂房般的巨大建筑中，私密性被减到最小程度。所有员工都在此被"监控"——至少感觉如此。这被看作是公司效率和产品质量得以保证的基础。因此，其空间形态可算做迪士尼"福特主义"管理模式的最直观表现了。

巴黎附近的欧洲迪士尼建筑主题与美国迪士尼稍有不同。由迪士尼的想象工程师团队设计的迪士尼乐园酒店是欧洲迪士尼的旗舰酒店，它形成了迪士尼乐园的入口（图20-11）。这座建筑因角塔与山墙等元素的使用而呈现出维多利亚建筑特征。它提供了俯瞰乐园全貌的视角，就仿佛魔法世界是真实环境一般。法国建筑师奥图瓦·格伦巴赫（Autoine Grumbach）为红杉酒店（Sequoia Lodge，图20-12/20-13）提供了一个乡土化西方休闲设施的造型，建筑有着木质与石质的立面。虽然在照片中显得很小，但这个建筑的尺度远远超过了它的建筑原型——那些建造在美国约塞米蒂国家公园、国家冰川公园以及黄石公园中的、尺度和材质都与环境相协调的小木屋，它已经与这些原型相去甚远了。同样的尺度问题出现在斯特恩的新港湾俱乐部（Newport Bay Club，图20-14）中，这个把自己装扮成新英格兰风格的度假建筑同样个头儿巨大，已与其建筑原型的趣味大相径庭。与新港湾俱乐部一样，迈克尔·格雷夫斯设计的纽约酒店（Disney's Hotel New York，图20-15）占据着湖岸前沿。从酒店名称可知，它本应采用一套典型的"纽约建筑式样"的立面，但建成后的造型让绝大多数人都觉察不到这种关系。五座塔楼本意是让人想起曼哈顿的塔楼，两侧伸展的翼楼中，一个对应于曼哈顿东部的褐石建筑（East Side Brownstones），另一个则对应于葛来美公园居住区（Gramery

图20-12/20-13 欧洲迪士尼乐园的红杉酒店由法国建筑师奥图瓦·格伦巴赫设计

图20-14 罗伯特·亚瑟·莫尔顿·斯特恩为欧洲迪士尼乐园设计的新港湾俱乐部

图20-15 迈克尔·格雷夫斯为欧洲迪士尼乐园设计的纽约酒店

Park）。酒店前方的水池在冬天会变成一个滑冰场，显然是在效仿洛克菲勒中心（Rockefeller Center）。

　　另外两个值得一提的酒店是，安托尼·普里多克（Antoine Predock，附录73）设计的圣达菲酒店（Disney's Hotel Santa Fe，图20-16/20-17/20-18）和斯特恩设计的夏安人酒店（Disney's Hotel Cheyenne，图20-19/20-20/20-21），两者都拥有"西方文化"主题。因为普里多克一直在美国西南部工作，所以他是设计这种粉灰色泥土式建筑的完美人选。普里多克的酒店建筑综合体旨在讲述一个20世纪末期美国生活与体验的故事。它的入口被霓虹字母以及一个庞大而虚假的汽车电影幕布（上面曾画着克林特·伊斯特伍德，Clint Eastwood）标示出来，一根黄色的条带消失在远方，寓意西南部无尽的高速公路，还有一系列被抛弃的皮卡车被荒置在沿途之上。这些灰泥粉饰的酒店单元的设计风格源自古代北美的阿纳萨齐印第安人村庄建筑（Anasazi Pueblos）。斯特恩的夏安人酒店重建了一幅西部城市景观，与拓荒世界非常接近。但实际上这些元素组合在一起造就的却是好莱坞式的西部电影场，特别是那些轻薄的、支撑薄弱的木质立面更是加重了这种印象。良好的合成材料和出色的工艺的确能创造出"视觉"上的完美场景，但却难以在"质感"上也完全达成高度仿真的效果。对于那些从巴黎密集和厚重的历史街区中进入到极度粉饰的迪士尼虚假场景中的人来说，这种落差造成了一种非常怪异的错位感。

　　事实上，今天的建筑界已不大会因为迪士尼建筑的花花绿绿和夸张造型而抨击建筑师了，因为知识分子理论家们已经不再对"商业设计"抱有太大歧见，事实上他们现在更常指责的是：迪士尼的场景营造在本质上体现的是一种"被操纵的幸福",因而是一种社会主流价值观所造成的"暴政"。迪士尼当然不喜欢冲突,因为冲突会干扰消费的满足感,也会破坏通过购买更多商品所构建的自我身份认同。但在西方精英知识分子看来,冲突对于维持民主社会来说至关重要。这就是为什么迪士尼尽管在视觉、场景和故事体系的建构中如此成功,却在为自己争取文化合理性时总难遂愿的根本原因。迪士尼深知自己的商业逻辑与美国核心价值观之间存在着巨大鸿沟,他们决定主动出击,其解决办法不是改造自身,而是改造社会舆论,并据此改造人们对迪士尼的看法。他们再一次成功了!到1995年,迪士尼控制了美国最大的电视网络之一美国广播公司(ABC)。迪士尼将人的自由与自由市场之间的联系扩散到更多领域,与此同时,它的各个影响力巨大的建筑又强化了自己亲切、无害的文化形象。

有趣的事,后现代以来,虽然迪士尼曾有多次邀请世界建筑大师投身项目设计的经历,但最终被委托设计的往往还是白人男性建筑师,特别是美国建筑师(矶崎新是个难得的例外)。本来这种情况在迪士尼项目中是最不应该出现的。这个结果的成因可能是,迪士尼项目的设计和建造过程均已被纳入严密的控制链条中,而迪士尼项目因其要求极高而往往周期很长,建筑师们天马行空的想法和不断探索的艺术家气质,与之难以长期共存。而只有美国白人建筑师才能更好地理解这一工作程序,特别是能更好地与迪士尼庞大的多专业团队协调合作。对迪士尼而言,女性、外国或少数族裔的建筑师

图20-16/20-17/20-18 欧洲迪士尼乐园中安托尼·普里多克设计的圣达菲酒店

图20-19/20-20/20-21 欧洲迪士尼乐园中罗伯特·亚瑟.莫尔顿·斯特恩设计的夏安人酒店

都可能不利于公司对成果品质、造价和效率的控制，而"大牌"白人男性建筑师们的声望已完全可以满足公司利用其名气强强联合的需要。既然"性价比"合适，迪士尼的确也没有必要为所谓的"开放""包容"或"国际化"一类的虚名儿而耗费公司资源。——迪士尼的商业决策一直都精准、高效！

文化地产新形式

迪士尼因在各国取得了非凡的商业成功，而被视为城市规划的一个好例子。但是很少有知识分子与记者赞美它们，这些人坚持批评迪士尼乐园的虚假、历史元素的拼贴、逃避现实以及空洞的幻想。尽管这种批评非常有力，但是对于迪士尼公司稳固的商业成功以及作为旅游者长久以来的目的地没有任何影响。衡量迪士尼乐园成功的一个标尺是随后40年中激增的各种主题公园，不仅仅在美国，也遍布于欧洲与亚洲。实际上，东京迪士尼——几乎完全复制了迪士尼世界——令人惊诧的成功，再加上当时的日元强势，导致大量主题公园在日本出现，它们都有着美国或者欧洲主题，比如芝麻大街乐园（Sesame Street Land）、加拿大世界（Canadian World）、节日村（Festival Village）以及荷兰世界（Holland World）。更为重要的是，迪士尼乐园及其追随者所坚持的对待公共空间、工作空间以及城市的方式受到了开发商与建筑师的承认，被接受为衡量建筑与公共空间的标准。

作为开发商的迪士尼

沃尔特·迪士尼可能意识到他只部分地实现了自己的理想城镇，所以他开始规划一个真正的新城。作为佛罗里达迪士尼世界的一部分，它被称为未来世界中心——未来社区的实验原型。这个乌托邦社会的展示发源于19世纪世界博览会上的乌托邦城市计划，在那里，人们通过在不同场馆中购买纪念品与食物来分享异国情调。在美国，近一些的例子包括1893年的芝加哥世界博览会（呈现了白色城市计划）以及1939年的纽约世界博览会（明日之城），但是现实更接近于1964年的世界博览会，迪士尼本人就参加了那届博览会。

在宣布规划了一个庞大的、东海岸版本的迪士尼乐园之前，迪士尼在几年时间中静悄悄地在佛罗里达奥兰多市外购买了大约3万英亩（1.2万公顷）土地（面积相当于曼哈顿的2倍大，与旧金山接近）。在规划神奇王国的同时，迪士尼同时设想建造一个社区，"它可以从美国工业创新中心不断涌现的新理念与新技术中汲取养分"。在他的设想中，这个设施永远不会完工，而是不断测试、引进新的材料与系统，它"向世界展示了美国自由企业的原创力与想象力"。这种爱国主义情绪被体现在一个有着2万多居民的新城中，在这里新技术被运用于从垃圾处理到污水以及电话系统等所有的东西上。虽然将来会配备学校以及其他的文化设施，但这个新城在一些很重要的方面不同于典型的美国社区。居民不会拥有土地，因此不能通过选举来施加控制；这里不会有贫民窟，只有工作人员是合法居民——因此这里也没有老人。

园区中还有个由一系列国际展馆组成的展场。这些国际展馆环绕未来世界南部的一个泻湖布置。一些异国的纪念性建筑，比如北京的天坛、威尼斯圣马可广场的一部分，以及一个德国村庄在这里被自由演绎，在缩小规模之后，它们被塞进看起来视觉形象互补，但是与原建筑的真实场景完全无关的环境里。每个国家都主办自己的展览以作为主要活动的附属表演，让人们购买在全球各个机场商店都能找到的那种廉价饰物。游客们可以购买"护照"，并且在每一个参观过的"国家"里盖章并且获得该国的签名。这种空想的异国环境和虚拟的异域旅行难免带来了空间形态和文化形态的曲解，因此这种看来对异域文明的介绍过程往往充斥着无知和偏见。

在全面实现自己的构想之前，沃尔特·迪士尼于1966年去世。公司随即就放弃了这个居住社区的概念，原因是这个项目会招致太多的法律问题。尽管新未来世界中心的规模仍然很大，但居住者都是暂时性的。换句话说，它仅仅是一个与某个未来主题公园相连的度假地。一些美国工业企业——比如伊士曼柯达公司、贝尔电话、埃克森石油、通用汽车以及卡夫食品——赞助那些在未来世界举办的展览。

伴随着公司的扩张，迪士尼越来越像一个巧妙掩饰着的地产开发商，它表现出对经济与政治因素的精明把控。在对外宣布了一个重大扩张计划之后，1990年，它巧妙地挑起了阿纳海姆（迪士尼乐园所在地）和长滩之间的竞争。这使得两个城市不得不一次又一次地提高砝码，直到迪士尼获得它所期待的全部金融与城市优惠（在其他地方迪士尼也非常有效地使用这一策略）。当尘埃落定时，阿纳海姆胜出。

除门票、餐饮和品牌衍生品销售之外，在迪士尼的各个度假胜地中的酒店收入和地产销售也是公司的重要收益之一。迪士尼的酒店形态几乎涵盖了全部居住形式，不仅有豪华、中档和经济酒店之分，还有小木屋和露营地，后来还发展出了别墅和住宅区等地产形式。

迪士尼的这些度假酒店和房地产项目的造型非常类似于拉斯维加斯的酒店和赌场，其场景、风格和酒店名称都常带有某种"魔幻现实主义"色彩。此时的迪士尼酒店也恍如"世外桃源"，只是其并不存在于仙山楼阁中，而存在于迪士尼的童话故事中。不过迪士尼其实还是比拉斯维加斯更胜一筹，迪士尼的所有街区场景都有公司的文化产品来"背书"，而且其文化产品不仅有金字塔和狮身人面像，还有动物王国和林间小屋，更有被精雕细琢的、理想化的、纯净无比的街道景观……

作为投资公司的迪士尼

1985年，迪士尼发展公司（Disney Development Corporation，DDC）成立。这是迪士尼的全资子公司，负责监管公司广大的土地开发项目。如前所述，这个公司狡猾地操纵了阿纳海姆与长滩这两个城市对迪士尼扩张计划的竞标，然后他们就坐在一边等着最优惠条件的出现。这场竞标的条件中包括政府在土地、建筑标准以及基础设施等方面的巨大让步，特别是要求政府负责建造通向公园的高速公路。的确有一些好处诱惑着这两个深受经济衰退侵蚀的社区，毕竟这个项目有极大的品牌影响力，将带来数以千计的新工作、本地销售及酒店税收。

佛罗里达州的奥兰多城可能已经提醒过这两个加利福尼亚城市，必须小心迪士尼公司描画的美好前景或许也意味着巨大的陷阱。除了财政上的有限影响之外，奥兰多已经发现，不管是在交通、环境还是区域规划领域，当有些设施需要穿过公司属地边界时，迪士尼公司往往拒绝合作。当沃尔特·迪士尼决定迁往奥兰多时，他获准建立一个独立的政府，成立芦苇溪开发区，拥有自己的警察局、消防局、建筑规范以及收税权。只有不超过36个家庭居住在区域内，他们都是由公司挑选的。所有的监事会成员都为迪士尼工作。不用说，这个机构控制了迪士尼这片庞大土地上所有的开发项目，没有任何其他机构有权干涉。只是在1989年迪士尼公司不情愿地向县政府支付1 400万美元用于服务于大量游客的道路工程。作为回报，县政府同意在此后7年中不去挑战迪士尼政府的权力。仅仅几个星期之后，迪士尼公司宣布了第4个休闲公园计划，其中有7个新的酒店，超过24个新旅游点以及1 900个主要是低收入群的新工作岗位。这些雇员都将在一个已经存在房屋短缺问题的地区获得住宅。1990年，佛罗里达州不得不同意将一笔5 700万美元的，基于先到先得原则的特殊基金全部给予迪士尼公司，仅仅因为迪士尼最先提出要求。奥兰多城则计划从低造价住宅中为竞标汲取资金。但是根据竞标规则，迪士尼得到了所有这些资金，除此之外，还有超过7亿美元的当年公司盈利。迪士尼公司的自私自利和贪得无厌令佛罗里达居民异常震惊，而之前他们以为这个公司和它所创造的卡通形象一样可爱。

在上海迪士尼之前，东京迪士尼乐园可能是所有这些投资中最成功的一个。乐园的日本所有者精明地抵制了公司引入日本元素，比如说"武士乐园"的动议，他们坚持东京迪士尼乐园应该是加利福尼亚的原版复制。但实际上这个日本版本还是有精细但成效显著的改变。东京用"世界集市"（World Bazaar，图20-22）取代了美国小镇大街，将重点从大街上各种层次的可能性活动转向更为诚实地建设一个致力于推进消费的场景。而且东京的维多利亚式大街不再是缩小为3/4比例，而是足尺度的，因为气候原因，顶部还覆盖着一个玻璃屋顶。所以看上去，这里更像一个购物中心而不是有些怀旧的美国小镇。

加州迪士尼的空间序列是这样的：游客们沿着美国小镇大街向西到达探险世界，然后是新奥尔良广场，随后拓荒世界的严苛氛围代表了美国西部的特色，在此之后他们在幻想世界体验了一种梦幻的视觉效果，最后是明日世界展示这种幻想的部分实现。这个路线包含了美国梦想的几个不同阶段，从过去到未来。在日本，这个顺序被改变了，甚至有的名字都不同了。作为美国梦想早期重点的开发边疆理念在东京变得无关紧要，而且这里被重新命名的西部世界（Westernland）和探险世界被一条火车道分割开，而在美国，铁

图20-22　东京迪士尼乐园中的美国小镇大街被世界集市所取代，是一个足尺度、有玻璃屋顶的购物场所

道则是环绕整个乐园的。迪士尼乐园（Disneyland）与迪士尼世界（Disney World）呈现的是一个净化版的，去除了对美洲印第安人进行种族屠杀等事件的美国历史与命运；同样，东京迪士尼所展示的是日本自己被净化过的历史，被去除的是该国与朝鲜的复杂历史关系。

在前三个主题公园取得成功之后，迪士尼公司在迈克尔·艾斯纳领导之下充满信心地扑向欧洲。他们采用了同样的技巧，先选择两个地点（分别位于西班牙和法国），然后在两个竞争者之间煽动一场竞标战争。这场竞争可能更加惨烈，因为这已不仅关乎两个城市，而是打着"欧洲迪士尼"的招牌挑起的两个国家经济体之间的竞争。虽然所有人都知道，地点、财富、名气以及艾斯纳自己的偏好等因素都将使法国中选的结果不可避免，但迪士尼公司仍然设法从法国政府手中争得了相当优厚的条件：一个名为"EPA法国"的政府机构被设立起来，专门为迪士尼乐园提供基础设施服务，修建通往迪士尼的交通网，同时它会为迪士尼征用土地并以低廉的价格出售给它。这片土地有5 000英亩（超过2 000公顷），相当于巴黎城面积的1/5，位于巴黎东部20英里（32公里）处。

欧洲迪士尼乐园（或者按照其宣传材料所称呼的"巴黎迪士尼"）由很多早先迪士尼公园中为人熟知的元素组成，包括睡美人城堡、雷鸣山、加勒比海盗以及小小世界。这些都设置在传统的五个迪士尼特色区域中——美国小镇大街、探险世界、幻想世界、拓荒世界，以及发现世界——虽然绝大部分设施根据欧洲特点进行了设计改造。迪士尼为欧洲这个旧世界伪装出一种一尘不染的、毫无瑕疵的美国风味。

作为文化IP生产机的迪士尼

在今天的中国，"文化地产"似乎已成讨论热点，但鲜少有人意识到"文化"与"地产"之间在渊源、结构和诉求等方面存在重大分歧，两者像油和水一样难以融合，如果不通过某种特殊操作，所谓的文化地产只能是镜花水月。

若想将油水融合，只能依托持续不断的"IP生产系统"。关于IP的字面意思很好理解，就是英文的"知识所有权"（Intellectual Property）的简写。

虽然所谓"大IP"的说法已近乎泛滥，但大多数人却并不真正理解其在文化产业、文化地产中的真正价值和运作方式。姑且用最通俗的语言来解释，所谓"大IP"即是针对某故事、某事件或某人物全新的、完整的诠释方式。举例来说，熊猫不是IP，但阿宝（功夫熊猫）是；《木兰辞》不是IP，但花木兰（迪士尼动画电影《花木兰》主人公）是……

IP生产系统可以把已有的传说、小说打包成一个文化产品（如一部动画片），并由此为其新创作的故事和人物打上品牌烙印并由此而把"他者"的文化元素转化为公司文化产品、聚集到公司品牌旗下，并可持续升级和继续开发新的产品。而这一系列的文化产品、消费体验和物品购买等都基于系列IP的生产。在这个系统中，IP生产的内容不断更新（创新驱动）、营销模式应与时俱进、消费群体须不断拓展……颇具深意的是，所有这一切都能与前文所述的迪士尼六大核心价值观相对应。于是文化符号、价值观念和市场营销便被极好地绑定在一处，互相加持、互相利用、互相促进……

那么，哪些方法和途径是最有效的IP生产方式呢？简单说，那些能以文化形式作支撑，又贴合市场运作规律的社会活动，均可被列入此范畴。我们常见的两大IP生产系统：其一是电影、电视、舞台演出等文化产品，其二是博物馆、美术馆等文博机构。毫不意外地，迪士尼在这两者间游刃有余。因此我们也可以说迪士尼开创了第三种模式：对两种IP系统的产品进行生产统合和商业整合。

迪士尼旗下的三大电影公司：漫威、梦工厂和皮克斯，都是能量极大的"IP生产机"。虽然各自影片的创作思路不同、风格有差异，但它们都毫不例外地为迪士尼品牌贡献了诸多享誉全球的电影和可持续开发的系列IP。美国的电影工业体系是品牌IP迅速市场化的最可靠平台。每一部动画电影（如《狮子王》）或魔幻电影（如《加勒比海盗》）在创作之初，人物的造型就从来不是简单的绘制卡通画的过程，而是包括材质、构造、色彩、音效、不同尺度衍生品、纪念场馆、过山车、户外乐园人偶、海报、游戏开发等等全套产品的系列打造过程。当然这意味着巨大的资金投入、高水平跨学科专家的参与、出色的组织协调能力……总之，这是一个极高的"门槛"，经济、文化和工业集成三者间的任何一块短板，都会使这个过程难以为继。

在神奇王国中有两个景点，其改造方向便是将现有特色场地改造为迪

图20-23 瑞士家庭小屋后来被改造为人猿泰山的树屋

图20-24/20-25/20-26 汤姆·索亚冒险岛上的海盗巢穴、拉菲特酒馆和磨坊小屋

士尼新影片场景的典型案例。瑞士家庭小屋（Swiss Family Treehouse，图20-23）1962年即建成，其创作灵感来自公司1960年出品的影片《海角乐园》（*Swiss Family Robinson*）。而且，树屋在西方，尤其在美国文化中是儿童的天然乐园。然而，随着公司一部更具影响力的新片的推出，这座小屋后来被改造成了泰山的树屋。事实上，梦想工程师们在进行动画影片《人猿泰山》（*Tarzan the Ape Man*）的场景设计时，就是以瑞士家庭小屋为蓝本的。在树屋改造中，这当然会有效降低施工成本，或许还能不至于太伤害那些伴随着瑞士小屋长大的迪士尼爱好者们。

建于1956年的汤姆·索亚冒险岛（Tom Sawyer Island）的际遇也大致相同。景点建造的最初动因并非源于公司影片，而是美国作家马克·吐温的著名小说《汤姆·索亚历险记》。岛上的河流、洞穴、攀岩等设置，基本遵循了小说的内容和线索。1967年，这里开始设置有关加勒比海盗的景点。2007年，这里成为《加勒比海盗》影片中的海盗巢穴。随着续集的不断推出和影片中人物形象的不断丰富，海盗的魅力显然已彻底盖过小说家。（图20-24/20-25/20-26）

　　迪士尼的另一个拿手好戏是针对同一IP有多种景点设置方式，但多个景点可能共享大体相同的构造和机械运动方式。比如，2003年推出的动画电影《海底总动员》（*Finding Nemo*），便在迪士尼水族馆中有名为"尼莫和他的朋友们"的游览车，一个即兴谈话节目《海龟在说话》和一部同名音乐剧。当然像《星球大战》这类影响极大、系列作品更多的影片，还会有各种不固定的展览、人偶形象合影、明星见面会、Cosplay和观光活动等。

　　迪士尼的游乐项目大多基于电气化系统的支持，这可能是为了增加游客体验的多样性，当然更重要的是这种方式无疑会让付费过程愈加合理合法。总体说来，除观演类项目外，游乐项目大致可分为视频音频类（3D、4D、增强现实感等）、轨道运动类（小火车、激流勇进、过山车等）、旋转活动类（旋转木马、多向旋转游乐器）、电子游戏类等等。不过类似于"非洲野外探险"一类的项目（模拟非洲丛林、徒步三小时）可能更适合成年人。这当然有利于吸引更广泛的客户群，还能有效利用现有场地条件、优化景观线

图20-27　激流勇进

图20-28　天文卫星游乐设施

图20-29/20-30/20-31/20-32　巴斯光年星际历程、太空山入口、明日世界高速公路、进步之轮入口处及广告牌，都有识别性强、极具迪士尼风格的色彩配置和造型设计

索增加额外收入。（图20-27/20-28/20-34）

迪士尼世界的博物馆特征——因其趣味性和参与度之高——往往令人忽视！但即使仅浏览各景点的名称，我们就能很容易地发现，迪士尼世界其实是一个集自然科学馆、海洋馆、科技馆、古生物馆、艺术集市、国家历史陈列和公司简史等的交互体验综合体。它对于一个社会的科学素质、人文素养培育，具有长期有效的重大影响力。

迪士尼对人类科技和未来世界的场景描绘常令人爱恨交织。许多欧美知识分子不断指出，迪士尼直线式、范本式、以电气化和信息化为平台的未来世界景观，带有明显的美国文化特征，也因此而具有明显的文化殖民倾向。因为美国文化的全球影响力和美国科技的霸主地位，更促使全世界科学家对人类未来的探索，都难以避免受到美国文化，甚至受到迪士尼的影响。其他国家的科学家和文化学者难免会担心，长此以往，本国科学家将在精神上和文化上丧失了独立探索未来世界的机会和能力。但普罗大众对迪士尼的未来世界场景却大多充满好奇心，甚至颇为欢迎，毕竟迪士尼的未来世界总

图20-33/20-34/20-35/20-36 天空山、发明天地（柯达体验馆）、地球太空船、太空使命离心运动模拟器，建筑造型以几何造型或曲线为主，建构出颇具"未来感"的典型迪士尼式样

是色彩鲜艳、喜气洋洋的，而不像常规的科学实验室那样看起来干净、整洁又冷冰冰的。我们或许可以称之为"大众版的未来世界"，当然说是"美国版的未来世界"可能更贴切。（图20-29/20-30/20-31/20-32/20-33/20-34/20-35/20-36）

迪士尼对美国"主旋律"的歌颂更是不遗余力。"总统大厅"（The Hall of Presidents, 图20-37）通过对美国历届总统最著名的演说场面的复原，让参观者们自然而然地进入了对美国历史的学习和美国价值观的认知过程。恢宏的场景、震撼的音视频效果，让人情不自禁地佩服美国历史的开拓者，认可美国的价值观。不仅如此，"乡村熊俱乐部"（Country Bear Jamboree）中展示了美国乡村音乐的魅力；在"小小世界"（It's a Small World, 图20-38）的水上行程中，前后出现超过300个身着世界各国民族服装的儿童造型，他们唱着歌颂世界和平的歌曲，让大人和孩子们都沉浸其间……

在"迪士尼：一个男人的梦想"（Walt Disney: One Man's Dream，图20-39）交互展厅中，收集和展示了沃尔特·迪士尼的全部梦想、艰辛、成功和遗憾。通过对一位"创业英雄"的歌颂，既为公司历史和品牌含金量提供了独

一无二的长久支撑，又是"美国梦"得以实现的最佳范例。公司的品牌价值和美国主流价值观，在这一刻终于重合了！

不过，如果仔细体会，我们也会发现迪士尼某些场景的设置似乎"不怀好意"。在佛罗里达州的迪士尼世界中有一个亚洲主题园区，主要包括三个游乐项目：其一为"大君丛林跋涉"（Maharajah Jungle Trek，图20-40/20-41）[①]，设置在园区的"阿嫩德布尔27王国"（Kingdom of Anandapur）中，是一个模拟的野生丛林跋涉项目；其二为"卡利河激流探险"（Kali River Rapids，图20-42），是一个类似于"激流勇进"的水上项目；其三为"珠峰探险——禁山的传说"（Expedition Everest-Legend of the Forbidden Mountain，图20-43），是一个以喜马拉雅山为背景的过山车项目。就景观设计、制作工艺和游乐体验来说，这个园区颇引人入胜，有山有水、有急有缓、有动有静。但迪士尼把喜马拉雅山与印度文化和南亚自然景观成组推出，让"大君"与"圣山"相匹配；尤其是场景中对印度文化形象细致入微的造型刻画与未来世界（Epcot）园区中"反思中国"（Reflections of China）项目中对中国文化的粗浅介绍相比较，难免不让我们有其他联想。不管是有意为之，还是长久的文化积习，反正我们必须明白，迪士尼乐园对世界各地的自然和人文风貌表现，因其取舍而必然带有"意识形态"色彩，通过娱乐形式进行文化输出、世界观和价值观的塑造，恰是迪士尼最具竞争力

图20-37 总统大厅

图20-38 小小世界

---

① 阿嫩德布尔（Anandapur）现在是印度奥里萨邦肯杜贾区的一个直辖市。

图20-39　迪士尼：一个男人的梦想

图20-40/20-41　在大君丛林跋涉项目中，无论自然风光还是印度社会生活细节，都制作得甚为逼真

之处，也是美国国家软实力的最真切体现。

小结

　　在讨论后现代建筑时，放弃对迪士尼建筑的讨论显然不明智，但其对生产、地产和资本的控制又带有明显的福特主义特征。就场地规划、建筑设计和商业运营等方面来说，迪士尼无疑是中国"文化地产"建设、"特色小镇"开发的老师，但其在人员、地块、成本等方面近乎苛刻的控制方式，又毫不掩饰地体现了"资本的本性"。这种方式显然在当代中国不具有广泛推

广的可能性。上海迪士尼的成功并不能说明迪士尼模式在中国可以大面积铺开，更何况上海迪士尼的IP系列仍属迪士尼公司，而与中国地产业和中国文化产业尤其是中国文化毫无关系。事实上，上海迪士尼只获得了产业链条中利润最低的部分，且永远无法在迪士尼的商业版图中掌握核心要素。

所以，迪士尼对我们的最大启示并不在于动画影片或卡通形象的生产①，而在于IP生产系统的建构。这是文化创意产业的核心环节。在这一逻辑下，建筑设计和建造过程已经成为IP生产系统的衍生品之一，甚至成为公司系列IP中的一员，毕竟这才是迪士尼聘请著名建筑师操刀设计的根本原因，简直物超所值（当然这也是盖里和扎哈这样的建筑师能在老城复兴或新城开发中能发挥的作用）。建筑师们可能会因此而深感沮丧，但投资人会乐不可支，他们欣喜地看到，继物质生产之后，人类的文化生产和精神世界也正在被资本所撬动……这无疑已成为后现代社会中文化现象的主轴！

美国文化似乎对于"虚幻的真实"极为迷恋，除迪士尼世界外，拉斯维加斯的建设也带有明显的"美式乌托邦"色彩，1995年的《未来水世界》（*Waterworld*，环球影业）和1998年的《楚门的世界》（*The Truman Show*，派拉蒙影业）都引人深思，也是中国观众熟悉的影片。沿着迪士尼的线索，今天的美国人走得更远。2016年10月，HBO发行了科幻连续剧《西部世界》

图20-42　卡利河激流探险先静后动，充分表现了亚洲热带地区的水景观　　　图20-43　珠峰探险—禁山的传说是个过山车项目

① 《大圣归来》和《小门神》等影片艺术和商业水平都较高，但却缺乏完整的IP产品开发和成果推广，因此其经济收益和作品热度都难以与迪士尼的影片相比。这是电影创作与电影工业间的一个重大差异。

（*Westworld*，图20-1），将高科技、西部牛仔、成人乐园、杀戮与情欲杂糅一处；机器人接待员逐渐有了自主意识，开始怀疑世界本质，进而觉醒并反抗人类……谢天谢地，无论迪士尼有多么苛刻和贪婪，它至少仍然生活在"童话世界"里！

附　录

本书建筑师和评论家注释

1	2	3
菲利波·布鲁内莱斯基 （Filippo Brunelleschi）	莱昂·巴蒂斯塔·阿尔伯蒂 Leon Battista Alberti	朱里奥·罗马诺 Giulio Romano / Giulio Pippi
1377-1446.4.15 意大利	1404.2.18-1472.4.25 意大利	1499-1546.11.1 意大利
意大利设计师，被认为是意大利文艺复兴时期的第一位建筑师。他在建筑界的地位相当于但丁在文学界的地位，通常也被公认为是第一位现代工程师、规划师和建筑监理。他在前人成就基础上完善了几何方式求三维透视的方法，后来这成为西方古典绘画的基础技能，并被一直运用到19世纪末。除佛罗伦萨圣母教堂的穹顶外，他的成就还包括世俗建筑、雕塑、数学、工程和船舶设计等多个领域。	文艺复兴早期意大利的人文主义者和全才型的文艺复兴人，是作家、艺术家、建筑师、诗人、神父、语言学家和哲学家，也致力于道德哲学、制图学和密码学方面的研究。在接任罗马教廷秘书一职后，他于1438年因受人鼓励而转向建筑领域。阿尔伯蒂不但注重建筑的实用性，也是走在文艺复兴建筑和艺术前端的理论家。他的著作《论绘画》以完善和整理直线透视原理而闻名。在瓦萨利的描述中，阿尔伯蒂是最出色的画家、雕塑家和建筑师。	意大利画家和建筑师，拉斐尔的学生，常被昵称为"朱利奥·皮皮"。他的设计手法与经典文艺复兴风格已有较大差异，形成意大利文艺复兴之后，16世纪手法主义的典型特征。

4	5	6
安德烈·帕拉迪奥 Andrea Palladio	托马斯·齐彭代尔 Thomas Chippendale	艾蒂安-路易·布雷 Étienne-Louis Boullée
1508.11.30-1580.8.19 意大利	1718.6-1779 英国	1728.2.12-1799.2.4 法国
活跃在威尼斯的建筑师，他的全部作品都位于威尼斯共和国境内。人文主义者特里希诺（Gian Giorgio Trissino）最早看到帕拉迪奥的才华，并以希腊智慧女神雅典娜（Pallas Athene）为其命名为"帕拉迪奥"。最终帕拉迪奥成为威尼斯共和国首席设计师。通过特里希诺的点拨和个人努力，帕拉迪奥研习维特鲁威*的著作，因此受到古希腊和古罗马建筑的巨大影响。而其自己所著的《建筑四书》和各种别墅住宅作品等对西方建筑界有极深远的影响。维琴察市和威内托大区的帕拉迪奥风格的别墅被联合国教科文组织列入世界遗产名录。 ——— *　维特鲁威（Marcus Vitruvius Pollio），公元前1世纪的古罗马御用工程师、建筑师。他在总结了当时的建筑经验后写成关于建筑和工程的论著《建筑十书》，共十篇，对后世影响很大。	18世纪英国最杰出的家具设计家和制作家，被誉为"欧洲家具之父"。齐彭代尔出生于英国约克郡，在伦敦成为一个细木工家具制造商。他的家具主要式样为乔治王朝中期风格、英国洛可可风格和新古典主义风格等。1754年，他出版了《绅士与橱柜制造商指南》一书，使其名声大噪。齐彭代尔的家具设计被认为反映了英国当时家具制造的时尚风貌，直至今天仍在全球范围内被不断复制。真正的齐彭代尔家具价格奇高，2008年佳士得拍卖行的一个紫檀柜拍出了近273万英镑的高价。	非常有远见的法国新古典主义建筑师，其作品极大地影响了当代建筑思想和建筑师。布雷一生都在巴黎工作，先是当画家，后来成为建筑理论家。他曾在巴黎道桥学院教书，之后又成为巴黎建筑学院的教授。他的建筑设计虽然很少被实施，但他的理论和绘画作品却广受欢迎。布雷欣赏新古典主义建筑清晰果敢的线条，同时也认为情感因素在建筑中同样重要。他的著作《关于艺术》直到1953年才出版，书中展示了他特有的兼顾情感和理智的不朽建筑的式样：这些作品几乎都利用了简单的几何形体，如金字塔形、球体和圆柱体等。这些特征鲜明的几何形体建筑图，也成为布雷最具代表性的形式语言。

7	8	9
克劳德-尼古拉·勒杜 Claude-Nicolas Ledoux	约翰·索恩爵士 Sir John Soane	皮埃尔·朗方 Pierre Charles L'Enfant / Peter Charles L'Enfant
1736.3.21-1806.11.18 法国	1753.9.10-1837.1.20 英国	1754.8.2-1825.6.14 法裔美国
法国新古典主义建筑最早期的代表人物之一。他不仅设计建筑，也做了许多后来被称为"城镇规划"的工作。他做的绍村"理想之城"规划，成为乌托邦思想的最早期形式表达。勒杜设计中体现出的对新型城市形态探索的思想和成果启发了一代又一代的西方建筑师。然而吊诡的是，勒杜设计建成的最伟大的作品都是法国王室资助的，因而其作品和其本人都被视为旧政权的象征。不过这也并非偶然，毕竟勒杜曾通过迎娶宫廷乐师的女儿而进入上流社会，裙带关系的确便于他从法国贵族那里获得设计委托。因此其许多作品在法国大革命期间被拆毁了；大革命以后，他也再难获得项目委托。	新古典主义风格的英国建筑师，1831年被授予骑士头衔。其职业生涯的巅峰是成为皇家建筑学院的教授和工程办公室的官方建筑师。作为泥瓦匠的儿子，索恩绝对成就非凡。他最著名的作品是英格兰银行，这是一座影响广泛的早期现代商业建筑。他设计的达利奇画廊采用顶部采光，这是一种既有古代教堂拱顶式样，又具现代社会民主趣味的新型建筑形态，对后世西方各国的美术馆和博物馆设计有重大影响。索恩的大部分作品已被拆除或损坏，不过他的住宅和办公室现被改为博物馆，陈列着索恩一生收藏的艺术品和工艺制品。这座博物馆被牛津建筑词典描述为"构思最复杂、最复杂、最有创意的室内建筑之一"。	法国出生的美国军事工程师，他因做了华盛顿特区的基础规划而闻名，今天人们也称其为"朗方规划"（1791）。

10	11	12
卡尔·弗里德里希·申克尔 Karl Friedrich Schinkel	亚历桑德罗·安东内利 Alessandro Antonelli	尤金·埃马努埃尔·维欧勒·勒·杜克 Eugène Emmanuel Viollet-le-Duc
1781.3.13-1841.10.9 普鲁士	1798.7.14-1888.10.18 意大利	1814.1.27-1879.9.17 法国
普鲁士建筑师、城市规划师和画家，他还设计家具和舞台布景，有相关艺术领域中的古典浪漫主义创作，因此成为普鲁士王国的美学权威，被认为是德国最杰出的建筑师之一。他设计了柏林的林阴道和广场，极大影响了柏林中区的城市风貌。1815年，申克尔被任命为普鲁士国家建筑师，为国王腓特烈·威廉三世及其他王族设计了大量作品。1830年，申克尔被任命为普鲁士公共建筑总监，领导最高建筑委员会，从经济、功能、审美等方面审核国家各种建筑项目。申克尔的作品遍布普鲁士全境，设计理念影响深远，其弟子与再传弟子和在柏林工作的建筑师被称为"申克尔学派"。从申克尔的存世作品来看，无论是申克尔自己还是当时的普鲁士建筑师们，显然尚未为德语区的建筑师找到"最适"设计语言。总体说来，申克尔在大型公共建筑上常延用"古典式样"，但在体量不大的平民建筑中因放弃了"古典式样"而更放松，甚至可见出其与后来包豪斯和经典现代主义风格之间的关联性。	意大利19世纪建筑师。他最著名的作品是都灵的安东内利教堂（以他的名字命名）、诺瓦拉大教堂和诺瓦拉的圣高登齐奥诺教堂。	法国建筑师和理论家，因其"修复"的中世纪建筑而闻名。维欧勒·勒·杜克出生于巴黎，是一位重要的哥特式复兴风格建筑师。他留下的作品几乎均为古建修复项目，其设计的独立建筑物大多未能实现。因为他的设计与当时巴黎美术学院的建筑趣味相反，所以常被同时代人所嘲笑。维欧勒·勒·杜克还是设计自由女神像内部结构的建筑师，遗憾的是工程未完成时，他就去世了。

13	14	15
阿尔弗雷德·沃特豪斯 Alfred Waterhouse	亨利·霍布森·理查森 Henry Hobson Richardson	亨德里克·贝特鲁斯· 贝尔拉格 Hendrik Petrus Berlage
1830.7.19-1905.8.22 英国	1838.9.29-1886.4.27 美国	1856.2.21-1934.8.12 荷兰
英国建筑师，以其特有的维多利亚哥特复兴风格而闻名。虽然他在英国各地都有作品，但曼彻斯特市政厅和英国自然历史博物馆最负盛名。沃特豪斯可能是这一时期商业上最成功的英国建筑师，而且他从未被任何一种风格所限，其设计可以在多种风格式样间自由地游走，如新哥特式、新文艺复兴式、罗马复兴式等等。	美国著名建筑师，在多个城市都有作品，如奥尔巴尼、波士顿、布法罗、芝加哥、哈特福德、匹兹堡和辛辛那提等。他擅长的设计风格以他的名字命名：理查森罗马风格。随着路易斯·沙利文（见附录16）和弗兰克·劳埃德·赖特（见附录18）的成名，理查德森被认为是"美国建筑师三剑客"中的一位。	杰出的荷兰建筑师，生于阿姆斯特丹。1875-1878年，他在苏黎世理工学院学习建筑学，此后在欧洲游历了三年。19世纪80年代，他和尼德兰与西奥多·桑德斯（Theodore Sanders）合作了一些融合了实际需求和乌托邦思想的项目。贝尔拉格还是许多建筑团体的成员，比如第一届国际现代化建筑大会。贝尔拉格受到亨利·霍布森·理查森（Hobson Richardson，见附录14）的新罗马风砖砌建筑和路易·多梅内克·蒙塔内尔（Lluís Domènech i Montaner）的三壁虎城堡中铁与砖的混合结构的影响。这种影响是在他对阿姆斯特丹商品交易所的设计中可见，当然此设计中他还借鉴了尤金·埃马努埃尔·维欧勒·勒·杜克（Viollet le Duc，见附录12）的思想。裸露的承重砖墙、空间最为重要的概念、墙壁作为形式的创造者，这些都成为"荷兰商业"空间的构成要素。1911年，贝尔拉格到访美国，赖特的有机建筑理念对其影响最大。回到欧洲后，贝尔拉格的讲座很好地帮助了赖特思想在欧洲的传播。贝尔拉格被认为是荷兰"现代建筑之父"、传统主义者和现代主义者之间的中介，其思想启发了20世纪20年代的荷兰建筑师，包括传统主义、阿姆斯特丹学院、青年风格和新行为主义等多个群体的设计师。1932年，他获得了英国皇家建筑师协会金奖。贝尔拉格1934年卒于荷兰海牙。1970年，国际天文学联合会用他的名字命名了一个月球上的环形山。

16	17	18
路易斯·亨利·沙利文 Louis Henry Sullivan	威廉·莱特福特·普莱斯 William Lightfoot Price	弗兰克·劳埃德·赖特 Frank Lloyd Wright
1856.9.3-1924.4.14 美国	1861.11.9-1916.10.14 美国	1867.6.8-1959.9.9 美国
美国建筑师，被称为"摩天大楼之父"和"现代主义之父"。他是芝加哥学派中非常有影响力的建筑师和批评家，也是弗兰克·劳埃德·赖特所承认的唯一导师。他是一大批芝加哥建筑师的灵感来源，这些人后来被称为"草原学校"。沙利文与赖特、霍布森·理查森（见附录14）一起被称为"美国建筑三剑客"。"形式追随功能"的口号是沙利文最先明确提出的，虽然他本人的设计作品常被认为是美国"装饰艺术运动"的代表。1944年，他获得了美国建筑师学会金奖，成为第二位死后获此殊荣的建筑师。	美国建筑师，是使用钢筋混凝土的先驱，宾夕法尼亚州特拉华和玫瑰山谷雅顿乌托邦社区的缔造者。	美国第一位具有国际影响力的建筑师，也是室内设计师、作家和教育家。在出生之前，赖特的母亲便立志把自己的儿子培养成为建筑师。然而父亲的离家出走一直是赖特毕生的心理阴影，他与路易斯·亨利·沙利文（Louis Henri Sullivan，见附录16）的师承关系，他与客户妻子、女性主义者马哈的绯闻及马哈的意外离世……赖特一生命运多舛，却从未放弃自己在建筑设计领域的追求，他一生设计了超过1000座建筑，其中的532座得以完成。赖特认为，建筑应寻求与任何环境的和谐关系，他称自己的设计为"有机建筑"。这一观点在1935年建成的流水别墅中表现得最为明显，这座建筑一直被看成是最好的美国建筑。赖特是草原学校运动的领袖，发展了一种美国式的家居风格，表现了一种美国独特的城市规划愿景。他的职业生涯跨越了约70年。除大量住宅设计之外，赖特还是许多具有革命性的办公、宗教、学校、摩天大楼、酒店和博物馆等建筑新形式的开创者。他还经常在建筑设计项目中进行室内、家具和彩色玻璃等整体设计。他写作了20本书和许多论文，在美国和欧洲都是很受欢迎的演说家。1991年，他被美国建筑师协会评为"有史以来美国最伟大的建筑师"。

19	20	21
何塞·普伊赫·卡达法尔克 Josep Puig i Cadafalch	彼得·贝伦斯 Peter Behrens	阿道夫·鲁斯 Adolf Loos / Adolf Franz Karl Viktor Maria Loos
1867.10.17-1956.12.21 西班牙	1868.4.14-1940.2.27 德国	1870.12.10-1933.8.23 奥地利/捷克
西班牙加泰罗尼亚的现代主义建筑师，巴塞罗那许多重要建筑都是他设计的。他设计的马蒂之家（也被称为四只猫酒吧）是知名艺术家，如圣地亚哥·鲁西诺尔和拉蒙·卡萨斯等人的交流团聚之地。 虽然普伊赫的风格与他同时代的高迪截然不同，但是他们的关系不但不紧张还很友好，两人还合作建造了都灵咖啡馆。他的另一个著名建筑是特德拉斯之家（也被称为尖顶帽，或者女巫的帽子），是一栋受北欧哥德式风格影响的中世纪和文艺复兴风格的大厦。从1942年到他去世，他一直担任加泰罗尼亚语言研究学院的校长。	德国现代主义设计的重要奠基人之一，著名建筑师，现代工业设计的先驱，"德意志制造联盟"的首席建筑师，被誉为"第一位现代艺术设计师"。贝伦斯1891年后在慕尼黑从事书籍插图和木版画创作，1893年成为慕尼黑"青年风格"组织的成员，1900年黑森大公召他到达姆施塔特艺术新村，在那里他由艺术转向了建筑。1903年他被任命为杜塞尔多夫艺术学校的校长，在学校推行设计教育改革。1907年他被德国通用电气公司AEG聘请担任建筑师和设计协调人，这是全世界第一次有公司聘请艺术家来监督整个工业设计工作，贝伦斯由此而被看作"第一位现代工业设计师"。其间他设计的透平机车间被视为工业古典主义建筑的早期例子。1910年前后，后来的现代主义建筑大师中的三位都曾在他的工作室工作，密斯·凡·德罗、柯布西耶和格罗皮乌斯。所以贝伦斯更大的成就其实是影响和启发了一批新人，这是第一代成熟的工业设计师与现代建筑设计师。	奥地利和捷克建筑师，欧洲现代建筑理论家。他的名篇《装饰与罪恶》宣扬一种以光滑简洁表面为特征的美学思想，既与世纪末的过度装饰现状截然相反，也与维也纳分离派的现代美学原则形成对照。鲁斯被人们视为现代建筑的先锋，针对现代主义建筑和设计发表了一系列理论和评论文章。相较于其倡导的极为简洁的现代主义风格，鲁斯的个人生活状态极为糟糕：三段吵闹不停的婚姻最后都以离婚收场；步入晚年又身体不佳，还遭受遗传性耳聋的折磨；后来竟然还被卷入一桩恋童癖丑闻……"装饰与罪恶"的提法对20世纪80年代以来的中国设计师也有巨大影响。但直到最近十年间，我们才逐渐理解其理论背后的社会变迁、经济结构等与设计行业发展之间的关系。

22	23	24
奥古斯特·佩雷 Auguste Perret	贾莱斯·吉尔伯特·斯科特爵士 Sir Giles Gilbert Scott	沃尔特·格罗皮乌斯 Walter Adolph Georg Gropius
1874.2.12-1954.2.25 法国	1880.11.9-1960.2.8 英国	1883.5.18-1969.7.5 德国/美国
法国建筑师和工程承包商，他与自己的两个弟弟合作经营工程公司。他是建造钢筋混凝土房屋的先驱，建造了世界上第一座混凝土住宅。佩雷在钢筋混凝土领域的探索影响深远，后来的许多建筑师都深受其作品的启发，如柯布西耶（Le Corbusier，见附录29）和安藤忠雄（见本书第15章）。佩雷建造的房屋类型广泛，包括市政厅、剧院、教堂、住宅等。法国的港口城市勒阿弗尔在二战中几乎全被摧毁，战后他设计建造了城市的新中心区。2005年这一重建工程被列入世界遗产名录。柯布西耶曾这样评价到："佩雷是一处牢靠和坚实的停泊港湾，划分了十九世纪和二十世纪。"	英国建筑师，因其在利物浦大教堂、剑桥大学图书馆、滑铁卢桥和巴特西发电站（俗称河岸发电站，赫尔佐格和德·梅隆的泰特美术馆便是对这座建筑的改造设计）和伦敦街头标志性的红色电话亭等设计而为人们所熟知。斯科特出身于建筑师世家。他以哥特式传统和现代主义相结合而闻名，使原本可能是功能设计的建筑成为广受欢迎的流行地标。	建筑师，包豪斯学校的创立者，现代主义建筑学派的倡导人和奠基人之一。格罗皮乌斯积极提倡建筑设计与工艺的统一，艺术与技术的结合，讲究功能、技术和经济效益。1945年，格罗皮乌斯同他人合作创办协和建筑师事务所，发展成为美国最大的以建筑师为主的设计事务所。第二次世界大战后，他的建筑理论和实践为各国建筑界所推崇。格罗皮乌斯强调美术、技术和工艺的整体设计，既是当时欧洲设计思想的一个重要流派，更符合当时德国产业和文化发展的趋势。

25	26	27
加斯东·巴什拉 Gaston Bachelard	路德维希·密斯·凡·德·罗 Ludwig Mies van der Rohe	德克·罗森博格 Dirk Roosenburg
1884.6.27-1962.10.16 法国	1886.3.27-1969.8.17 德国/美国	1887.2.1.-1962.10.22 荷兰
哲学家，他在诗学和科学哲学领域做出了杰出贡献，引入了认识论障碍和认识论断裂的概念。他影响了许多后来的法国哲学家，其中包括米歇尔·福柯（Michel Foucault）、路易·阿尔都塞（Louis Pierre Althusser）、多米尼克·勒库尔（Dominique Lecourt）、雅克·德里达（Jacques Derrida），以及社会学家皮埃尔·布尔迪厄（Pierre Bourdieu）。巴什拉曾写道："我们每个人都应该如土地勘测员一般画一张地图，上面记录的是他自己失落的田野和草原，这样，我们用曾倾注过生命的图画覆盖了整个宇宙。这些图画不必精确，但它们要符合我们心中风景的形状。"他认为身处现在这个时代，这个世界的"荒野之境"已经被侵蚀得越来越少。	建筑师。在建筑史中常被直接称为"密斯"。他与勒·柯布西耶、沃尔特·格罗皮乌斯和弗兰克·劳埃德·赖特一起，被称为现代主义建筑大师。密斯与"一战"后的许多同时代人一样，试图建立一种像古典建筑和哥特建筑一样能代表时代风格的当代建筑风格。他创造了一个对20世纪有深远影响的建筑风格，其建筑体现了一种极致化清晰简洁的风格。他成熟期的建筑采用了许多现代材料，如使用工业化钢材和平板玻璃来定义室内空间新形态。他致力于寻求一种最简化的结构形态，能够为自由开放的自由空间提供更大自由。他称自己的建筑为"皮与骨"建筑。他寻求一种客观的方法来指导建筑设计的创作过程，但他仍然非常关注建筑队时代精神的表达。他的许多格言影响至今，如"少即是多""上帝存在于细节中"。	荷兰现代主义建筑师，曾为贝尔拉格工作，是库哈斯的外公。

28	29	30
伯纳姆·霍伊特 Burnham Hoyt	勒·柯布西耶 Le Corbusier/Charles-édouard Jeanneret-Gris	埃米尔·考夫曼 Emil Kaufmann
1887.2.3-1960.4.6 美国	1887.10.6-1965.8.27 瑞士裔法国	1891-1953 奥地利
20世纪中期杰出的美国建筑师，出生于科罗拉多州丹佛市。他的父亲是从加拿大移民过来的马车设计师，他的哥哥是丹佛建筑师梅里尔·H.霍伊特。接受过正规教育和专业实习后，他回到丹佛跟自己的哥哥成立了霍伊特兄弟建筑事务所。霍伊特兄弟的业务在"一战"后颇为繁忙，他们在丹佛设计了许多商业、住宅、学术和宗教类建筑。他们的建筑融入了多种历史风格，包括英国哥特式、西班牙巴洛克式、希腊复兴式等等。后来，伯纳姆还转向了装饰风格和现代主义的国际风格。	建筑师、设计师、画家、城市规划师、作家和现代主义先锋之一。他的职业生涯跨越了50年，建筑设计作品散布在欧洲、日本和南北美洲多地。勒·柯布西耶致力于为生活于拥挤城市中的人们提供更好的生活，由此在城市设计领域也有许多作品和论述而影响深远，他是国际现代建筑协会（CIAM）的创建成员之一。柯布西耶为印度昌迪加尔做了城市总体规划，并设计了其中的几幢建筑。2016年7月17日，因其对"现代建筑的杰出贡献"，柯布西耶在7个国家的17座建筑被列入世界遗产名录。柯布西耶出生于瑞士西北部的一个小城市中，和同时代赖特、密斯一样，他也未接受过正规的建筑设计训练。柯布西耶一生不断进取、成就非凡，其成就源自年轻时代的自学成才。其才华和经历对后来的许多国际级建筑师都影响深远。	奥地利艺术和建筑历史学家，实业家马克斯·考夫曼的儿子。埃米尔以他在新古典主义方面的学术成就而闻名，他对后来的形式主义建筑史学家和评论家们影响较大，包括20世纪50年代英美学院派的科林·罗（Colin Rowe，见附录52）和20世纪60年代的意大利建筑师和理论家阿尔多·罗西（Aldo Rossi，见本书第6章）等人。

31	32	33
詹姆士·彼得里洛 James Caesar Petrillo	汉斯·夏隆 Bernhard Hans Henry Scharoun	理查德·巴克敏斯特· 富勒 Richard Buckminster Fuller
1892.3.16-1984.10.23 美国	1893.9.20-1972.11.25 德国	1895.7.12-1983.7.1 美国
美国音乐家联合会（美国和加拿大的专业音乐家工会）的杰出领袖。位于芝加哥的彼得里洛音乐厅，即以詹姆士·彼得里洛的名字命名。	德国建筑师，以柏林爱乐音乐厅和萨克森州的什米克住宅而闻名于世。他是重要的有机建筑和表现主义建筑师。	美国建筑师，人称无害的怪物。尽管拥有55个荣誉博士学位（曾两次被哈佛开除）和26项专利发明，富勒其实是一名没有执照的建筑师。他生活在20世纪，但却为人类描绘了21世纪的生活场景。富勒非常相信技术，他说，通过技术人们能够做他们需要做的一切。他所有的设计都贯彻着"低碳"理念，富勒认为，人类能够通过有计划地、聪明地使用自然资源来永远地满足人类自己的食和住。富勒自创了"dymaxion"一词，指"用很少的能量做更多事情的方法"：他的所有设计都遵循这一原则。富勒的理念、才华和性格使其成为同时代和后来许多西方建筑师和工程师的精神导师。我国学术界对富勒的关注度在21世纪以后逐渐增多。富勒最值得中国学者学习之处在于：他不仅描绘了一个伟大愿景，还搭建了达到这一愿景的阶梯。

34	35	36
阿尔瓦·阿尔托 Hugo Alvar Henrik Aalto	贝尔托·布莱希特 Eugen Berthold Friedrich "Bertolt" Brecht	路易斯·康 Louis Kahn
1898.2.3-1976.5.11 芬兰	1898.2.10-1956.8.14 德国	1901.3.5-1974.3.17 美国
芬兰建筑师和设计师。他的作品包括建筑、家具、纺织品和玻璃器皿，还有雕塑和绘画。有趣的是，阿尔托从不把自己看作艺术家，他把绘画和雕塑看成是"建筑主干上的枝桠"。他的职业生涯跨越了20世纪20-70年代的半个多世纪，其风格也从早期的北欧古典主义、20世纪30年代的国际风格到20世纪40年代以后的有机现代主义……尽管风格多变，阿尔托一生都将包括建筑及其内的全部产品当做完整的作品来对待。阿尔瓦·阿尔托博物馆坐落在芬兰于韦斯屈莱市，这是阿尔托的家乡，博物馆建筑也由他自己设计完成。	德国诗人、剧作家和戏剧导演，出生于德国巴伐利亚奥格斯堡镇。年轻时曾投身工人运动，1933年后流亡欧洲大陆。1941年，经苏联去美国，但战后遭迫害，1947年返回欧洲。1948年起定居东柏林。1951年因对戏剧的贡献而获国家奖金，1955年获列宁和平奖金。1956年8月14日逝世于柏林。	建筑师、设计评论家和建筑学教授，1947-1957年在耶鲁建筑学院任教；从1957到他去世，他一直在宾夕法尼亚大学设计学院任教。康创造了一种不朽的整体风格，他的大部分建筑都采用暴露材料、结构组装方式。康的许多作品都被视为超越现代主义的丰碑。康的父亲是一名虔诚的犹太教徒，母亲伯莎·门德尔松与德国浪漫主义作曲家费列克斯·门德尔松是亲戚。伯莎的祖父摩西·门德尔松是18世纪德国启蒙运动中有名的犹太哲学家；伯莎的父亲则是里加城里颇具声望的犹太拉比，当其谢世时，全城为之点燃白蜡烛。伯莎自己也曾是出众的竖琴手，同时，还是歌德和席勒的崇拜者。路易斯·康的家学渊源，对其思想的形成产生了相当大的影响。许多与康同时代的人会尽力迎合"国际建筑"新潮流；然而，康却有不同。他虽被柯布西耶的作品所触动，但其审美体系仍属巴黎美术学院一系，其精神世界仍属于古典主义和浪漫主义。他被誉为建筑界的"诗哲"，一直在追求超越物质与技术而表达人类的梦想。康的现代主义手法和古典诗学意境已成为全世界建筑师的共同财富。

37	38	39
艾尔弗雷德·汉密尔顿·巴尔 Alfred Hamilton Barr Jr.	马歇·布劳耶 Marcel Lajos Breuer	路易斯·巴拉甘 Luis Barragán/ Luis Ramiro Barragán Morfín
1902.1.28-1981.8.15 美国	1902.5.21-1981.6.1 匈牙利/美国	1902.3.9-1988.11.22 墨西哥
历史学家和纽约现代艺术博物馆的第一任主任。通过博物馆的影响力，他成为有助于美国公众理解当代艺术贡献最大的人物之一。	现代主义建筑师和家具设计师。作为现代主义大师之一，布劳耶是20世纪现代主义巅峰时期最受欢迎的建筑师之一。布劳耶1920年来到德国，成为包豪斯学校的第一期学生；1924毕业后留校任教至1928年。此时的布劳耶已成为当时众多设计大师中最年轻的一位。布劳耶在家具设计领域的才华令所有同仁敬佩，其作品风格严谨，功能组织简洁，细部简明完整，注意利用材料的对比，有明确的特征和一贯性。他相信工业化大生产，努力达成家具与建筑部件的规范化与标准化，是一位真正的功能主义和现代设计的先驱。	墨西哥建筑师和工程师，他的作品在视觉和观念层面都深刻影响了当代建筑师。1980年，他获得普利兹克建筑奖。2004年，巴拉甘的住宅和工作室被联合国教科文组织列入世界遗产名录。从自己家乡瓜达拉哈拉工程学校毕业后，到法国、西班牙游历，并与多位思想家、艺术家交往，回国后先在家乡、后又到墨西哥城，从事建筑设计工作。巴拉甘设计的景观、建筑、雕塑等作品都拥有一种富含诗意的精神品质。他作品中的美来自对生活的热爱与体验，来自童年时在墨西哥乡村接近自然的环境中成长的梦想，来自心灵深处对美的追求与向往。西扎在为巴拉甘的作品集做序的时候曾说"惘然地漫步在他的园林之中，用任何的语言来形容眼前的景观都显得多余而苍白"。

40	41	42
马克·罗斯科 Mark Rothko/ Markus Yakovlevich Rothkowitz	亨利-拉塞尔·希区柯克 Henry-Russell Hitchcock	马里奥·里多尔菲 Mario Ridolfi
1903.9.25-1970.2.25 俄国/美国	1903-1987 美国	1904.5.5-1984.11.11 意大利
出生于俄国的犹太裔美国艺术家，罗斯科本人拒绝遵守任何艺术运动，他通常被认为是抽象表现主义代表。罗斯科的父亲对马克思主义颇为认可，因为不愿意自己的儿子加入俄国军队，罗斯科家族先后移民到美国。像他父亲一样，罗斯科对争取民众权利充满热情，如工人的权利和妇女避孕的权利等。1923年，在拜访纽约艺术学生联盟的朋友时，他看到学生们在画一个模特，罗斯科后来说这才是他艺术家人生的开始。后来，他进入帕森斯设计学院学习。罗斯科最初的艺术是现实主义的，后尝试过表现主义、超现实主义的方法。以后，他逐渐抛弃具体的形式，于20世纪40年代末形成了自己完全抽象的色域绘画风格。	建筑历史学家，他在史密斯学院和纽约大学长期担任教授，其论著对现代建筑相关学说的形成有重要影响。	意大利建筑师和工程师。

43	44	45
伊格纳齐奥·加德拉 Ignazio Gardella	阿尔伯特·施佩尔 Berthold Konrad Hermann Albert Speer	卡洛·斯卡帕 Carlo Scarpa
1905.3.30-1999.3.16 意大利	1905.3.19-1981.9.1 德国	1906.6.2-1978.11.28 意大利
意大利建筑师和设计师。出生在一个建筑师家庭，1928年毕业于米兰理工大学的工程专业。20世纪50年代，他与自己大学中的师生校友合作，共同推动了意大利现代主义运动的发展。	纳粹德国军备和战时生产部长。在被委任政府职务之前，施佩尔是阿道夫·希特勒的首席建筑师。作为一个表达了歉意的前纳粹分子，在纽伦堡大审判中他被认定为纳粹同谋者并被判处20年监禁，尽管他坚称对大屠杀一无所知。1966年出狱后，他先后写了三本书，回顾了其在纳粹德国时期的个人经历。	意大利建筑师，在材料运用、景观设计和历史观念等方面深受威尼斯和日本文化影响。他把对历史、地方文化、发明、工艺技术等方面的兴趣都融入了玻璃创作和家具设计中。

46	47	48
奥斯卡·尼迈耶 Oscar Niemeyer/Oscar Ribeiro de Almeida Niemeyer Soares Filho	埃罗·沙里宁 Eero Saarinen	卢多维科·夸罗尼 Ludovico Quaroni
1907.12.15-2012.12.5 巴西	1910.8.20-1961.9.1. 芬兰/美国	1911.3.28-1987.7.22 意大利
巴西建筑师，拉丁美洲现代主义建筑的倡导者，被认为是现代建筑发展过程中的关键人物。他的作品多达数百个，遍布全球十几个国家。他曾在1946-1949年作为巴西代表与中国著名建筑师梁思成等共同组成负责设计纽约联合国总部大楼的十人规划小组，并曾在1956-1961年担任巴西新首都巴西利亚的总设计师。巴西利亚被誉为城市规划史上的一座丰碑，于1987年被教科文组织收入世界遗产名录，是历史最短的"世界遗产"。1988年，尼迈耶被授予普利兹克建筑奖。他对钢筋混凝土美学及材料可能性的探索，对20世纪末至21世纪初的建筑师有极大影响。	芬兰裔美国建筑师和工业设计师，以其新未来主义风格而闻名。他的父亲埃利尔·沙里宁（Eliel Saarinen，1873-1950）是芬兰著名建筑师，母亲是一位雕塑家；埃罗·沙里宁因此也常被称为"小沙里宁"。1923年，沙里宁全家移居美国。小沙里宁从小受母亲影响而喜好雕塑，后学习建筑。家庭背景和学习经历使其作品富于独创性，也从不重复自己的以往作品。小沙里宁是20世纪中叶美国最有创造性的建筑师之一，是将建筑的功能与艺术效果真正完美结合的建筑家，纽约肯尼迪机场的美国环球航空公司候机楼是其代表作之一。	意大利建筑师、城市规划师和散文家。

49	50	51
丹下健三 Kenzō Tange	罗兰·巴特 Roland Gérard Barthes	马可·扎诺索 Marco Zanuso
1913.9.4-2005.3.22 日本	1915.11.12-1980.3.26 法国	1916.5.14-2001.7.11
日本建筑师，新陈代谢运动的重要保护人，20世纪最重要的建筑师之一。他能把日本传统风格与现代主义结合起来，其作品在世界各地广受欢迎。1987年，丹下健三获得普利兹克建筑奖。丹下早期受柯布西耶的影响。1949年因赢得了广岛和平纪念公园的设计竞赛而获得国际关注；20世纪50年代，他成为"国际现代建筑大会"的成员。丹下健三在大学时代即对城市化的研究颇有心得，这使他在"二战"后的日本处理重建项目时得心应手。他在东京和斯科普里（南斯拉夫东南部城市）的重建项目中实现了他的想法。丹下的作品影响了世界各地整整一代建筑师。	法国文艺理论家、哲学家、语言学家、评论家、符号学家。巴特的思想探索了各种不同的领域，他影响了包括结构主义理论、符号学、社会学理论、设计理论、人类学和后结构主义等多个理论领域。	意大利建筑师和设计师。一群来自米兰的意大利设计师在战后塑造了"优秀设计"的国际理念，扎诺索是其中一员。 1945年，从米兰的波利特尼科大学建筑学专业毕业后，他开设了自己的设计事务所。从1947-1949年，他在Domus杂志任编辑，自1952-1956年他在Casabella杂志任编辑，因此他对意大利现代设计运动的理论建设做出了重要贡献。从20世纪40后期至80年代，他一直在波利特尼科大学的建筑、设计和城市规划专业任教授，对此后的意大利设计有着独特的影响。扎诺索的作品选材广泛，从早期的弯曲金属，到豪华、毛绒家具，再到光滑的塑料制品，都有涉及。他每个阶段的作品都能开发出新材料的使用前景并获得市场认可。他的作品在纽约现代艺术博物馆、米兰三年展、东京三年展、维特拉博物馆、阿尔福克博物馆和卡尔特博物馆等地都有收藏。

52	53	54
柯林·罗 Colin Rowe	小文森特·约瑟夫·史卡利 Vincent Joseph Scully Jr.	罗马尔多·朱尔格拉 Romaldo Giurgola
1920.3.27-1999.11.5 英国/美国	1920.8.21-2017.11.30 英国	1920.9.2-2016.5.16 意大利
英裔美国建筑历史学家、批评家、理论家和教师，被认为是20世纪下半叶在建筑设计、都市研究领域影响最大的理论家之一，其研究涉及城市规划、城市恢复和都市设计等多方面。他生命中的大多数时间都在纽约康奈尔大学任教授。1995年，他获得了英国皇家建筑师学会颁发的金质奖章，这是该专业团体的最高荣誉。	在耶鲁建筑学院中获得"斯特林"荣誉职位的艺术史教授，并在此领域中出版了多本专著。建筑师菲利普·约翰逊曾描述史卡利为"有史以来对建筑影响最大的教师"。他在耶鲁的专业课程甚至吸引了许多观光者，并经常被听众的起立鼓掌而打断。	意大利学者、建筑师、教授和作家。"二战"期间曾在军队服役，后在罗马大学学习建筑设计，再到美国哥伦比亚大学获建筑学硕士学位。1954年，在宾州大学建筑系获得助理教授职位。1958年，与人合作开办第一个设计事务所。1966年，成为纽约哥伦比亚大学建筑与规划学院院长，在此他又成立了另一个设计事务所。1978年，他指导赢得了澳大利亚新渥太华新国会大厦的国际竞赛，1989年又因此项目获得了澳大利亚公共建筑最高奖项。

55	56	57
约瑟夫·博伊斯 Joseph Beuys	彼得·雷纳·班纳姆 Peter Reyner Banham	詹姆斯·高恩 James Gowan
1921.5.12-1986.1.23 德国	1922.3.2-1988.3.19 英国	1923.10.10-2015.6.12 英国
德国激浪派综合表演艺术家、雕塑家、装置艺术家、画家、艺术理论家和教育家。他丰富的作品植根于人文主义、社会哲学和人类智慧；其理论的另一端是"艺术定义的延伸"。他认为，应将社会中的艺术创作看成一个整体，因此艺术和艺术家都是社会生活和政治活动中有创造性的、参与性的角色。博伊斯认为暴力是一切罪恶的根源，因此反对以暴力手段去争取和平；同时，他认为，艺术具有革命潜力，因此艺术创新是促进社会复兴的无害的乌托邦。博伊斯因此试图用艺术去重建一种信仰，重建人与人，人与物以及人与自然的亲和关系。他的职业生涯充满激情、涉猎广泛，但鲜有辛辣的公开辩论。他是后现代主义欧洲美术界中的最有影响的人物，也被广泛认为是20世纪下半叶全球影响力最大的艺术家之一。他最著名的一句话是"人人都是艺术家"（Every man is an artist）。	英国建筑评论家和多产作家，英国皇家建筑协会会员。他最著名的著作为1960年出版的《第一机器时代的理论和设计》和1971年出版的《洛杉矶：四种生态学的建筑》。班纳姆在伦敦工作，但从20世纪60年代开始，他主要生活在美国。	苏格兰出生的英国建筑师，因其"工程风格"的后现代主义设计而闻名，这个风格影响了整整一代英国建筑师。

58	59	60
西萨·佩里 César Pelli	米歇尔·福柯 Paul-Michel Foucault	安迪·沃霍尔 Andy Warhol
1926.10.12- 阿根廷/美国	1926.10.15-1984.6.25 法国	1928.8.6-1987.2.22 美国
阿根廷裔美国建筑师，曾设计过世界上许多高层建筑和一些都市地标性建筑。1995年获得美国建筑师学会奖，2008年高层建筑与城市人居委员会授予他终身成就奖。1952年，佩利与妻子来到美国，从伊利诺伊大学建筑学院毕业后，佩利为埃罗·沙里宁（Eero Saarinen，见附录47）工作了十年。佩利在加州西好莱坞设计的太平洋设计中心是他的第一座重要建筑，于1975年完工；美国驻日大使馆于1972年设计，也于1975年竣工。1977-1984年，佩里任耶鲁建筑学院院长，此间还赢得了纽约现代艺术博物馆的改扩建工程的设计委托。1991年，美国建筑师学会评选佩利为美国十大最具影响力的建筑师之一。1995年，他被授予美国建筑师协会金奖。1997年落成的吉隆坡双峰塔，是佩里最为中国民众所熟知的作品。	法国哲学家、思想历史学家、社会理论家和文学批评家。福柯的理论主要论述了权力与知识的关系，以及它们如何通过社会制度作为社会控制的一种形式。虽然经常被引用作为后结构主义、后现代主义理论，但福柯拒绝了这些标签，而强调他的理论是对现代性的批判。他的思想影响了学术界，尤其是社会学、文化研究、文学理论和批评理论领域的学者。维权团体也发现他的理论令人信服。	20世纪艺术界最有名的人物之一，是波普艺术的倡导者和领袖，也是对波普艺术影响最大的艺术家。他大胆尝试凸版印刷、橡皮或木料拓印、金箔技术、照片投影等多种复制技法。沃霍尔除了是波普艺术的领袖人物，他还是电影制片人、作家、摇滚乐作曲者、出版商，是纽约社交界、艺术界大红大紫的明星式艺术家。

61	62	63
桢文彦 Fumihiko maki	诺曼·乔姆斯基 Avram Noam Chomsky	克莱斯·欧登伯格 Claes Oldenburg
1928.9.6- 日本	1928.12.7- 美国	1929.1.28- 美国
日本现代主义建筑大师。他一生致力于发展现代主义建筑风格，以精细的手法使建筑表现出理性的光辉。桢文彦对建筑和城市都有着独特的见解，他采用散文式的构造方法，赋予建筑更多层次的内涵。他主张开放性的结构，以极强的适应性满足时代变迁的要求，同时他十分强调建筑与环境的协调，极力为建筑物赋予人性和文化的特征。1993年，他因开拓探索新材料和东西方文化交融新方式而荣获普利兹克建筑奖。	美国哲学家，麻省理工学院语言学的荣誉退休教授。乔姆斯基的《生成语法》被认为是20世纪理论语言学研究上最伟大的贡献。他还通过对伯尔赫斯·弗雷德里克·斯金纳的《口头行为》的评论，发动了心理学的认知革命，挑战在20世纪50年代占主导地位的行为主义者学习精神和语言的方式。他那自然的学习语言的方法也对语言和精神的哲学产生了很大的影响。	美国雕塑家，因以日常物品为原型的大型复制品作公共艺术装置而闻名于世。他的另一个作品系列是以日常用品为原型的软雕塑。他的许多作品都是与自己的妻子布鲁根（Coosje van Bruggen）合作完成。遗憾的是，在经历了32年婚姻后的2009年，布鲁根去世。奥登伯格一直生活工作在纽约。

64	65	66
约翰·昆汀·海杜克 John Quentin Hejduk	雅克·德里达 Jacques Derrida	肯尼思·弗兰姆普顿 Kenneth Frampton
1929.7.19-2000.7.3 捷克/美国	1930.7.15-2004.10.8 法国	1930.11- 英国
捷克裔美国建筑师、艺术家和教育家，一生大部分时间都在纽约度过。海杜克以其对形状、组织、表现和互惠等基本问题产生浓厚兴趣而著称。海杜克先后就读于库珀联合艺术与建筑学院、辛辛那提大学和哈佛大学设计研究生院。他曾在多个建筑事务所工作过，包括"贝聿铭与合伙人"和"A.M.金尼与合伙人"，1965年他开办了自己的设计事务所。	法国哲学家，20世纪下半叶最重要的法国思想家之一，西方解构主义的代表人物。自1983年任巴黎高等社会科学研究院研究主任，还是国际哲学学院创始人和第一任院长，法兰西公学名誉教授，曾任美国霍普金斯大学和耶鲁大学的访问教授。德里达是解构主义哲学的代表人物，他的思想在20世纪60年代以后掀起了巨大波澜，成为欧美知识界最有争议性的人物。德里达的理论动摇了整个传统人文科学的基础，也是整个后现代思潮最重要的理论源泉之一。	英国建筑师、评论家、历史学家和纽约哥伦比亚大学建筑规划保护学院的建筑学教授。自20世纪80年代中期，弗兰姆普顿成为美国的永久居民。弗兰姆普顿被认为是世界建筑历史学家和现代主义建筑研究中的领军人物之一。

67	68	69
丹尼斯·斯科特·布朗 Denise Scott Brown	保罗·波多盖希 Paolo Portoghesi	彼得·托马斯· 巴拉克爵士 Sir Peter Thomas Blake
1931.10.3- 美国	1931.11.2- 意大利	1932.6.25- 英国
美国建筑师和城市规划师，受人尊重的理论家、作家和教育家，她的作品对全世界的建筑师和规划师产生了深远的影响。她与丈夫和合伙人罗伯特·文丘里（Robert Venturi）成立了文丘里与斯科特·布朗事务所（Venturi, Scott Brown & Associates, VSBA）。她主要负责城市规划、校园规划以及建筑与设施规划。在她的领导下，事务所的规划与城市规划项目赢得了极高的声誉。她注重把项目的社会、经济和政治需求有机地与建筑的功能和美学合二为一。布朗被普利兹克建筑奖评审委员会排斥在外，被认为是建筑界歧视女性的最重要事件。2013年，扎哈·哈迪德曾联合1702名世界一流建筑师呼吁将罗伯特·文丘里夫妇共同列为普利兹克建筑奖得主。	意大利建筑师、理论家，罗马大学建筑学教授。波罗盖希在1979-1992年任威尼斯双年展建筑展主席，1969-1983年任"Controspazio"杂志的主编，1968-1978年任米兰理工大学建筑学院院长。	英国最广为人知的波普艺术家，他从流行文化中寻求感兴趣的图像，并注入他的拼贴画中。2002年，他被白金汉宫授予爵士学位。

70	71	72
赫曼·赫茨伯格 Herman Hertzberger	理查德·罗杰斯 Richard George Rogers	黑川纪章 Kisho Kurokawa
1933.7.6- 荷兰	1933.7.23- 英国	1934.4.8-2007.10.12 日本
荷兰建筑师和名誉教授，1958年毕业于代尔夫特理工大学，1970-1999年一直在这里任教授。赫茨伯格出版过几本影响较大的著作：如1991年的《建筑学教程》，1999年的《空间和建筑师：建筑学教程2》，2008年的《空间学习》。	英国建筑师，因其在高技派建筑中的现代主义和功能主义设计而闻名。罗杰斯最广为人知的作品是巴黎的蓬皮杜艺术中心、伦敦的劳埃德大厦和千禧年巨蛋、加迪夫的议会大厦、斯特拉斯堡的欧洲人权法庭。他是英国建筑师协会的金质奖章获得者，同时还获得托马斯·杰弗逊奖章、英国皇家建筑师协会斯特林建筑奖、密涅瓦奖章和普利兹克建筑奖。他是罗杰斯·斯特尔克·哈珀和合伙人建筑设计事务所的高级合伙人，此前其设计公司的名字为"理查德·罗杰斯和合伙人"。	第二代日本建筑师，新陈代谢运动的创始人之一。他曾多次获奖并获得多项国际荣誉，与矶崎新、安藤忠雄并称日本建筑界三杰。

73	74	75
安托尼·普里多克 Antoine Predock	查尔斯·格瓦德梅 Charles Gwathmey	艾伦·格林伯格 Allan Greenberg
1936.6.24- 美国	1938.6.19-2009.8.3 美国	1938.9- 美国
美国建筑师，以新墨西哥州的阿尔布开克市为职业生活的中心。2006年获美国建筑师学会奖，2007年获库珀-休伊特国家设计博物馆终身成就奖，2010年成为未来设计委员会高级研究员。	美国建筑师，格瓦德梅·西格尔与合伙人建筑设计公司的负责人，1969年"纽约五人组"的成员之一。格瓦德梅最著名的建筑设计是1992年赖特设计的纽约古根海姆博物馆的改造项目。	美国建筑师和21世纪的主要古典建筑师之一，因其新古典主义建筑而闻名。他是经典古典主义的创始人和主要实践者，是20世纪70年代中期兴起的许多对后现代主义设计的回应之一。根据《纽约时报》的建筑评论家保罗·戈德伯格（Paul Goldberger，见附录89）所说，格林伯格"一直致力于确立古典主义作为我们时代建筑语言的有效性"。除建筑外，格林伯格还通过论文、教学和讲座等，对当代古典主义的研究和实践产生了巨大影响。2006年，他是第一位被授予理查德·H.德雷豪斯古典建筑奖的美国建筑师。此奖项为年度奖，只颁发给"在世的建筑师"，"他/她的作品体现了传统、经典建筑和城市化的原则，创造了积极的、持久的文化、环境和艺术影响"。

76	77	78
安德里亚·布兰兹 Andrea Branzi	迈克尔·威尔福德 Michael Wilford	大卫·惠特尼 David Whitney
1938.10.30- 意大利	1938- 英国	1939-2005.1.12 美国
布兰兹出生于佛罗伦萨，1966年毕业于佛罗伦萨大学。他的毕业设计题为"超级市场——月神公园"，2001年，他的这一设计被以"月神公园Ⅱ"的标题在乔治·蓬皮杜艺术中心展出。1973年，他搬到米兰，并一直在那里生活和工作。布兰兹的工作和研究兴趣广泛，包括工业设计、建筑设计、城市规划、文化推广等。他也是米兰理工大学的工业设计专业的教授。	英国建筑师。1955-1962年就读于伦敦北方建筑职业技术学院，1967在伦敦摄政街技术规划学院就读。1960年，他加入了詹姆斯·斯特林的公司，并于1971年成为其合伙人，成立了斯特林/威尔福德合伙人公司。	艺术策展人、美术馆经营者和评论家。他的生活一直非常低调，在艺术圈外鲜有人识，即使他曾在1965年裸体参加了瑞典艺术家克拉斯·奥尔登堡（Claes Oldenburg，见附录63）的公共艺术活动。20世纪60年代早期到中期，惠特尼在当代艺术界扮演着各种各样的角色。他在1969年开办了自己的画廊，收藏展出了许多抒情抽象、后极简主义和各种时兴艺术形式的作品。惠特尼还是安迪·沃霍尔（Andy Warhol，见附录60）的亲密好友，并成为安迪·沃霍尔艺术认证委员会的早期成员。惠特尼是银行家的儿子，在马萨诸塞州的伍斯特长大，在罗德岛设计学院学习建筑设计。当他还在校学习时，就听了菲利普·约翰逊（Philip Johnson，见本书第1章）的讲座，然后他要求参观一下玻璃屋。后来他成为约翰逊的终身伴侣，两人一起生活了45年，于同年去世，之间只相差5个月。

79	80	81
罗伯特·亚瑟·莫尔顿·斯特恩 Robert Arthur Morton Stern	查尔斯·詹克斯 Charles Alexander Jencks	尼古拉斯·格雷姆肖爵士 Sir Nicholas Grimshaw
1939.5.23- 美国	1939.6.21- 美国	1939.10.9- 英国
美国建筑师、教授和作家，曾任耶鲁建筑学院院长，也是罗伯特·亚瑟·莫尔顿·斯特恩与合伙人建筑设计公司的创始人，公司常被简称为RAMSA。斯特恩是新城市主义和新古典主义建筑的代表，特别强调城市文脉和传统的延续性。他可能是第一个用"后现代主义"来形容自己作品的建筑师，但后来他又采用了"现代传统主义"一词。2011年，斯特恩被授予了著名的德里豪斯建筑奖，以表彰他在当代古典建筑领域的杰出成就。	美国文化理论家、景观设计师、建筑史学家，麦琪癌症护理中心的合伙创始人之一。他已经出版了30余本书，并在20世纪80年代成为著名的后现代主义理论家。近年来，詹克斯投身于地形建筑研究，作品主要位于苏格兰。	英国著名建筑师，2004-2011年任英国皇家学院主席。他与诺曼·福斯特、理查德·罗杰斯一起成为高技派运动的领导人，并在最近20年的时间里创造了许多杰出建筑。格雷姆肖早期追随现代主义的设计思想，后来因为对结构、材料的驾驭自如，便在建筑造型艺术有了更大突破。其作品影响广大，作品分布在英国、法国、荷兰、西班牙、德国和美国等国家。格雷姆肖的作品注重功能，精致简洁，他偏好以理性的工业化外墙构造出自由的、生物形体般的外部造型，加上透明、半透明的外墙及屋面，将建筑看作一个生命体，与环境间进行着有机的对话。他痴迷于建筑学和工程学的结合，对于细节设计精细而纯熟的掌握为他赢得了世界范围内的声誉。

82	83	84
里卡尔多·鲍费尔 Ricardo Bofill Leví	赫尔姆特·扬 Helmut Jahn	克里斯蒂安·德·包赞巴克 Christian de Portzamparc
1939.12.5- 西班牙	1940.1.4- 德国/美国	1944.5.5- 法国
西班牙建筑师，1939年出生于巴塞罗那的一个建筑工人家庭。里卡尔多17岁即完成了自己的第一件作品，23岁就开始领导一个设计公司。半个多世纪过去了，里卡尔多仍继续工作，并已在50余个国家中完成了1 000多件作品。	德裔美国建筑师，重要作品包括：柏林波茨坦广场的索尼中心，法兰克福的商品交易会大厦，美国费城的自由广场大厦，泰国曼谷的素万那普机场，最近的项目还有2016年在纽约完成的一座公寓大楼，和2017年在德国罗特威尔建成的蒂森克鲁普试验塔。	法国建筑师和城市规划专家。1970年毕业于巴黎美术学院。他以大胆的设计和极佳的艺术感觉著称，他的作品反映了对环境和城市生活的敏感。1994年，他获得普利兹克建筑奖。

85	86	87
让·努维尔 Jean Nouvel	弗朗切斯科·达尔·科 Francesco Dal Co	丹尼尔·里伯斯金 Daniel Libeskind
1945.8.12- 法国	1945.12.29- 意大利	1946.5.12- 波兰/美国
法国建筑师，毕业于巴黎美术学院。努维尔获奖相当多，其中包括阿贾·汗阿建筑奖（技术上讲，此奖项是颁发给努维尔设计的阿拉伯文化中心）、2005年的沃尔夫奖和2008年的普利兹克建筑奖。努维尔作品颇多，曾在世界多地的博物馆和建筑文化中心举办过自己作品的回顾展。	意大利建筑史学家。1970年毕业于威尼斯建筑大学，自1994年起成为建筑史系系主任。1982-1991年，他任职耶鲁大学建筑学院的建筑史教授；1996-2005年，任瑞士意大利大学建筑史教授；1988-1991年，任威尼斯双年展建筑分部主任，同时还在1998年任双年展建筑分部的策展人。自1978年起，他任职艾莱科塔出版社建筑出版物的策划人；自1996起，他担任建筑杂志"Casabella"主编。他现在是美国国家艺术馆高级研究中心的高级研究员、盖蒂中心的研究者、美国建筑史家学会的董事会成员。他也是圣卢卡国家研究院的成员。	享誉世界的建筑大师，曾于北美、欧洲、日本、澳大利亚及南美各大学授课与演讲，曾任教于哈佛、耶鲁、伊利诺伊、南加州、德国汉堡学院等大学。1989年，他与自己的妻子合作开办了设计事务所。他的作品向来以反偶像崇拜风格见长，其博物馆设计备受青睐。2003年2月27日，里伯斯金赢得了纽约世贸中心遗址重建的总体规划项目。

88	89	90
斯蒂文·霍尔 Steven Holl	保罗·戈德伯格 Paul Goldberger	圣地亚哥·卡拉特拉瓦 Santiago Calatrava Valls
1947.12.9- 美国	1950.12.4- 美国	1951.7.28- 西班牙
美国建筑师和水彩画家，是美国当代建筑师的代表人物之一。在20世纪80年代美国后现代主义建筑时期，东海岸以他为首，西海岸则以弗兰克·盖里为主。霍尔的理论从本质上说还是属于现代主义思想，但他不满现代主义建筑过于冷酷的结构表现，他强调他的设计目的是在于寻找建筑难以琢磨的本质。从这种思维出发，他的设计比较注重空间的巧妙处理，强调平淡之中包含精巧的形式和内容。他的作品深入下去就有丰富的设计内涵。	美国建筑评论家、编辑和教育家，也是美国《名利场》杂志的特约编辑。1997-2011年，他为《纽约客》杂志撰写建筑评论文章，负责杂志著名的"天际线"专栏。他曾担任帕森斯设计学院的院长，后又成为纽约设计和建筑学院的院长。《赫芬顿邮报》评价道，戈德伯格"可以说是建筑批评的领军人物"。	西班牙建筑师、结构工程师、雕塑家和画家，尤以桥梁、火车站、体育院场、博物馆设计而闻名。其作品造型类似于活的有机体。他在纽约、多哈和苏黎世都有设计事务所。他的作品在解决工程问题的同时也塑造了形态特征，这就是自由曲线的流动、组织构成的形式及结构自身的逻辑。而运动贯穿了这样的结构形态，它不仅体现在整个结构构成上，也潜移默化于每个细节中。

91	92	93
南希·鲁宾斯 Nancy Rubins	多米尼克·佩罗 Dominique Perrault	妹岛和世 Kazuyo Sejima
1952- 美国	1953.4.9- 法国	1956.10.29- 日本
美国雕塑家和装置艺术家。她的雕塑作品主要由大型刚性物质的"绽放"形式来呈现，如电视、小家电、野营和建筑拖车、热水器、床垫、飞机零件、皮划艇、独木舟、冲浪板等。	法国建筑师和城市规划师。1996年获密斯·凡·德·罗大奖；2010年获法国建筑学会金质奖章；2015年，他被提名为皇家建筑奖得主。佩罗的作品布局上自由开放，强调形象的重要、外壳的独立性和建筑空间的结构。	日本建筑师，以简洁的现代主义要素而著称，如光滑、干净、光亮的玻璃、大理石和金属制成的表面等。她的作品也在不同程度上使用了长方形和立方体等形式。巨大的落地玻璃让自然光进入室内，创造出一种可在建筑内外流动交换的空间感。2010年获普利兹克建筑奖。

94
1968年 五月风暴

1968年5月-6月 法国

　　五月风暴是1968年5-6月间在法国爆发的一场学生罢课、工人罢工的群众运动。这一运动有着深刻的社会和文化背景。二战后西方工业国家快速发展了二十余年后，欧洲各国的经济增速放缓而导致了一系列社会问题。在法国集中表现在戴高乐统治后期法国经济失调和社会危机严重，执政党内部也出现分裂。

　　20世纪60年代的法国大学生都循规蹈矩地学习和生活。至1968年，大学生已达60万人之众，占全国总人口的1.2%，很多大学生对学习目的感到困惑，对他们将来的命运忧心忡忡，他们的精神危机比物质危机更为严重。与此同时，"1968年以前，至少在法国，如果要做一个哲学家，你必须是马克思主义者，或存在主义者，或结构主义者"（福柯语）。左派思潮的活跃让学生们有勇气和依据质疑权威和秩序，而对个性解放日益强烈的追求让他们越来越不满法国大学中的清规戒律，世界各地蓬勃兴起的民族解放运动，和反对越南战争的浪潮令他们激动不已，而从中国传来的、并非真实的"文化大革命"信息，又鼓励着青年轻人以中国同龄人为榜样，用自己的力量去打碎旧的、不合理的统治秩序，建立起属于他们这个时代的新秩序、新结构。法国作家埃尔维·阿蒙在其《那一代人》书中把"红五月"比作一场小型歌剧，种种主义者挥舞着他们的旗帜，上台就是为了谢幕，但那些旗帜在街道上挥舞，在街墙上停留，在记忆里留下了颜色。

　　绝大多数知名学者、教授站在了学生一边，如利奥塔、福柯、雅克·拉康、勒佛菲尔、布朗肖、西蒙·波娃以及西班牙社会学家卡斯特尔、米歇尔·比托尔、诗人阿拉贡、哲学家萨特；而哲学泰斗阿隆、楠泰尔学院教授莱维纳斯、结构主义哲学家罗兰·巴特等就站在了学生的对立面。比较特殊的是哲学家德里达，他积极参加了最初的集会，但很快选择了游离和躲避。

后　记

　　作为设计学院的教师，在讲授设计史时，经常会有学生问我：何为"后现代主义"？"后现代主义"和"现代主义"到底是什么关系？当代中国设计是否能与"现代主义"或"后现代主义"相对应呢？……作为初学者，学生们的疑问非常自然，但解释起来却常一言难尽。

　　随着任教时间的加长、学习和研究工作的深入，我却越来越发现，后现代设计之所以难三言两语说清，不仅因其影响广泛、内容庞杂、式样繁多，更重要的在于西方后现代主义兴起的时代和文化背景，与中国历史传统和社会发展规律等有着重大差异，年轻学者和设计师们很难通过自己熟知的历史文化逻辑和日常经验而深刻理解典型的西方后现代文化和后现代设计。更何况，在西方设计理论家和中国设计史专家们有意无意的引导下，许多中国设计师头脑中常存在着"技术和经济发展决定文化形态"的刻板印象和僵化理解，于是在他们的潜意识中，设计思想的变迁成为一种有据可查的"公式"，西方后现代设计的式样和趣味即是社会发展到一定阶段的成果或标志。——这可能是当代中国设计师理解后现代设计的最大误区和障碍。

　　显而易见，当代中国的社会发展和思想变迁并未按照典型的西欧北美那样"先'现代主义'——再'后现代主义'"的模式而展开，设计思想和设计风格自然也很难按西方的既有逻辑来推进。为了帮助年轻学者和设计师们更好地理解西方后现代主义的产生背景、发展逻辑，又尽量避免进入过于简单化的中西对比窠臼，本书的写作一直按照如下三条线索来梳理：尊重设计师的认知习惯；重视设计风格的"周期律"；设计史的发展是否自成逻辑，在对其进行分析阐释时，是否应导向哲学……

线索一：设计师的认知习惯

无论如何，我们很难掌握众多设计师们对后现代建筑和整个后现代设计的学习和理解过程，但本人的学习经历和学生们的学习过程，都让我意识到：大多数设计师对"后现代主义"和"后现代设计"的理解往往具有如下特征：

（1）从造型认知进入"××主义"的学习已是常例，这是典型的专业特征，无论是工科专业背景的建筑师和工业设计师，还是文科背景的室内设计师、平面设计师……均如此；（2）通过图像来认知的方法甚为普遍，无论是为了解设计案例还是设计师生平，这种方法都甚为实用有效；（3）因市场应对大量而紧急的设计任务，设计师们往往对大部头的理论学习缺乏兴趣，因此对"××主义"的理解往往流于形式，难解其中真意；（4）在碎片化的当代阅读体系内，设计师也难免被一些不明所以的专业名词和似是而非的说法所羁绊，对后现代设计的理解存在隔阂……

客观来说，相较于之前的各种设计风格和思想，后现代主义又是一个颇具理论深度且充满复杂微妙的文化、历史和社会背景差异的观念系统，这都与中国设计师的历史观、文化观和后发展的国家现实等有较大差异（甚至冲突）。——而这种无处不在的矛盾、冲突、妥协和融合，又恰是后现代文化的重要特征。

因此，如何帮助我们的年轻设计师和研究者，从自身所处的时代和文化背景中认识自身、了解他者、展望未来，就成为本书写作的重要目标。

线索二：设计的"周期律"

阅读建筑史或艺术史时，可能不少人都注意到了：每个时代的革命性艺术风格大多能泽被后世，影响一大批艺术家和设计师；然而当这一风格不断成熟至其最盛之时，常会兴起另一种"新风格"或"亚风格"，虽然也运用了主导风格的常见元素或手法，但目标却往往是为了达成另一种不同的趣味或观念。这一规律说来艰涩，但此类实例却不难获得，例如：

（1）意大利文艺复兴建筑于15世纪达到鼎盛，16世纪出现的手法主义及之后的巴洛克风格，虽看上去延续了一些文艺复兴的造型元素，但其在精神趣味上已完全不同，文艺复兴与手法主义的关系，颇类似于现代主义和后现代主义，至少从趣味追求上可以类比；（2）意大利文艺复兴的形式原型其实是"古罗马"和"罗马风"建筑，而德国和英国的文艺复兴建筑则更有意识地向"古希腊"和"希腊风"靠拢，当然这也是中国人眼中欧洲各国文艺复兴风格"长得很不像"的直接原因；（3）意大利文艺复兴盛期恰是意大利城邦经济蓬勃发展之时，随着地中海贸易被全球海洋贸易所取代后，意大利在艺术领域的原创力就愈发衰弱，而此前的文艺复兴后发展地区（如法国、德国、英国）反而在艺术发展上愈发蓬勃；（4）新艺术运动时期欧洲各国的艺术和设计风格更是精彩纷呈，基于古典绘画和洛可可风格的法国新艺术式样，与高直线条为主的德语区和苏格兰地区设计式样，二者一方面共享相似的精神指向，另一方面却拥有不同的形式表达系统，几乎与之同步的是英国的艺术与手工艺运动的影响仍在延续。20世纪20年代以后美国的装饰艺术运动乍看上去似乎是欧洲新艺术运动的延续，然而其机械制造的技术和文化本质使其更接近于经典现代主义，虽然二者的造型看上去如此迥异。

认真分析就会发现，艺术和设计风格流派的变迁，与当时当地的经济水平和生产方式都有着或明显或隐晦的关联性，只是以往的设计史和艺术史对这一点的分析明显不足。在现代主义向后现代主义的转换过程中，经济模式和技术形态的重要性，较之前的时代明显更甚。而对这种关联性的研究能带给当代中国设计师的启示，可能远超过现代主义或后现代主义设计的新奇式样。

如果说近现代以来的时代变迁与艺术设计风格的变迁自有纠缠不清的相关性，那么身处其中的设计师是否能有历史自觉性和文化自觉性，能为自身的发展寻求出路呢？而这种自觉性是否才是他们转变设计思想、成为行业翘楚的最基本素养呢？当我们看到菲利普·约翰逊设计风格的变化，看到迈克尔·格雷夫斯和扎哈·哈迪德最初的落寞和后来的一飞冲天，又怎能把他们的人生际遇与社会文化的快速变化完全分隔开来呢?

线索三: 导向哲学还是导向其他

虽然设计史似乎一直在"回避"风格变迁与经济结构变化之间的密切关联,但我们已经愈来愈发现:设计理论其实根本无法解释设计史的发展规律,甚至无法解释设计风格产生的根本原因;在套用现成的设计理论分析中国历史和当代设计的发展规律时,这一落差尤为明显。更明确地说,当我们按照西方设计理论和设计原则,按图索骥来寻求中国设计的坐标定位时,总会水土不服。然而如果我们就此下定论,认为设计发展规律因各国历史文化差异而难有定论的话,又难免过于武断。

我们还能更进一步地发现:其实设计风格与艺术趣味的变迁,与社会的经济发展水平和物质生产方式有重大关联,甚至可能超越文化差异。当社会普遍富足时,设计手法常更多样,装饰细部往往更丰富,色彩也更绚丽;当王朝开端或政权初立时,政治和文化主导者往往追求雄伟高阔、朴素中正的风格;当生产方式以手工业为主时,人们的审美趣味常以手艺的精湛程度而作为产品优劣和价格高低的评价标准;当机械制造成为主导时,主流审美观念便逐渐适应了机械加工技术的造型特征和细部处理,并以日益精进的技术手段作为审美和价格判断的重要标准。以上这几个趋势甚为明显,古今中外几乎都如是。

同时我们还需承认,相似的发展阶段或技术手段,的确因各国历史文化的不同而有不同的造型趣味和形态特征。所以当我们再次阅读讨论康乾时期的中国设计与路易十四至路易十六时期的法国设计之异同的文章时,能更深刻地认识到,两套设计和文化系统到底在何处相似、何处相悖了。这一切恐怕非纯粹的设计历史和设计原理能分析清楚的。

然而,事情最吊诡之处不仅在于设计的发展轨迹与经济、技术、社会心理等方面因素息息相关,还在于现代设计其实也是社会生活的一部分,它与这些要素之间也互相影响,整个社会的总体设计风格和趋势往往是多种要素综合作用的结果，而且永远处于变动中……那种长期以来被西方学者所推崇的所谓"中立的"学术研究方法，在愈发细分的设计领域，其实一直都不甚适用。那么，无论是学习者还是讲述者，我们又应该如何认识、理解或预判设计的发展趋势呢？

许多理论家试图通过"哲学"思辨或"哲学"分析方法来解释设计的历史、现象与事件，但所有设计却又充满了具体而微的变量，任何哲学归纳都难免让人心存疑虑，难有定论。甚至我们还可更进一步：是否严密的哲学思维在本质上即与设计师们最乐于炫耀的、灵光一现式的思维方式水火不容。截然不同的专业语言系统和价值取向，使得二者间难有真实而深刻的互动。两个学术系统似乎仍沉浸在"自说自话"的状态中。

关于本书体例

本书的每一章都集中介绍一位后现代时期的著名建筑师：先对其主要成就和生平做简要说明，然后选取代表作品进行介绍，最后对其职业生涯进行整体评述。为便于读者理解，书中还有对社会背景、学术谱系和建筑师个人风格的点评。当然关于大师的生平、思想及作品，难免有挂一漏万之处，若有错漏之处，还请各位读者不吝赐教！

《后现代建筑二十讲》初版于2005年。本次改版时，出版社希望能增加一些当代中国设计界对时代文化理解的新内容。非常感谢霍覃编辑的信任和鲁苗同学的推荐，我才有机会完成这样一本书。

两相比较，本书与2005年版的最大不同之处在于如下两部分内容：

第一，第20章专门介绍了迪士尼的设计和产业特征，不仅因为其是"后现代文化""后现代设计"的典型代表，还在于其营建方式正深刻地影响当代中国文旅产业的发展模式。希望本书的完成，能为这一前景广阔的领域提供可借鉴或反思之处。

第二，本书虽然仍基本沿用了每章介绍一位建筑师的体例，但写作中有意识地避免将建筑师描写成"孤胆英雄"——这是以往许多设计史书籍的常见手法——而是一位身处特定文化环境、时代背景和学术谱系中的"鲜活人物"。因此，整本书的写作中力图为读者描绘一个规模宏大、文化联系广泛、个人命运交错的建筑师群像景观，让年轻设计师们能真切地理解到，任何杰出的设计师都需要伟大时代和出色同行们的支持。这些内容不仅在正文中有所涉及，还将那些本书未能收录的建筑师思想和有重大影响力的设计师、艺术家、思想家等收集到了"附录"中，便于读者查询。

像本书这类的设计史书籍最让人头疼的就是图片资料的来源了，而且这些图片不仅要能说明问题，还必须满足印刷出版的技术要求，当然在这个"读图时代"，这些图片最好还能自成体系、串成一个个故事……必须承认，为了满足阅读效果，我不得不从一些公开媒体和网络上查找了不少图片。如果有任何图片涉及版权问题或使用费用，可联系出版社，我们将按照国家版权法的相关规定支付费用或注明作者。

一个引申话题

无论是在课堂上，还是在写作时，每当讨论"后现代主义"之时，都难以避免地与"现代主义"相比较。必须承认，后现代主义的设计作品更多样，也往往显得更友好、更有吸引力；而经典现代主义设计作品常显得冷冰冰、干巴巴的，让人难以亲近。对生活于世俗世界中的我们来说，后现代设计能让我们体会到极大的自由与欢乐，而现代主义设计常令人肃然起敬，但也易令人生畏，然而在设计史和文化史中，现代主义的革命性、开创性和纯粹性，却是后现代主义难以匹敌的。

那么对于当代中国设计发展而言，我们需要的是什么？我们乐于接受的是什么？我们应该做的是什么？这真是个大课题！

聂影，2018年 除夕
于北京清河家中